国家出版基金项目
NATIONAL PUBLICATION FOUNDATION

涡轮机械与推进系统出版项目
航空发动机技术出版工程

商用航空发动机系统工程及实践

张玉金 等 著

科学出版社
北京

内 容 简 介

本书从航空发动机系统工程理论的概念与定义出发,汲取全球商用航空发动机研制实践经验,提出了我国商用航空发动机研发的系统工程理论框架。经过十余年的实践验证,随着国产单通道窄体干线客机发动机验证机研制全过程的完成,初步形成了以"吃透需求、吃透技术、严控评审、严控构型、对接型号、对接研保、团队协同"为核心的商用航空发动机系统工程研发与项目管理体系。

本书采取理论与实践分析相结合的方法,既对商用航空发动机系统工程理论和实践案例进行了深入的介绍和研究,又面向"中国制造2025"提出了我国商用航空发动机产业系统工程的发展趋势。商用航空发动机系统工程理论框架与我国型号研制的探索实践验证相结合是本书的学术价值所在,其成果将对国内相似类型的研究起到积极的参考作用,对航空复杂产品的研发与项目管理具有重要的借鉴意义。

本书可作为从事航空航天领域各类工程与项目管理的技术人员的参考资料,也可供高等院校相关专业师生使用。

图书在版编目(CIP)数据

商用航空发动机系统工程及实践/张玉金等著. --
北京:科学出版社,2021.2
　(航空发动机技术出版工程)
　国家出版基金项目　涡轮机械与推进系统出版项目
　ISBN 978-7-03-067202-5

　Ⅰ. ①商… Ⅱ. ①张… Ⅲ. ①航空发动机-系统工程
Ⅳ. ①V23

中国版本图书馆 CIP 数据核字(2020)第 249587 号

责任编辑:徐杨峰/责任校对:谭宏宇
责任印制:黄晓鸣/封面设计:殷 靓

科学出版社 出版
北京东黄城根北街 16 号
邮政编码:100717
http://www.sciencep.com

南京展望文化发展有限公司排版
广东虎彩云印刷有限公司印刷
科学出版社发行　各地新华书店经销

*

2021 年 2 月第 一 版　开本:B5(720×1000)
2024 年 10 月第二次印刷　印张:22 1/2
字数:439 000

定价:180.00 元
(如有印装质量问题,我社负责调换)

涡轮机械与推进系统出版项目
顾问委员会

航空发动机技术出版工程

专家委员会

航空发动机技术出版工程
基础与综合系列
编写委员会

主　编

曾海军

副主编

李兴无　　胡晓煜　　丁水汀

委　员

（以姓名笔画为序）

丁水汀	王　乐	王　鹏	王文耀	王春晓
王巍巍	方　隽	尹家录	白国娟	刘永泉
刘红霞	刘殿春	汤先萍	孙杨慧	孙明霞
孙振宇	李　龙	李　茜	李中祥	李兴无
李校培	杨　坤	杨博文	吴　帆	何宛文
张　娜	张玉金	张世福	张滟滋	陈　楠
陈小丽	陈玉洁	陈婧怡	欧永钢	周　军
郑天慧	郑冰雷	项　飞	赵诗棋	郝燕平
胡晓煜	钟　滔	侯乃先	泰樱芝	高海红
黄　飞	黄　博	黄干明	黄维娜	崔艳林
梁春华	蒋　平	鲁劲松	曾海军	曾海霞
蔚夺魁				

涡轮机械与推进系统出版项目
序

    涡轮机械与推进系统涉及航空发动机、航天推进系统、燃气轮机等高端装备。其中每一种装备技术的突破都令国人激动、振奋，但是由于技术上的鸿沟，使得国人一直为之魂牵梦绕。对于所有从事该领域的工作者，如何跨越技术鸿沟，这是历史赋予的使命和挑战。

    动力系统作为航空、航天、舰船和能源工业的"心脏"，是一个国家科技、工业和国防实力的重要标志。我国也从最初的跟随仿制，向着独立设计制造发展。其中有些技术已与国外先进水平相当，但由于受到基础研究和条件等种种限制，在某些领域与世界先进水平仍有一定的差距。在此背景下，出版一套反映国际先进水平、体现国内最新研究成果的丛书，既切合国家发展战略，又有益于我国涡轮机械与推进系统基础研究和学术水平的提升。"涡轮机械与推进系统出版项目"主要涉及航空发动机、航天推进系统、燃气轮机以及相应的基础研究。图书种类分为专著、译著、教材和工具书等，内容包括领域内专家目前所应用的理论方法和取得的技术成果，也包括来自一线设计人员的实践成果。

    "涡轮机械与推进系统出版项目"分为四个方向：航空发动机技术、航天推进技术、燃气轮机技术和基础研究。出版项目分别由科学出版社和浙江大学出版社出版。

    出版项目凝结了国内外该领域科研与教学人员的智慧和成果，具有较强的系统性、实用性、前沿性，既可作为实际工作的指导用书，也可作为相关专业人员的参考用书。希望出版项目能够促进该领域的人才培养和技术发展，特别是为航空发动机及燃气轮机的研究提供借鉴。

张彦仲

2019 年 3 月

航空发动机技术出版工程

序

航空发动机被誉称为工业皇冠之明珠,实乃科技强国之重器。

几十年来,我国航空发动机技术、产品及产业经历了从无到有、从小到大的艰难发展历程,取得了显著成绩。在世界新一轮科技革命、产业变革同我国转变发展方式的历史交汇期,国家决策进一步大力加强航空发动机事业发展,产学研用各界无不为之振奋。

迄今,科学出版社于2019年、2024年两次申请国家出版基金,安排了"航空发动机技术出版工程",确为明智之举。

本出版工程旨在总结、推广近期及之前工作中工程、科研、教学的优秀成果,侧重于满足航空发动机工程技术人员的需求,尤其是从学生到工程师过渡阶段的需求,借此也为扩大我国航空发动机卓越工程师队伍略尽绵力。本出版工程包括设计、试验、基础与综合、前沿技术、制造、运营及服务保障六个系列,2019年启动的前三个系列近五十册任务已完成;后三个系列近三十册任务则于2024年启动。对于本出版工程,各级领导十分关注,专家委员会不时指导,编委会成员尽心尽力,出版社诸君敬业把关,各位作者更是日无暇暑、研教著述。同道中人共同努力,方使本出版工程得以顺利开展、如期完成。

希望本出版工程对我国航空发动机自主创新发展有所裨益。受能力及时间所限,当有疏误,恭请斧正。

2024 年 10 月修订

序言一

航空发动机是飞机的心脏,是飞行器的动力来源,它的研发是一项非常复杂的工程,是一个国家工业、科技和综合实力的集中体现。航空发动机的复杂性主要体现在技术和研发管理两个方面。技术上,航空发动机是一种结构复杂的高功率密度旋转机械,集结构、强度、流体、传热、噪声、电子、控制、软件等多学科于一体,涉及的技术参数与性能指标众多,整机与部件、系统与子系统之间的耦合紧密,且要求在高温、高压、高速的条件下可靠运转。研发管理上,航空发动机的全生命周期研制活动是分布式的,供应商网络涉及的材料、部组件、成附件的协作配套单位数量多、地域分布广,设计与制造由不同的法人企业承担,许多经济、技术因素都影响研发的协作过程。

随着航空动力产品要求的不断增加,航空发动机的系统复杂度也在不断提高,部件、子系统、系统综合的周期和成本不断增大,传统的研制模式已经难以应对,必须引入新的方法论和工具来解决日益增加的需求与研发管理能力不足之间的矛盾。传统的航空发动机研制通常依靠实物试验暴露设计问题,采用"设计—试验验证—修改设计—再试验"反复迭代的串行研制模式,研制周期长、耗资大、风险高。未来航空发动机技术复杂程度和性能指标要求越来越高,产品研发难度显著增大,研制进度愈加紧迫,需要实现从"传统设计"到"预测设计"的模式变革,而系统工程是助推航空发动机研发模式变革的核心手段。

经过几十年的工程实践,国际上形成了《ISO/IEC/IEEE 15288:系统和软件工作——系统生命周期过程》《系统工程手册——系统生命周期流程和活动指南》等一系列系统工程工业标准;美国国家航空航天局(NASA)、美国国防部、美国联邦航空局等都制定了本行业的系统工程手册;在商用航空领域,国际自动机工程师学会制定了《SAE ARP4754A民用飞机与系统研制指南》等相关指南。商用航空发动机制造行业一直在进行系统工程实践。例如,罗罗(Rolls-Royce)公司参照国际系统工程协会英国分会的系统工程能力框架,结合公司的实际情况,建立了系统工程能力框架,在系统工程实施中从流程、工具和人员三个层面协同推进,同时有计划地持续进行能力评估,促使各层面都不断发展。

目前,我国虽然制定了一些系统工程的标准,但是总体来说,与国际先进工业实践还有较大差距,也缺乏针对航空发动机领域的指南和手册。通过多年的实践探索,我国商用航空发动机在需求、架构、实施、验证等技术流程域方面取得了长足进步,在构型管理、风险管理、研制保证等技术管理流程域也完成了全面的探索,初步形成了面向商用航空发动机研发的系统工程的定义是:"以满足客户需求为目的,围绕产品全生命周期,以研发体系为支撑,通过产品与过程集成,实现整体最优的一种跨专业、跨部门、跨企业的技术和管理方法。"中国航发商用航空发动机有限责任公司(以下简称商发公司)在系统工程理论落地型号这一课题上持续开展了多年实践,先后参与了系统工程相关国家及行业标准的制定,并且在型号研制和产品集成研发体系上取得了显著成效。另外,在各制造大国均以赛博物理系统为基础,推进智能制造、实现工业的转型升级、实现物理世界与虚拟世界的高度融合的时代大代背景下,商发公司积极推进基于模型系统工程的探索,并在系统仿真、气动、燃烧、噪声等专业高保真仿真、数字孪生等领域都有突破性进展,在数字化转型方面有前瞻的思考和战略眼光。

《商用航空发动机系统工程与实践》一书,从商用航空发动机高效成功研制的角度,深入浅出地介绍系统工程流程、方法、工具,总结我国商用航空发动机基于系统工程方法研制的实践经验,阐述了系统工程理论在实践工程中的应用,具有很强的系统性和指导性,是一本适合学习系统工程的参考书,可以为从事商用航空发动机研制的工程技术人员提供很大帮助。虽然本书是关于商用航空发动机系统工程,但是书中的许多内容不仅仅适用于商用航空发动机的研发,也同样适用于其他领域的复杂系统研发。希望本书能受到航空发动机系统工程初学者、从事复杂航空航天系统工程与其他复杂系统研发的科研工作者,以及所有希望了解或者运用系统工程理论解决工程问题的实践者的欢迎。

2020 年 9 月

序言二

　　随着美国的再工业化、德国工业 4.0、中国制造 2025 的到来，各制造强国和制造大国都在新一轮工业革命的浪潮下，通过机械工程、电子电气、计算机科学等多领域的广泛交叉、贯通，使虚拟世界与现实世界在各个层次充分融合，积极推进智能制造，进而实现工业的转型升级。系统工程方法在这个新的时代变得尤为重要，它是使产品、研制系统和生产系统实现高度融合的基础。对于我国航空工业而言，面对诸多挑战，积极推进系统工程，是我国航空工业在新一轮工业革命中实现跨越式发展的必由之路。

　　在此趋势和背景下，本书作者立足于新型涡扇支线飞机和大型干线客机两大型号的积累，在需求管理、安全性分析、系统集成与验证、合格审定、风险管理、构型管理等方面进行全面探索和深入研究的基础上，初步形成了以满足客户需求为目的、围绕产品全生命周期、通过产品集成与过程集成实现全局最优的技术和管理体系，并提炼和总结出中国商飞系统工程的定义。2016 年新年伊始，中国商用飞机有限责任公司（以下简称商飞公司）成立了"系统工程与项目管理研究部"，全面推进系统工程在我国商用大飞机研制过程中的落地。

　　商发公司研制的我国大涵道比涡扇航空发动机正是配套商飞公司国产大飞机的核心动力装置，可以称为大飞机的"心脏"，也被誉为"工业皇冠上的明珠"。张玉金董事深刻认识到："商用航空发动机研发是一项极其复杂的工程，是一个国家工业、技术和综合实力的集中体现。在当今经济全球化的环境下，航空发动机全生命周期活动是分布式的，从单个设计区域分配到各个供应商网络，完成后返回进行最终产品集成。协作过程受到诸多政治、经济和技术因素的影响。分布式协作网络中过程、方法和工具的紧密、高效整合，是商用航空发动机项目成功的关键因素。"为此，公司在成立之初就积极推进在研发体系和型号研制过程中建立系统工程思维、落实系统工程的方法论。经过窄体客机发动机和宽体客机发动机两个型号积累，初步建立了系统工程流程、方法、工具和标准，并在基于模型系统工程、虚拟仿真和数字孪生方面进行了探索和实践。同时，基于"投资是研发""产品集成研发"等思想建立了商用航空发动机成本工程、并行设计流程、并行设计团队 IPT

等管理创新方法,是系统工程理论与我国商用航空发动机研制实践的一次深度融合与创新实践。

　　全书从商用航空发动机系统工程的基本内涵出发,深入分析了商用航空发动机系统工程流程、方法和工具,结合产品研制的实践,从全局性视角阐释了系统工程在航空发动机研制中的价值和意义。本书对于从事商用航空发动机研制的工程技术人员和技术管理人员,具有很强的系统性和指导性,是一本非常好的参考书。同时,作为从事航空航天领域尤其是系统工程研发人员与项目管理人员的参考资料,本书中的实践和关键理念和创新方法也可以在其他领域的复杂系统研发中产生积极价值。

2020 年 9 月

前　言

　　商用航空发动机研制是一项复杂的系统工程,具有高投入、高风险、长投资回报周期、市场竞争残酷等典型特征,需要行业内外、不同层级的多个研制单位协同开展跨学科、跨专业、跨地域的研制工作,技术耦合度高,参研单位众多,过程管控复杂。

　　从产品研发维度看,商用航空发动机作为复杂系统,研制应严格遵守自上而下的研制过程,即从高到低的逐级细化和反向的逐级综合的渐进式过程,并通过产品实现、产品集成、产品验证、产品确认和产品交付等系列活动,按照客户需求和适航要求研发出高质量的产品。从企业维度看,商用航空发动机研制项目需要充分发挥主制造商的牵头抓总作用,并将主制造商企业本身作为一个复杂系统,建立高效的项目管理体系,从系统工程视角统筹组织、整合和利用企业内外部资源以实现产品研制目标。从生产线维度看,主制造商要站在更大视角整合全产业链、价值链、供应链资源,搭建高效的供应链管理体系平台,将型号研制融入全球航空产业链和国家产业发展大局,以期研制出更具竞争力的产品。因此,构建适用于国产商用航空发动机研制的系统工程研发与项目管理方法,对研制过程各要素进行整合,以在有限的项目经费、周期限制范围内,研制出满足客户与适航要求并具备足够市场竞争力的产品,是主制造商最终实现产品成功、商业成功、市场成功的必由之路。

　　西方发达国家工业界在过去数十年实践中已经形成了一系列系统工程工业标准知识体系,如国际标准化组织发布的《ISO/IEC 15288－2015:系统和软件工程——系统生命周期过程》,国际自动机工程师学会制定的 SAE ARP4754A《民用飞机与系统开发指南》,以及美国国家航空航天局等编制的系统工程指南等,均从通用方法论角度全面总结阐释了系统工程开发的一般流程要求。从国际商用航空发动机工业界看,GE 公司、罗罗公司、PW 公司均在其新产品开发过程中开展了大量系统工程实践。尤其是 GE 公司,在 GE90、LEAP 等系列新产品研发过程和全生命周期中,全面应用了于 20 世纪 80 年代起开发并不断完善的发动机新产品引入(new product introduction, NPI)程序,制定和实施一体化的综合开发计划,注重过程管控,重点聚焦于研发人员和组织的管理以及流程和工具的使用,确保研发过程受控,缩短了研发周期,提高了客户满意度,降低了研发成本。

长久以来,我国的航空发动机研制都是以跟踪仿制为主,重技术、轻需求,重排故、轻策划,存在着缺少对客户真实需求的洞察和沟通、研制管理不规范、产业链供应链协同不够等问题,面对客户需求的不确定性、技术发展的不确定性以及供应链的不确定性,显然不利于国产商用航空发动机研制项目顺利推进。商发公司自2009 年成立以来,严格按照系统工程通用方法论要求,全面导入相关理念、流程、方法和工具,用于指导国产商用航空发动机项目正向设计研发实践过程,经过十余年单通道窄体干线客机发动机验证机研制走完全过程和全面推进产品研制的实践积累,在需求管理、技术开发、项目管理和供应商管理等方面进行了全面实践与研究,初步探索形成了以"吃透需求、吃透技术、严控评审、严控构型、对接型号、对接研保、团队协同"为核心的商用航空发动机系统工程研发与项目管理体系,并确认商用航空发动机企业的核心价值追求是研发技术成功、市场成功、商业成功的商用航空发动机产品。

编制本书的目的,一是介绍当前国内外商用航空发动机领域先进的系统工程管理理论和方法,并初步探讨系统工程方法在本领域未来的主要应用发展趋势;二是对过去十年商发公司在商用航空发动机系统工程领域的主要实践进行回顾总结,初步形成一套在研发实践中可供借鉴参考的流程、方法与工具,以进一步促进系统工程方法在商用航空发动机领域的深度应用与快速发展。

本书的编撰凝结了商发公司两千多名同事十余年来在推进国产商用航空发动机研制过程中的实践智慧与结晶。在此,要特别感谢支持本书编撰与校订工作,以及在过程中提供资料案例和提出宝贵建议的相关专家、同事,他们是黄博、孙杨慧、赵诗棋、王春晓、鲁劲松、黄干明、蒋平、李校培、孙振宇等,希望本书能为商用航空发动机产业系统工程研发与项目管理能力的提升做出贡献。

张玉金

2020 年 9 月

目　录

第1章　绪论

第2章　商用航空发动机系统工程

第3章　商用航空发动机生命周期模型

第 4 章　中国航发商发系统工程流程集

第 5 章　产品全生命周期技术流程集

第 6 章　产品全生命周期技术管理流程集

第7章 企业运营使能流程集

第8章 资源整合协议流程集

第9章 中国航发商发系统工程的创新实践

第 10 章　总结与展望

参考文献

附录 A　常用模板

附录 B　常用工具方法

第 1 章
绪　　论

1.1　系统与系统工程

系统广泛地存在于自然环境、人类社会以及人造的各类产品中。广义的系统包含自然系统、人工系统和复合系统。本书所研究的系统对象以及系统工程(system engineering)研究的系统对象是商用航空发动机产品系统,属于人工系统范畴。所谓人工系统,是能在预期的运行环境中实现自身特点和目的,服务于人类的人工系统。

系统是由相互作用和相互依赖的若干元素结合成的、具有特定功能的有机整体。这些元素包括产品(硬件、软件和固件)、流程、人员、信息、技术、设施、服务和其他支持元素。系统本身又是它所从属的一个更大系统的组成部分。系统的组成部分称为该系统的子系统。

系统工程的研究对象常常是复杂系统,系统的复杂性主要体现在以下方面:

(1) 构成系统的要素本身就是一个系统,从而体现了系统的多层次;

(2) 系统涉及的因素是多维的;

(3) 系统是由不同质的要素集合而成的;

(4) 系统可以是包含人在内的人机系统。

第二次世界大战以后,为适应社会化大生产和复杂的科学技术体系的需要,逐步把自然科学与社会科学中的某些理论、策略和方法联系起来,应用现代数学和电子计算机等工具,解决复杂系统的组织、管理与控制问题,以达到最优设计、最优控制和最优管理的目标。

INCOSE 在《系统工程手册》中给出系统工程的定义: 系统工程(SE)是一种使系统能成功实现的跨学科方法和手段[1]。系统工程专注于在开发周期的早期阶段,就定义客户的需要与所需求的功能,将需求文件化;然后再考虑完整问题,即运行、成本、进度、性能、培训、支持、试验、制造和退出问题时,进行设计综合和系统确认。SE 以提供满足客户需求的高质量产品为目的,同时考虑所有用户的业务和技术需求。

可见系统工程是一门高度综合性的管理工程技术,但它与机械工程、电子工程、水利工程等其他工程学的某些性质不尽相同。上述各门工程学都有其特定的工程物质对象,而系统工程则不然,任何一种物质系统都能成为它的研究对象,并且还不只限于物质系统(Any physical systems can be their object of study, but not limited to the physical systems),它可以包括自然系统、社会经济系统、经营管理系统、军事指挥系统等,涉及自然科学、社会科学的多门学科。构成系统工程的基本要素是:人、物、财、目标、机器设备、信息这六大因素,各个因素之间互相联系、互相制约[2,3]。系统工程大体上可分为系统开发、系统制造和系统运用三个阶段,每个阶段又可划分为若干小阶段。系统工程的基本方法是:系统分析、系统设计、系统的综合评价。具体地说,就是用数学模型和逻辑模型来描述系统,通过模拟反映系统的运行、求得系统的最优组合方案和最优运行方案。最常用的系统工程方法,是系统工程创始人之一霍尔创立的三维结构图,三维包括:

(1)时间维。对一个具体工程,从规划起一直到更新为止,全部程序可分为规划、拟订方案、研制、生产、安装、运转和更新七个阶段。

(2)逻辑维。对一个大型项目,可分为明确目的、指标设计、系统方案组合、系统分析、最优化、做出决定和制订方案七个逻辑步骤。

(3)知识维。系统工程需使用各种专业知识,霍尔把这些知识分成工程、医药、建筑、商业、法律、管理、社会科学和艺术等,这些专业知识构成知识维。

系统工程的主要特点包括:

(1)研究问题一般采用先决定整体框架,后进入详细设计的程序,先进行系统的逻辑思维过程总体设计,然后进行各子系统或具体问题的研究。

(2)系统工程方法是以系统整体功能最佳为目标,通过对系统的综合、系统的分析,构造系统模型来调整改善系统的结构,使之达到整体最优化。

(3)强调系统与环境的融合,近期利益与长远利益相结合,社会效益、生态效益与经济效益相结合。

(4)以系统思想为指导,强调多学科协作,根据研究问题涉及的学科和专业范围,组成一个知识结构合理的专家体系。

(5)各类系统问题均可以采用系统工程的方法来研究,系统工程方法具有广泛的适用性。

20世纪70年代以来,系统工程已广泛地应用于交通运输、通讯、企业生产经营等部门,且在各领域均有广阔的应用价值和前景,主要的应用如下。

(1)工程系统:研究大型工程项目的规划、设计、制造和运行。

(2)社会系统:研究整个国家和社会系统的有关问题,如人口系统等。

（3）经济系统：研究宏观经济发展战略、经济目标体系、宏观经济政策、投入产出分析等。

（4）农业系统：研究农业发展战略、农业结构、农业综合规划等。

（5）企业系统：研究工业结构、市场预测、新产品开发、生产管理系统、全面质量管理等。

（6）科学技术管理系统：研究科学技术发展战略、预测、规划和评价等。

（7）军事系统：研究国防总体战略、作战模拟、情报通讯指挥系统、参谋指挥系统和后勤保障系统等。

（8）环境生态系统：研究环境系统和生态系统的规划、建设、治理等。

（9）人才开发系统：研究人才需求预测、人才结构分布、教育规划、智力投资等。

（10）运输系统：研究铁路、公路、航运、空运等的运输规划、调度系统、运输效益分析、城市交通网络优化模型等。

（11）能源系统：研究能源合理结构、能源需求预测、能源发展战略等。

（12）区域规划系统：研究区域人口、经济协调发展规划、区域资源最优利用、区域经济结构等。

可以说，系统工程在自然科学与社会科学之间架设了一座沟通桥梁。现代数学方法和计算机技术，通过系统工程，为社会科学研究增加了极为有用的定量方法、模型方法、模拟实验方法和优化方法。系统工程为从事自然科学的工程技术人员和从事社会科学的研究人员的相互合作开辟了广阔的道路。

1.2　系统之系统

20 世纪 90 年代，信息技术的高速发展和广泛应用使得复杂的技术集成和系统管理问题愈发突出，现代战争、现代交通等进一步表现为"多个系统或复杂系统组合而成的大规模的系统组合"，体系（system of systems，SoS）和体系工程（system of systems engineering，SoSE）研究应运而生。国内外学术界普遍认为，体系工程是系统工程的发展与深化，开始于 20 世纪 90 年代初期。

体系是一个具有资源池、面向特定任务的系统集合或者专门的系统集，它们的能力整合在一起创造一个新的、更复杂的系统，提供比单独的组分系统的总和还要多的功能和性能。目前，SoS 是一个有颇多争议的研究学科，其中的参考框架、思维过程、定量分析、工具和设计方法都是不完整的。通常把定义、抽象、建模和分析 SoS 问题的方法称为体系工程。

关于 SoS 的定义有超过 40 种。Maier 1998 年曾提出 SoS 的五项关键特性：

（1）运作独立性（operational independence）：个别系统一旦脱离了整体之后，

依然具有独立运作的能力。

（2）管理独立性（managerial independence）：个别系统具有自治能力，它的独立行为与整体行为并无关联。

（3）持续演化性（evolutionary development）：在运作过程中，会不断地修正其功能、行为和目标。

（4）涌现行为（emergent behavior）：一旦连接起来，就会呈现出来的整体行为。例如飞机，所有个别系统都正常运作时，整个 SoS 系统（即飞机）能飞，但是个别系统都不能飞。

（5）异地分散性（geographic distribution）：分布在各个地方，但会互相沟通与合作。

上述的 SoS 五项关键特性被称为"迈尔特性"，Maier 将运行独立性与管理独立性确定为 SoS 的两个主要区别特征。一个系统如果不具有这两个特征，无论其复杂性或其组成部分的地理分布如何，都不能被视为 SoS。

在国防采办指南中，SoS 被定义为一组或一系列独立的有用的系统集成到一个更大的系统提供独特能力的结果。集成后各个独立的系统可以相互依存，是一个相互依存和相互受益的综合系统。

贾姆什迪综合了几个 SoS 定义，形成了以下被广泛关注的 SoS 定义：SoS 是由有限数量的可独立运行的系统，在一个特定的时间段内，为了达成一个确定的更高目标而连接在一起的集合。根据这个定义，需要指出的是，一个 SOS 的形成不一定是永久性的现象，而是为了特定的目标（如鲁棒性、成本、效率等）形成的一个整合和连接系统集。

德劳伦蒂斯和克罗斯利 2005 年结合前面所描述的 SoS 的 5 个特征增加了几个特征，包括跨学科、系统异构性和系统网络。因此，SoS 表现出以下 8 个方面的特征：

（1）组分系统运行独立性；

（2）组分系统管理独立性；

（3）异地分散性；

（4）涌现行为；

（5）持续演化性；

（6）跨学科研究；

（7）组分系统异构性；

（8）组分系统网络。

系统工程方法同样适用于 SoS 的研究。2008 年 8 月，DoD 发布了体系系统工程指南 V1.0。体系系统工程指南的发布，是应用系统工程过程去处理当今世界由网络化的系统和体系所带来的变化迈出的重要一步。2012 年，INCOSE 成立 SoS

工作组(SoSWG),SoSWG 的目的就是要在不同类型的 SoS 中推动和促进系统工程应用,在系统工程社区内扩大和促进 SoS 知识与价值。

在当今的互联世界,SoS 的情况非常普遍。在这些情况下,SoS 被视为一个系统,SoS 被描述为四种类型:

(1) 定向 SoS(directed SoS)——SoS 被创建和管理用于实现特定的目的,组分系统集属于 SoS。这些组分系统保持独立运作的能力,但是,其正常运作模式服从中央管理的目的。

(2) 公认 SoS(acknowledged SoS)——SoS 有清晰的目标、指定的管理者,以及 SoS 资源,但是这些组分系统保持其独立的所有权、目标、资金、开发和维持的途径。系统集的变化是基于 SoS 和系统之间的互操作协议。

(3) 协同 SoS(collaborative SoS)——组分系统集通过或多或少的互动自愿达成一致的中心目的。中央参与者集体决定如何提供或拒绝服务,形成一些执行和维护的标准;

(4) 虚拟 SoS(virtual SoS)——SoS 缺乏一个中央管理机构和一致的 SoS 中心目标。具有符合需要的大规模的行为涌现,但这种 SoS 必须依靠一种无形的机制来维护它。

这种分类是基于成分的独立性程度,它提供了一个基于 SoS 的目标源头和 SoS 及其组分系统的利益攸关方之间的关系来理解 SoS 的框架。在大多数实际情况下,一个 SoS 将反映多种 SoS 类型的组合。

目前,SoS 工程的应用非常广泛。国防领域在 SoS 早期的工作奠定了 SoSE 的基础,包括知识基础、技术方法和实践经验。现在,SoSE 的概念和原理适用于更多的政府、民间和商业领域。如:

(1) 交通——空中交通管理、铁路网络、地面综合运输、货物运输、公路管理和空间系统;

(2) 能源——智能电网、智能住宅、综合生产/消费;

(3) 卫生保健——区域设施管理、应急服务和个人健康管理;

(4) 自然资源管理——全球环境、区域水资源、森林和可再生资源;

(5) 灾难响应——灾害响应事件,包括森林火灾,洪水和恐怖袭击;

(6) 消费产品——综合娱乐和家庭产品集成;

(7) 商业——银行和金融业,媒体电影、广播和电视。

SoS 与独立的或者有组织的系统之间存在一些差异,这些差异如表 1.1 所示。但是这些差异并不是如表 1.1 中所描述的那样非黑即白。由于实践的不同、系统的复杂性和系统开发环境的变化——某些 SoS 的特征也可能适用于某些特定情况下的系统。

表 1.1　SoS 与系统的区别

系统与 SoS 的区别 它们都适用于系统工程(SEBOK)		
	系统工程	SoS
管理和监督		
系统	物理工程	社会技术管理与工程
利益攸关方	清晰的一组利益攸关方	多层次利益攸关方混合以及可能的竞争利益
治理	一致的管理和资金	由于 SoS 和系统两者的管理和资金而增加的复杂性等级,SoS 没有控制所有的组分系统
运行重点(目标)		
运行重点	设计和开发以满足共同目标	要求使用系统集去满足 SoS 的目标,而系统目标可能与 SoS 目标并不一致
实施		
采办/开发	一致的采办和开发过程	跨多个系统生命周期,异步采办与开发,涉及遗留的系统,开发的系统以及技术插入(改造的系统)
过程	比较好建立	不断地学习和适应
测试与评估	系统的测试与评估是可能的	测试更具有挑战性,因为系统的异步生命周期以及所有部分的复杂性
工程和设计考虑		
边界和接口	专注于边界和接口	关注于识别系统对于 SoS 目标的贡献和使能数据流、控制以及功能,同时平衡系统的需要,或者关注系统之间的交互,很难界定 SOI
性能和行为	系统的性能满足目标性能	在满足 SoS 使能能力需要的同时平衡系统的需要
度量	比较好定义(如 INCOSE 手册)	难以界定,量化和达成一致

1.3　系统科学

　　系统科学是一门总结复杂系统的演化规律,研究如何建设、管理和控制复杂系统的科学,是由以系统为研究对象的基础理论和应用开发的学科组成的学科群。它着重考察各类系统的关系和属性,揭示其活动规律,探讨有关系统的各种理论和方法。

　　狭义地讲,系统科学是指一门科学,它包括理论基础和实践应用两个部分。其理论基础是指对系统的特性和规律进行阐明的系统论;其实践应用则是指系统工程,即将系统分析与工程技术结合起来,解决管理中的规划、设计、研究、制造、试验与实用的科学方法,如曼哈顿计划和三峡工程的设计等。

广义地说,系统科学是指一组学科群,是在当代科学发展的前沿所产生的一组揭示自然界和社会、无机界和有机界、非生命界和生命界物质运动的普遍联系和共同规律的横向学科群。其代表性学科是控制论、信息论、系统论。

系统科学知识体系的结构根据其理论概括程度的高低,可以划分为以下 3 个层次。

1)系统的基础理论

奥地利生物学家贝塔朗菲创立的一般系统论、比利时物理学家和化学家普利戈金和布鲁塞尔学派提出的耗散结构理论,以及德国物理学家哈肯倡导的协同学,分别从生物学、物理学和化学等不同学科出发,探讨共同的系统理论,并形成系统的基础理论学科——系统学。

2)系统的技术科学

系统的技术科学指运筹学、系统方法和计算科学技术。运筹学包括数学规划、博弈论、排队论、库存论、决策理论、搜索论和网络技术等。系统方法是合理地研究和处理有关系统的整体联系的一般科学方法论。系统方法在唯物辩证法的指导下,运用系统理论,为研究和设计各种系统客体提出基本的原则,引导人们有效地解决各种现实课题。现代计算机科学技术主要是应用电子计算机,这是系统研究和开发的必要工具,它使复杂系统的大量数据的定量分析得以实现。系统的技术科学这一层次是一个中介环节,它为系统理论运用于系统工程提供了重要的方法和手段,具有应用理论学科的性质。

3)系统工程技术

系统工程技术指系统工程或系统分析。在国外,广义的系统分析与系统工程并无区别,含义几乎相同,两种专门名词交互使用。狭义的系统分析则是一种决策方法,用于决策阶段,而系统工程则用于管理活动全过程。在中国统称系统工程。系统工程是组织管理的技术和方法,具有应用学科的性质。

1.4　基于模型的系统工程(MBSE)

1. MBSE 的定义及内涵

INCOSE 在《系统工程 2020 年愿景》中,给出的基于模型的系统工程(MBSE)的定义为:对建模方法开展形式化应用,使其支持从概念设计开始,贯穿系统全生命周期的需求分析、设计实现、确认与验证等活动[4]。MBSE 的概念是相对于传统的基于文档的系统工程而言的:以往在系统的方案设计阶段,多数是以文档的形式定义和描述系统;MBSE 则是用数字化建模代替文档进行系统方案设计,把文档中描述系统功能、性能、结构、规格的需求全部用数字化的模型表达。

2. MBSE 的优势及价值

当今时代,人类对产品的安全性、易用性、个性化等需求日渐增加,致使产品的电气化、智能化要求越来越高,对于航空类的复杂产品而言,其研发困难度在持续跃升。基于文本的系统工程由于存在以下局限性,所以越来越难应对复杂产品研发中的挑战。

(1)自然语言描述的文档一致性差,容易引发歧义,导致沟通效率低;

(2)文档中的形容词属于模糊描述,难以保证准确性;

(3)基于文本描述的设计元素之间难以实现追溯分析,当发生设计变更时,很难准确评估变更影响;

(4)设计方案在早期无法进行仿真验证,且在详细设计阶段无法与数字化模型进行关联。

与传统的系统工程相比,MBSE 在工作流程上并无明显差异,依然分为需求分析、系统设计、需求确认、系统验证四个阶段。

(1)需求分析阶段:实现需求条目化分类,并对需求进行量化描述。

(2)系统设计阶段:依照特定的系统设计逻辑方法,完成系统功能、结构设计以及参数化表征,并将设计与需求进行关联,确保追溯关系的完整性。

(3)需求确认阶段:对设计参数值与量化的需求约束进行验证。

(4)系统验证阶段:基于数字化设计模型进行系统仿真,依据设计需求开展系统验证工作。

MBSE 利用数字化手段开展系统设计工作,可以有效地解决传统系统工程因自身约束性引发的各种问题,通过优化、提升成本、效率、产品质量、竞争力等给企业创造价值[5-7]。MBSE 的应用价值分析见表 1.2。

表 1.2　MBSE 的应用价值分析

研发阶段	功　能　点	价　值
需求分析 与验证	➤ 需求分类描述 区别描述不同类型元素的需求,并用模型表述不同需求在设计中的实现约束 ➤ 需求追溯 模型包含了每一条需求从分解、分配到设计、测试验证的完整追溯	避免发生需求遗漏或错误处理的现象,保证完全、准确地实现设计需求,进而确保产品质量
	➤ 需求量化描述与自动验证 用数学公式等方式量化描述需求,并自动将系统设计结果导入约束公式进行验证 ➤ 需求库重用 在其他项目中,基于已有的需求库,创建需求模型	提高需求验证、产品研发和产品验收的效率,且能有效避免因需求模糊描述而造成的验收扯皮现象

续　表

研发阶段	功　能　点	价　值
系统设计	➢ 统一设计语言 保证设计语言的一致性,避免自然语言描述带来理解的歧义 ➢ 工具集成 与相关的数字化工具实现集成 ➢ 基于模型的文档自动生成 ➢ 设计模型复用 数字化模型可在衍生项目中进行复用	提高研发效率
	➢ 设计追溯 设计可追溯,有利于对设计变更造成的影响进行分析	在提高效率的同时保证产品质量
系统验证	➢ 系统级仿真分析 数字化模型可以支撑系统级仿真分析,精确地评估系统设计方案的合理性	保证质量

3. MBSE 相关的知识与工具

掌握应用 MBSE 需要三方面知识的支撑:方法论、系统设计语言、系统建模工具[8]。MBSE 方法论是指导相关人员进行系统设计活动的指南,常用的 MBSE 方法论有 OOSEM、Harmony-SE、RUP-SE、JPL SA、OPM 等[9];系统设计语言是在系统设计时进行描述的标准语言,当前主流的系统设计语言有 UML 和 SysML;系统建模工具是 MBSE 应用的基础,常用的工具有达索的 MagicDraw 和 IBM Rhapsody 等。

1.5　数字化时代下的系统工程新价值

现代信息技术,如计算机、数字通信、办公自动化等内容的迅猛发展和日趋普及,从根本上改变了人们的生产、生活方式,人类社会逐渐从工业化时代步入了以数字化技术为特征的后工业时代,又称为数字化时代。

数字化是指用数字编码来表达和传输信息的技术状态。数字化时代以数字化为核心、以发达的网络技术为基础,通过将各类信息进行数字化,支撑计算机运行,达到信息可视化、智能化、网络化的状态,以完成信息的共建共享,进而实现从数据到信息、到知识、最后到财富的转化。数字化时代的特征可综合表述为以下四点内容。

(1)一切互联。通过"物联网"和"务(服务)联网",在产品、机器、资源和人之间建立有机联系,推动各环节的数据共享。

(2)技术更迭速度加快。与工业化时代相比,数字化时代的技术迭代速度变得更快,且很多技术都具有一定的颠覆性,这意味着可供企业发展和调整技术的时间窗口期会越来越短。

(3)客户需求更加多元化、个性化。相较于以前客户购买产品或服务只要满足基本需求即可,数字化时代下客户在购物时融合了更多个性化的需求。

（4）产品和服务模式发生变化。数字化时代下，企业不再单纯地售卖产品或服务的"所有权"，还需进一步考虑销售的产品和服务是否真正给客户创造价值。

在数字化时代下，企业的前途取决于其提供的产品或服务能否符合数字化时代的特征，这对企业的管理模式和效率提出了更高的要求，如下所示。

（1）大幅缩短研发周期：在数字化时代下，产品研发周期、争夺客户的时间窗口都大幅缩短，这些改变要求企业必须改变管理思维、缩短产品研发过程时间。

（2）有序管理类型繁多、数量庞大的研发数据：企业需要不断细化管理流程和项目执行节点来应对细分市场的个性化、多元化需求，为客户创造更多价值。采取何种有效的措施应对呈指数增长的研发、管理数据是数字化时代下企业必须解决的问题。

（3）发展多元化的研发管理模式：科技的创新涉及企业、科研院所、高等院校等多个主体，涵盖人才、资金、制度等多个要素。传统以技术发展为导向、科研人员为主体、实验室为载体的研发模式要逐步转变成以用户为中心、以社会实践为舞台、以协同创新为特点的多元化研发管理模式[10]。

（4）打造协同合作的产业生态：提高网络化、智能化水平，升级产业价值链，是数字化时代下企业高效管理的基础。网络化协同平台、智能感知元器件、产业云平台、操作系统等高精尖研发设备的引入，可以有效支撑企业的智能化转型，构建开放、共享、协作的产业生态。

对于企业来说，数字化转型之路是一个漫长且艰苦的过程，而推动 MBSE 的建设和应用是航空企业实现数字化转型道路上的必经关卡。

1）MBSE 和流程再造是深度推进企业数字化转型的基础和前提

应用 MBSE 需要在项目研制各环节采用标准化的建模工具，将研制需求、系统架构、性能指标、工艺过程等用模型的形式表达，构成需求分析、方案论证、详细设计、制造工艺、试验测试等环节所需的模型体系。MBSE 以系统模型为基础，集成、连通了工程设计中各专业学科的模型，避免生产模型孤岛而阻碍了信息共享；以需求为牵引，构建了各环节之间的模型关联与转化关系，形成产品全生命周期内的设计信息和数据的一致性传递。信息与数据的一致性传递与追溯是高质量开展项目产品精细化设计的基础，其核心是将模型和数据应用于产品研制全生命周期。实现模型定义系统、数据驱动流程，对航空产品的过程监控、结果预示、质量评价、故障定位、优化改进和管理决策等活动具有重要意义。

2）将标准、规范等嵌入 MBSE 研制流程是实现管理升级的有效途径

利用模型将标准、规范等嵌入流程，并用信息化手段进行固化，再通过持续改进的方式实现质量管理能力的升级是企业发展的有效途径。设计环节的任务书、图纸转为标准化的模型，过程质量控制的对象变为模型，整个设计流程被模型所驱动。基于统一平台架构管控产品全生命周期的数据，随着模型体系的不断改进和

完善,通过数据映射来建立模型之间的联系,从而形成模型相互驱动,以实现质量管控的闭环。基于信息化手段实现单一数据源的质量可靠性数据采集、分析,可以解决当前项目研制过程中标准、规范与流程结合不紧密的问题。建立模型库、数据库,可以实现基于模型的关键特性识别、分解、传递、验证链条,进而保证产品的质量。

3) 基于模型的系统集成测试是实现一体化集成测试的方法

基于模型的系统研发环境为传统的研发流程转变成基于模型的研发测试平台提供了实现的可能。首先基于模型确认测试流程中各层级的需求,则在开展集成测试前,已经通过数字化软件平台对测试方案、测试设备的功能性进行了较为全面的验证。同时,可以用数字模拟或实物接入的方式连接各类测试设备,在实际测试前开展虚拟测试,这样可以尽可能早地暴露实际测试过程中存在的风险,进而采取有效的措施规避。因此,基于模型的系统集成测试是实现自主可控的一体化集成测试技术和平台的有效途径,能够推动系统工程向更加智能化的方向发展。

MBSE 基于模型实现了产品研发过程的无纸化交互,保证了整体设计程序的灵活性和高效率;通过应用信息共享平台使交流更加便捷,实现异地协同和资源的合理利用与配置,最大限度地提升了研发效率和效益;通过建立设计活动、数据之间的追溯关系,利用虚拟手段进行系统仿真验证,使设计成果更加真实可靠,提升了产品的研制质量。MBSE 作为工业研发实现数字化的重要发展方向之一,利用信息化、数字化手段保证了产品研制过程的高质量、高效率、高效益,对航空发动机企业实现数字化转型具有重要的推动作用。

第 2 章
商用航空发动机系统工程

　　自 1903 年美国莱特兄弟利用活塞式发动机实现人类历史上的第一次载人飞行以来,航空发动机的发展已经有了近百年的历程。从早期的活塞式汽油发动机到涡轮喷气发动机、涡轮风扇发动机,航空发动机作为飞机的"心脏",不仅是飞机飞行的动力,也是促进航空事业发展的重要推动力,人类航空史上的每一次重要变革都与航空发动机的技术进步密不可分。现代航空发动机的任务目标、运行方案和应用场景正呈现出多元化的特征,因此,系统构成的相关性以及与外部环境的依存性复杂度跃升。例如,飞行器的设计制造从最初单纯地实现人类能够离开地面进行飞行的简单需求已经衍生到军用飞行器实现"海陆空天"体系作战的需求、航天飞行器实现穿越大气层甚至星际旅行的需求,以及民用飞机实现跨洋的超声速运载的需求。这些需求的变化都将使航空发动机系统的复杂度爆炸式地增长,产品所包含元素的多样性和差异性也随之增长,技术难度、研制周期和风险急剧增大。

　　航空发动机是一个技术密集性产业,新概念飞行器、混合动力、新系统、新结构、新材料、新工艺等前沿技术的突破,对航空发动机发展产生了革命性的影响。另外,现代航空发动机的研制不再仅仅考虑其本身的功能性能,还需要放在更为复杂的系统之系统(system of system)中进行分析和研究,如军用飞行器发动机需要支持飞行器在更为复杂的作战体系中运行,商用飞行器发动机则需要放在航空运输系统,包括空中交通管制系统、空地数据链、运行支持等系统一起进行分析研究。航空发动机系统的开发规模的数量级一般为

- 1 000　　　　工程师
- 10 000　　　 需求和测试
- 100 000　　　数据接口
- 1 000 000　　接口工件和硬件设备
- 10 000 000　软件代码行数(SLOC)

航空发动机无论从应用目标和环境,集成的零部件数量、接口关系,还是从其协同研发的规模来看,都属于典型的复杂系统。系统的复杂性反映在系统组成元素之间的相互作用、相互依赖,以及与整体的目标之间的非线性关系(而非简单的

加和关系)。一方面是多个要素组成系统后,出现了系统组成前单个要素所不具有的性质,也就是所谓的系统"涌现性";另一方面,随着系统运行边界的扩展,其所运行的外界环境多样性和变化导致系统在非预期的运行环境中的行为模式呈现出混沌性,系统的失效模式也因这种涌现性和混沌性呈现出无周期性、非规律性和难以预知性。因此,对于复杂系统,既不能由分析局部的特性来认识整体,也无法由环境变化来预判系统行为模式的转换能力。

空中客车公司(以下简称空客)将复杂产品的研发归纳为结构复杂性、动态复杂性、风险三个维度,如图 2.1 所示。其中,结构复杂性包括结构与系统间的界面复杂性、系统与系统的相互关系、零件数量的庞大(A380 项目图纸超过 79 000 份,零件超过 450 000 个),以及项目团队的庞大(A380 项目仅研发团队就超过 6 000 人),甚至还包括公共关系复杂性和人文环境复杂性;动态复杂性包括技术的变革、市场的风云变幻、产品的更改、财政的松紧、流程的变动、组织的更替,以及人员的流动等;

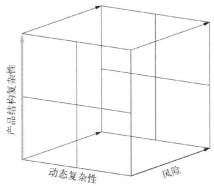

图 2.1　系统工程复杂性的三维视图

而风险是在规定的技术、成本和进度等约束条件下,可能会对飞机型号研制项目目标产生不利影响的事件和情形。

因此,对于航空发动机这样的复杂系统研发,采用系统工程的方法论,一方面将针对产品复杂性,自上而下分解成子系统和部件,做到"分而治之"然后再"集而成之";另一方面,针对动态复杂性,为了有效将成千上万的研制任务高效协同起来,必须建立支撑复杂产品研制的组织结构,进行有效的项目管理,组织之间高效动态协同。总之,航空发动机研发的成功需要运用系统工程方法论,基于客户需求,应对外部风险,动态优化项目管理和组织管理,将产品分解结构(PBS)与工作分解结构(OBS)和组织分解结构(OBS)有机整合(如图 2.2 所

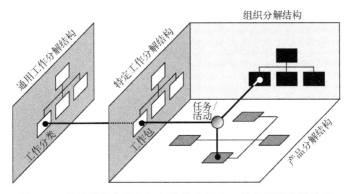

图 2.2　产品结构分解与组织结构分解和工作分解结构的关系

示),保证产品研发在技术上合理、经济上合算、研制周期短和组织的高效协调运转。

2.1 商用航空发动机产品系统

商用航空发动机产品系统属于 CCAR-33 部定义的航空发动机的范畴。商用航空发动机系统属于民用飞机系统的一部分,而商用飞机系统属于商用航空运输系统(commercial air transport system)的一部分。民用飞机产品系统属于典型的系统之系统(system of system),由以下系统组成:

(1) 民用飞机(产品系统)所包含的系统及子系统,如推进系统、机械系统、航电系统、电气系统、辅助动力系统等;

(2) 飞行机组(人);

(3) 地面服务系统(使能系统);

(4) 与飞机研发、制造使能产品有关的民用飞机制造商和供应商;

(5) 与飞机环境使能相关的(如运营有关的航空公司、维修维护公司、航材公司及航油公司、餐食提供、飞机清洗和除冰等各类地面使能服务等)。

民用飞机产品系统如图 2.3 所示。

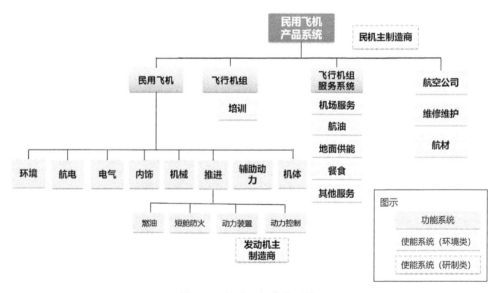

图 2.3 民用飞机产品系统

推进系统是商发公司的关注系统(system of interest)。根据 EIA/IS 632,产品系统应同时包含终端产品和使能产品[11]。终端产品是指那些用于执行系统预期功能,达成采购方预期目的的产品。使能产品是指在终端产品的全生命周期过程中使得终端产品成功实现或运行的产品。
使能产品将用于执行系统相关的流程功
能：开发、制造、测试、部署和支持终端产
品；对操作人员和维护人员进行培训终端
产品的培训；退役或报废不再使用的终端
产品。举例来说，使能产品可以是支持终
端产品开发用的开发计划、分析模型、分
析工具、物理模型等，用于生产终端产品
的生产设备等。图 2.4 表明了系统元素
的关系。

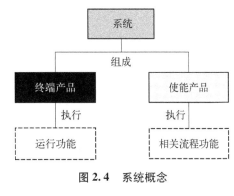

图 2.4　系统概念

　　要特别说明的是，EIA/IS632 中，系统的概念还包括那些参与产品开发、制造、
试验、运行、支持和报废的人员，以及系统运行相关的培训人员。由这些人员引进
的人为因素的问题和相关考虑也要纳入系统开发中。图 2.5 是一个典型产品系统
的组成结构。每个终端产品或使能产品都至少包含一个如下元素：硬件、软件、固
件、人员、设施、数据、材料、服务和流程。

构件（building block）

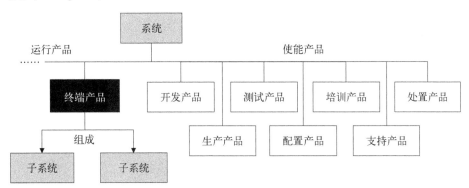

图 2.5　产品系统的通用组成结构

　　对于推进系统而言，应包括的产品如下所示。
　　（1）终端产品，即民机推进系统，包括动力装置与短舱系统。
　　（2）使能产品，分为两类，一类支持产品研发和生产制造过程，成为研制类使
能产品，包括发动机系统研发子系统、生产子系统；另一类支持研制后产品的运行
和退役，称为环境使能类产品，包括发动机系统部署子系统、培训子系统、运行与维
修支持子系统，以及处置子系统，具体包括如下几个方面：
　　a）发动机系统研发使能子系统包括但不限于各研发团队、各类设计文件、数
据库、计算机模型、各类开发设备（如 CAD/CAE 工具环境等）、测试设备（如整机试

验台、高空台等)、设施(如厂房等);

b) 发动机系统生产使能子系统包括但不限于制造和装配所需的各类生产文件、生产设备、生产人员和生产设施,具体如生产计划、进度安排、操作手册、作业文件、生产实物模型、装配设施、制造设施、工装、材料、测量检测装置、计算机、车辆、制造人员、装配人员、检查人员、管理人员等;

c) 发动机系统交付部署使能子系统包括交付所需的所有使能要素,包括但不限于交付部署计划、交付安排、政策、过程文件、交付说明及交付各类文件说明书、图纸等,还包括主制造商和航空公司客户间的合同规范以及飞机交付部署所需的设备、人员或设施等;

d) 发动机培训使能子系统包括但不限于发动机运行培训所需的对飞行员、乘务员、维修人员和服务人员等进行培训的设备、软件、文件、培训人员和设施等;

e) 发动机运行与维修支持使能子系统,包括支持发动机运行和维修的支持设备、软件、文件、人员和设施,包括但不限于发动机运行和维修所需的操作和签派所需文件、运行支持工具、维修测试设备、支持人员、航空公司或机场设施、航材备件采购网络系统等;

f) 发动机处置使能子系统包括发动机所需的文件、设备、人员和设施。

商用航空发动机产品系统是由发动机能够有效执行其预计功能的使能产品和发动机自身所组成的有机整体,具体包含培训、支持、设施和人员,发动机产品系统不包括上述的研制类使能产品,即研发和生产使能子系统。商用航空发动机产品本身按照复杂的层次化特点,应逐级进行层级划分分解,如图2.6所示。

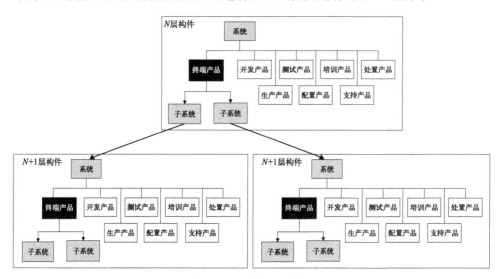

图 2.6　系统逐级分解

2.2　商用航空发动机产品系统层级划分

作为复杂系统,商用航空发动机研制应遵循自上而下的设计过程,即从高到低的逐级细化和反向的逐级综合(自底向上)的渐进式过程,主要原因如下:

(1) 充分考虑产品系统的完整性和涌现性(emergence)的特征,应从所关注的整个系统层面及所处的外部系统之系统的视角出发,现考虑系统的整体问题,再分解到低层各子系统,才能确保整个设计的完整性,降低后续出现遗漏和反复的风险。

(2) 充分考虑商用航空发动机的复杂性特点,为了解决纷繁复杂的系统问题,采用"分而治之"的方式,逐级明晰,把一个抽象的大问题分解成多个具体的小问题,直到问题可以被有效理解和管理,便于问题解决以及过程资源的管理,最后逐个击破。

此外,航空发动机的结构复杂性体现在结构与系统间的界面复杂性,系统与系统的相互关系。

民用飞机推进系统组成如图 2.7 所示。

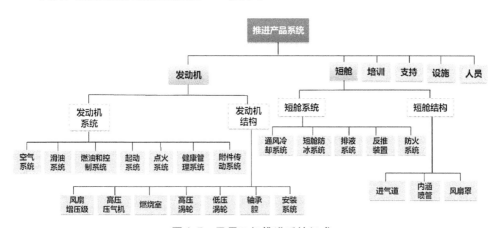

图 2.7　民用飞机推进系统组成

参考系统工程设计方法的要求,随着开发工作的推进,下一层的设计结果会反馈给上一层,确保设计结果满足需求(接口需求、子系统需求的符合性),同时保证下一层级的设计结果不会对上层构件的终端产品、使能产品和子系统产生不利影响,这个过程也称为"设计验证"。同样的,如果上层构件由于其他子系统、使能产品的开发或者利益攸关方需求的变更导致需求发生变化,则需要将变更的需求逐层传递到下一层构建的开发过程中,如图 2.8 所示。

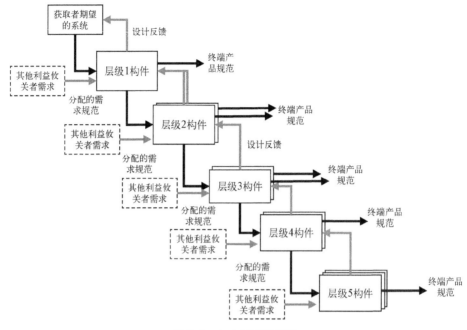

图 2.8   自上而下的开发

2.3   商发公司系统工程定义

针对航空发动机,正是对于未来系统的复杂性与混沌性的不断认知以及未来系统演进趋势的理解,提出了需要基于系统思维,从全生命周期、以严谨的结构化方法理解系统带给我们的问题域,并以科学化的流程构建解决域,通过迭代寻优的方式找到全局最优解。系统工程方法论强调在系统开发的早期阶段,从系统全生命周期考虑问题,综合所有的利益攸关方业务和技术要求,全面定义系统需求,通过架构化的系统工程流程、文件体系、规范和结构化的需求层层传递,指导和控制系统的开发过程(设计、综合和验证等),以确保复杂系统的研制成功。

钱学森作为我国系统工程领域的奠基人和早期推动者,对系统工程给出了精辟的定义:"如果把极其复杂的研制对象称为系统,系统工程则是组织管理这种系统的规划、研究、设计、制造、试验和使用的科学方法,是一种对所有系统都具有普遍意义的科学方法。"

基于目前全球通行的系统工程标准 ISO/IEC 15288,以及《国际系统工程手册》,对于系统工程从 3 个不同的视角作出了如下定义:

(1)系统工程是一门关于整体(系统)而不是各个部分的设计和实现的学科。它将问题作为一个整体,分析与其相关的所有因素与变量,并将技术和管理的关注相结合。

（2）系统工程是一种自上而下的综合、开发和运行真实系统的迭代过程，以接近于最优的方式满足系统的全部需求[1, 12]。

（3）系统工程是一种使系统能成功实现的跨学科的方法和手段。系统工程专注于：在开发阶段的早期阶段，就定义客户需求与所要求的功能，将需求文档化；然后进行面向系统实现中所有问题（如运行、成本与进度、系统性能、培训与支持、测试、制造和报废）的综合设计和系统确认。系统工程以提供满足用户需求的高质量产品为目的，同时考虑了所有用户的业务和技术需求。

此定义指出，系统工程关注的是系统整个生命周期，而不仅仅是运营阶段。本书第 3 章描述了系统的整个生命周期模型。此外，此定义阐明了系统工程对人和过程指定了需求，而不是只对产品指定需求。

商用航空发动机企业的核心价值追求是研发市场成功的航空发动机产品，而唯有市场的关键是满足客户需求、成就客户价值。中国航发商发对系统工程的定义是：“以满足客户需求为目的，围绕产品全生命周期，以研发体系为支撑，通过产品与过程集成，实现整体最优的一种跨专业、跨部门、跨企业的技术和管理方法。”商发系统工程方法论的关键逻辑理论可以概括为“两透两控两对接一协同”，即“吃透需求、吃透技术、严控评审、严控构型、对接型号、对接研保、人员协同”。

2.4　商用航空发动机系统工程能力模型

2.4.1　系统工程成熟度模型

为了有效地构建和提升企业的系统工程能力，EIA/IS－731.1 和 EIA/IS－731.2 分别给出了系统工程能力模型的定义和评估方法。其中系统工程成熟度主要从流程和非流程两个领域进行评估，按照成熟度分为实施、管理、定义、测量和优化 5 个等级，如图 2.9 所示。非流程领域关注人员、流程、工具方法等方面。

（1）人员方面，需要关注从事系统工程的个人的技能培养和职业规划；团队方面，需要聚焦人员配置、队伍建设、资源分配和政策制定。需要注意的是复杂系统的研发组织应建立系统工程师团队，产品各层级都应该设立专职的系统工程师，不隶属于任何专业，其使命是站在各自所关注的系统层级权衡分析（trade off）。

（2）流程方面，关注系统工程相关流程的标准化，并对流程进行评价和改善。

（3）工具和方法方面，需要开发系统工程工具和方法，并集成到具体流程中，统一组织中对于工具方法使用的一致性。

知识和信息的管理以及使能基础设施的建设是人员、流程建设和工具方法的基础。在建设过程中进行知识沉淀，同时人员能力的提升也依赖知识储备、工具数据集等运行环境的支撑。

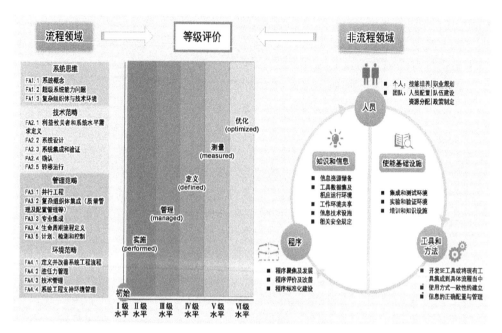

图 2.9 系统工程成熟度模型

2.4.2 系统工程应用成效模型

系统工程应用成效模型包括预测指标和产出指标两类指标。预测指标包括系统需求与解决方案,生命周期组织、规划与编制,技术成熟度与架构设计,以及基于证据的进度监控与承诺评审。产出指标包括成本、进度、技术、质量和风险,如图 2.10 所示。

图 2.10 系统工程应用成效模型

第3章
商用航空发动机生命周期模型

3.1 生命周期模型

3.1.1 生命周期模型概念

生命周期模型是系统工程中一个重要的基本概念,生命周期模型是把项目中需要实现的所有事项划分为若干明显的阶段,并用关键决策点区分。ISO/IEC 15288 中有关于生命周期的陈述:每个系统都具有一个生命周期……系统在其生命周期内的进展是组织中的人员运行和管理通过使用诸多流程来实施其行动的结果。

生命周期模型的主要内容包括:阶段目标、主要活动、产品和关键决策点。建立生命周期模型的目的:以有序和高效的方式建立一个满足利益攸关方需求的框架;对跨专业领域的工程,给出规定的实施方法,保证所有领域工程师遵守统一标准和程序;为管理者提供可视性,使他们能够了解在管理和预算控制相应时间节点上的进展情况。

为了更好地进行项目管理和技术管理,各机构和组织都依据自身内部的特点,定义了各自内部的生命周期模型,详细内容可参阅现有的系统工程标准。如 IEEE 1220、EIA 632、ISO 15288、CMMI、INCOSE 系统工程手册、NASA 系统工程手册,以及 FAA 系统工程手册等[1, 11-17]。

3.1.2 生命周期特征

1. 生命周期的三个方面

每个产品生命周期都包括商务方面、预算方面和技术方面,系统工程实践要求项目实施时这三个方面达到平衡。

商务方面(市场)的问题包括:设计和生产什么样的发动机才能满足客户的合同需求?研制进度如何匹配飞机制造商和航空公司运营成本要求?公司内部如何安排后续生产交付时才能保证利润?如何保证商业利益最优化?风险如何被有效识别和管理?

预算方面(资金):产品研制经费是否超预算?投资回报如何?

技术方面(产品):研制的产品采用什么样的技术?

系统工程要求产品设计工程师要有商人意识,做"工程商人",需创建与商务需求和资金约束一致的技术解决方案,特别关注图 3.1 的收支平衡时间(用圆圈标示)和投资回报(浅色曲线)。做到项目实施时这三个方面达到平衡且在所有决策门评审中都受到同等重视。

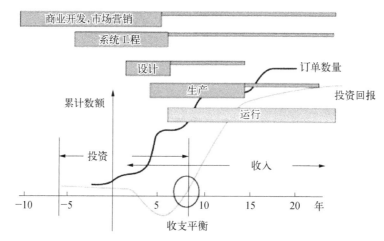

图 3.1　系统工程活动在生命周期模型定义的阶段的分布

2. 决策门

决策门是对每个阶段进行商务方面、预算方面、技术方面三个方面的评估和审议,判断阶段完成的活动是否满足客户和公司的需求。根据评估方面的不同,又称控制门、里程碑、评审点。商用航空发动机典型的决策门有:RFP 回复、合同签订、首台发动机开始测试(FET)、飞行台试验 (FTB test)、取得型号合格证(TC)、取得生产许可证(PC)、进入服务(EIS)。

决策门关注以下三个问题:

(1) 项目交付物能够满足商务需求吗?

(2) 可以负担得起吗?

(3) 当需要时能够交付吗?

决策门的主要作用包括:确保建立的商务和技术基线是可以接受的,并可以实施验证和确认;可以开展下一步工作,风险是可控的;促进买方和卖方的团队工作;同步项目活动。

3. 决策门的标准

通用的生命周期模型的决策门有四种标准:可接受、有保留的接受、不可接受和不可挽回。

（1）可接受：继续进行项目的下一阶段。

（2）有保留的接受：继续并回应某些行动项。

（3）不可接受：有三种处理措施。① 不继续进行，延续本阶段工作且准备就绪后重新评审；② 返回到前一阶段；③ 暂停项目活动。

（4）不可挽回：终止项目。

4. 决策门应有要素

设定决策门后，应具有以下要素：

（1）确定决策门目的；

（2）确定主持者和主席；

（3）确定出席者；

（4）确定地点；

（5）确定议程以及如何实施决策门；

（6）待评估的证据；

（7）决策门产生的行动；

（8）关闭评审的方法。

5. 生命周期模型类型

生命周期模型的类型有瀑布模型（Winston Royce，1970）、螺旋模型（Sorial Boehm，1986）；V 模型（Forsberg and Mooz，1919）和敏捷开发模型。现代的商用航空发动机产品是具有智能化控制的精密热力复杂机械系统，为解决复杂性和涌现性，采用自上而下的 V 模型。图 3.2 为 INCOSE 英国分会发行的"Z-Guides"手册定义的"V 模型"，其展示了系统工程各流程活动之间的逻辑关系。

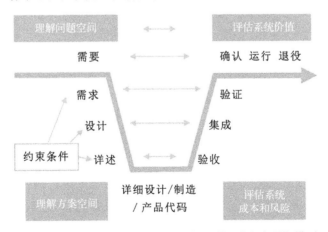

图 3.2　（INCOSE）英国分会定义的"V 模型"生命周期模型

6. 生命周期模型与系统工程活动

通用生命周期模型覆盖了产品全生命周期的所有过程，从最开始概念、开发、生产、使用、支持到退出。生命周期模型中定义的各阶段有不同的系统工程活动，系统工程活动在各阶段的活动量是不同的，根据图 3.3 可以看出，系统工程活动在生命周期初始的阶段活动最多。实践也证明在生命周阶段的前面阶段尽可能开展多的工作可以有效降低后续的风险。

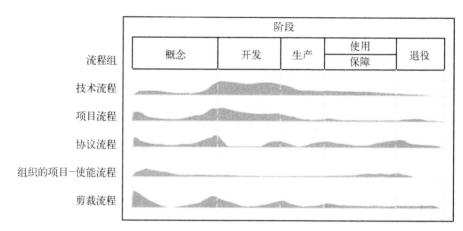

图 3.3　系统工程活动在生命周期模型各阶段的分布

3.2　商用航空发动机生命周期模型

生命周期开始于设想和方案，结束于产品退出服务。它与使用寿命是有区别的。例如，商用飞机设计服役目标为 90 000 飞行小时、60 000 飞行循环、30 日历年，航空发动机产品的限寿件寿命为 10 000 循环，低压部件的限寿件寿命为 20 000 循环，这里是指商用飞机和发动机被制造出来后的使用寿命[18]。而对于商用航空发动机产品这样的高价值和高投入产品，生命周期阶段与所配装的商用飞机一样，开始于利益攸关方需求分析后经需求捕获识别、功能分析、设计集成、确认验证，结束于退出处置阶段。系统工程实践就是在确定的生命周期模型框架下把商用航空发动机高度复杂的跨专业的设计过程解耦，将复杂的设计问题简单化、流程化。以最优的时间、最合理的成本实现一款满足利益攸关方需求的产品——商用航空发动机。

1. 核心思想

研发是一种投资行为，是基于需求的研发、平台化开发的研发、跨部门协作的研发、依据结构化流程的研发、业务与能力匹配的研发和持续改进的研发。

2. 阶段划分

AECC CAE 的产品生命周期模型的阶段划分如图 3.4，分为 7 个阶段，各阶段的描述如下所示。

（1）需求分析与定义：识别利益攸关方，收集来自利益攸关方的上一级需求文档,经过需求分析和定义过程形成公司内部最顶层的产品级产品需求文档(PRD)并进行评审,经过评审后的(PRD),向下逻辑分解到各子系统,形成子系统需求文档(SSRD)。产品需求文档是最高层级的需求文档。PRD 和 SSRD 通过评审后,即确定产品需求基线,列入构型管理,标志着本阶段的工作完成。

（2）概念设计：按子系统需求文档(SSRD)进行子系统方案设计,依据产品需求文档(PRD)和已完成子系统方案对产品的构型、循环参数、性能指标进行研究和方案设计,形成产品初步总体技术方案。初步总体技术方案通过评审,标志着本阶段工作的完成。

（3）初步设计：在初步总体技术方案的基础上进行细化,形成完整的产品总体技术方案,建立并确定完整的产品、子系统及子系统以下层级的设计规范、验证和确认计划,完成产品安全性评估,确定产品功能基线。初步设计通过评审,标志着本阶段工作的完成。

（4）详细设计与初始验证：完成产品和相关子系统的详细设计,确定产品基线。完成子系统的加工与验证试验,完成产品整机集成装配,首台发动机完成初始验证。完成详细设计和首台发动机的初始验证,验证结果通过评审,标志着本阶段工作的完成。

（5）验证与确认：根据适航规章要求完成按发动机验证计划(EVP)产品所需型号取证试验和飞行试验,验证产品满足产品需求文档的需求,确认产品需求符合客户的需要,后续可以进行生产和运行使用。获得产品型号合格证,标志着本阶段工作的完成。

阶段	0	1	2	3	4	5	6
	需求分析 与定义	概念 设计	初步设计	详细设计与 初始验证	验证与确认	产品交付和 服务支持	产品 退役
发动机研制 里程碑		CDR	PDR	DDR　FETT	CCAR33　EIS CCAR25	OCR	

图 3.4　AECC CAE 生命周期模型

（6）产品交付和服务支持：基于飞行试验和初始的服务性能,确定产品目标,完成客户培训、交付手册、服务设备和支持工具,完成适航当局要求的飞机确认需求。获得生产许可证(PC),产品具备运行交付能力,标志本阶段结束。

（7）产品退役：在决定以一定方式终止产品和服务时,确保产品的报废处理已考虑所有的安全、环境、经济与法律等因素并满足公司要求;并确保充分吸取了产品在全寿命周期中各阶段产生的各种经验和教训。

3. 标志性活动

产品生命周期模型各阶段的标志性活动分为 6 大类：

（1）工程管理：团队的活动、确定特定领域需求的归属和保证在项目限定范围内满足需求。

（2）项目管理：如质、如期、如预算地完成项目任务。

（3）构型管理：保证产品的构型被严格记录和传递给利益攸关方，保证构型的更改得到记录。

（4）需求管理：利用需求管理工具分析和建立客户需求，将需求分配至特定的工程领域并记录整个寿命周期中需求的变更。

（5）风险管理：识别和记录对技术、进度、成本和安全有影响的风险，保证对每一个风险都编制了风险应对计划。

（6）验证与取证：从寿命周期的活动中收集支持项目能力的证据，以证实用户需求和规章需求得到满足。

4. 决策门设定

产品生命周期模型设置了系统级/子系统/零件/加工工艺的评审点。

3.3　生命周期模型的管理

3.3.1　概述

生命周期模型随组织的变化和项目范围的变化而变化。

管理生命周期的目的就是定义、维持和确保组织在遵循 ISO/IEC 15288 的范围内所使用的方针、生命周期流程、生命周期模型和程序的可用性。生命周期模型管理包括建立流程、评估流程、改进流程。

生命周期模型管理价值主张是：为项目在计划和展现项目的可行性提供可重复和可预测的能力；扩大已证明是成功实践的影响，继而应用在其他项目中；促进组织内部流程的改进；改善新启动项目的确定性，减少不必要的重复。

3.3.2　生命周期模型使用的注意事项

生命周期模型本身也是需要进行管理和更新的，在使用时应注意以下事项：

（1）人造系统全生命周期自然地存在各个阶段；阶段是按系统的特征、目的、使用和环境来划分的；每个阶段的目的不同，对整个生命周期的贡献（作用）也不同；阶段的划分为组织对项目和技术流程进行管理、控制与支持提供了一个宏观的视图。

（2）生命周期内的流程与活动在实际应用中，应根据具体的阶段目标与结果进行适当的选择与裁剪。

3.4 集 成 框 架

围绕商用航空发动机的全寿命周期模型,通过阶段门与关键交付物将各阶段的活动按照一定的逻辑集成起来,构成了产品的集成框架。同时,阶段门也为产品实施团队提供了一个实施的路线图、评价项目可行性的检查点,以及向决策层寻求帮助的机会点。

3.4.1 阶段门策划与管理

阶段门是产品结构化研发在商用航空发动机产品研制中的具体应用,是对任务的一种分配逻辑和表现形式。针对阶段门的策划与管理,包含三个层面的内容:第一是要定义每个阶段门的交付物;第二是列举出每个交付物在不同阶段需要达到的状态;第三是要列出每个阶段门工作项清单。通过阶段门的策划,明确了各阶段门的交付物要求、交付物评价标准以及满足交付物要求的工作项清单,为产品/项目的顺利开展奠定了基础,也建立了项目管理的基线。

3.4.2 关键交付物

如果说阶段门建立了项目的步调与节奏,那么关键交付物就是检查产品/项目工作是否满足要求的载体,包括项目管理活动、产品研发活动、市场营销活动、客户服务活动等。在阶段门评审过程中,一方面是检查交付物是否满足要求;另一方面,也需要评估其他的项目管理要素,包含项目团队的构成、角色与职责的分配、方法与工具的使用等,从而确保产品/项目在正确的轨道上向前推进。

在每个阶段门评审过程中,项目实施团队、项目领导团队以及其他利益攸关方要根据当前项目进展对项目的可行性做出评价,评估项目的风险,并结合外部环境对项目的范围和项目的商业价值做出判断甚至调整。

3.4.3 阶段门与关键交付物的价值

阶段门与关键交付物构成了产品的集成框架,为项目实施团队提供了可以遵循的实施路线图和过程控制点,为项目管理层提供了决策点。同时阶段门也为项目团队提供了一个向领导团队寻求帮助来推进项目的机会点。关键交付物用于表明项目的实施状态和项目的进度。项目团队通过满足每个阶段门对关键交付物的要求来推进项目。另外,关键交付物也是对各个阶段所涉及的各类工作的集成,这些工作包括项目管理、产品设计、产品验证、确认、供应链管理、客户管理、售后服务等。对 10 个阶段门的描述见表 3.1。

表 3.1　10 个阶段门描述

阶段门名称	项目状态	关　键　任　务
阶段门 1	提出产品概念	(1) 提出产品设想,并评估项目的需要; (2) 建立项目与商业战略的关系以及项目的需求
阶段门 2	评价产品概念	(1) 评估产品的设想,并向领导团队提出修改建议; (2) 策划项目的交付物; (3) 识别项目范围内的风险
阶段门 3	批准产品概念	(1) 项目利益攸关方就项目实施方案中的团队构成、评审计划及项目交付物达成一致意见; (2) 评审项目的风险和风险应对措施,以确保由项目的不确定性所带来的风险是可接受的
阶段门 4	提出产品方案	(1) 提出产品设计方案; (2) 初步制定面向产品研制和产品交付的项目计划及实施方案,围绕项目要求编制项目建议书并获得客户的批准; (3) 执行初步设计的相关计划,完善产品的设计方案
阶段门 5	产品方案的详细设计	(1) 细化面向产品研制和产品交付的项目计划,并确认有足够的资金和资源来执行详细的项目计划; (2) 执行详细设计的相关计划,完成对产品方案的详细设计
阶段门 6	冻结产品设计方案	(1) 项目利益攸关方认可并接受产品方案,记录问题项并解决; (2) 完成方案冻结所涉及的计划; (3) 冻结项目计划,落实经费执行后续计划
阶段门 7	设计产品	开发产品详细设计规范(工艺规范)并保证其能够生产出满足质量要求的产品
阶段门 8	加工产品	(1) 根据工艺规范完成产品的试制与集成,并准备产品的验证工作; (2) 执行项目计划中关于表明工艺规范能够满足产品质量要求的相关计划
阶段门 9	验证产品	(1) 执行项目计划中关于确认所生产的产品满足具体的质量要求的相关计划; (2) 确认生产出来的产品在运行环境中仍能够满足相关的质量要求; (3) 完成产品的确认,并准备产品的交付
阶段门 10	交付产品	(1) 产品交付给客户; (2) 制定用于评价产品性能的计划

　　定义关键交付物可以让项目团队将精力聚焦在关键的任务上。虽然在不同的阶段门针对这些关键交付的工作投入量不同,但这些交付物贯穿于所有的阶段门。在每个阶段门通过评估这些交付物,可以判断当前项目的进展、实施状态以及存在的风险。这些关键交付物包括以下内容。

　　(1) 项目论证:说明实施该项目的合理且充分的理由,可以从实施该项目的商务影响以及与商务战略的关联性方面进行论证;

　　(2) 项目范围:对项目交付物的一个书面描述。这个描述包含具体的项目需求、完成时间和项目的目标成本。

　　(3) 项目经费和资源识别:对项目所需要的经费或其他资源的一个全面的分析。

（4）项目风险管理：包括可能会对项目产生消极影响的事件。项目团队需要识别风险并制定降低或消除风险的计划，需要总结、评估并执行风险应对的计划。

（5）项目计划：记录了满足项目范围所要执行或控制的相关活动。项目计划应先于产品，包括从产品设想的提出到实施、交付并移交给持续运营等整个过程的计划。

（6）产品定义：包括产品从一个构想到一个可以实现的技术路径的全面且系统的描述。

（7）产品设计：包括定义产品的材料清单、尺寸、装配关系、工艺过程，保证产品可制造且符合相关的限制要求，如成本、制造精度等。

（8）产品验证：包括相关的试验结果、分析等，表明产品设计是符合要求的，通常验证活动存在于产品定义和产品设计过程中。

（9）产品供应链建立和确认：该交付物包含一个产品从详细产品设计方案到最终产生实物的所有生产过程，包含对生产的周期和生产成本的评估。

（10）产品交付：包括发动机与飞机的接口、双方的职责、工作等。

3.4.4　总结

阶段门与关键交付物构成了一个项目的框架，将项目从开始到结束所涉及的所有活动按照一定的逻辑进行排列，为项目团队提供一个可以遵循的实施路线图。通过阶段门评审，检查项目的进度、风险等级和可行性，确保项目在正确的轨道上。

3.5　R-F-L-P 正向设计方法

我国航空发动机从维护修理、测绘仿制起步，经过 70 多年的努力和发展，尤其是近十年来，在国家的高度重视和大力支持下，我国航空发动机研发能力取得了卓有成效的提升。然而，我国航空发动机研制尚未完全摆脱"跟踪式"的研发模式，直接从物理结构入手，依靠试验暴露设计技术问题，使得项目研制周期长、耗资大、风险高的问题仍然存在。没有从市场客户需求或对作战体系任务场景的分析出发，真正识别需求，导致产品研发无法充分满足客户需求，如果产生非预期行为或安全事故，无法快速有效地定位问题、系统性地解决问题。总的来说，我国航空发动机在研发过程中，仍然面临的问题和挑战如下所示。

（1）研发模式需要进一步完善。航空发动机已经逐步向正向研发模式转型，正向研发模式是"需求驱动型"，需要根据利益攸关方的要求，进行功能探索和细化，并将功能分配至各系统，这种研发模式更注重系统需求捕获、架构设计、多部件协调优化和系统综合。在正向研发模式中，需要应用系统工程的方法对系统研发过程进行指导。

（2）文档驱动的研发过程可能引发诸多问题。产品研制过程包括立项论证阶段、概念设计阶段、工程研制阶段（包括初步设计和详细设计），以及试验取证阶段。在研发过程中，通过大量文件对阶段性成果进行描述和评审，通过文件驱动过程。文档规模大、版本多，技术状态不容易控制，评审较为困难，不容易发现问题，而且，研发过程中的需求散落在各个文件中，查找和共享不便捷，文件中的需求描述存在不确定性，可能造成理解歧义，导致需求和设计脱节。

（3）正向设计能力需要进一步增强。在实际研发过程中，并不能持续稳定地做到从运行场景出发捕获需求，逐步进行正向分解，仍然存在以设计约束，甚至是以已有方案来倒推需求的情况。

（4）数字化、模型化的系统研制手段需要进一步推广。传统的"制造、试验、再制造、再试验"的研制形式，不仅成本大，而且周期长，已经不再适合目前的系统研发模式，通过模型化的方式，对系统需求、功能、性能等进行表达、仿真和传递，可以在制造前全面和细致地掌握系统特性并进行仿真试验，从而减少研制迭代次数，降低成本和缩短周期，同时，数字化和模型化的方式更容易对知识进行沉淀。

伴随这些问题与挑战的，是研发模式转型升级的重大机遇。随着产品自主创新能力的不断提升及系统复杂度的不断提高，传统的"跟踪式"研发和依赖"试验暴露问题"的研发模式面临严重的挑战。《民用飞机及系统研发指南》（编号：SAE ARP 4754，当前版本：A）在分析全球航空产品研发最佳实践的基础上，提出了"概念-功能-架构-设计-实现"研发生命周期模型，强调功能分析和架构定义的正向设计过程的重要性[13]。以航空发动机全生命周期运行场景为牵引，关注复杂产品研制早期阶段的需求捕获；通过结构化的模型准确捕获系统行为，基于模型和结构化信息生成计算机可理解的信息，将自然语言需求转换成计算机可解释的模型，搭建航空发动机基于需求-功能-逻辑-物理（requirement function logical physical，RFLP）的系统工程框架，拉动从需求到功能、逻辑和物理，再到验证的发动机结构化研发过程，建立覆盖商用航空发动机研制的全流程集成研发环境，实现研发过程的有效管控，以及研发各环节之间数据和信息的交互，推进多学科、跨部门、跨企业的发动机协同设计，是其协同研发模式实现的基础。再进一步结合基于模型的系统工程（MBSE）方法，通过应用定性与定量相结合的建模方法，实现系统的最优设计、最优控制和最优管理，从而达到对系统复杂性的提前识别、仿真、验证，推进航空发动机从"跟踪式"研发向"预测式"研发转型[19-21]。

3.5.1　基于 RFLP 的系统工程框架

采用 RFLP 技术路线可使得在结构、行为、需求和参数等系统设计的重要方面呈现出结构化、可视化，并且可以执行验证，能够有效描述发动机研发日益增长的系统复杂性，促进发动机研发各系统研发人员之间的跨学科跨专业沟通。

RFLP 不仅可以作为发动机研发过程中的气动、传热、燃烧、结构、强度、控制等专业之间的"桥梁",还能整合方案论证、工程研制、试验试飞等不同阶段,促进发动机研发的生命周期交互。RFLP 系统工程框架集成了系统需求(requirement)、功能(function)、逻辑(logical)架构和物理(physical)模型等,使其形成一个统一的互联集合体,可以对系统工程核心要素进行完整表述。其中需求、功能、逻辑、物理的总体流程与各阶段的关系如图 3.5 所示。

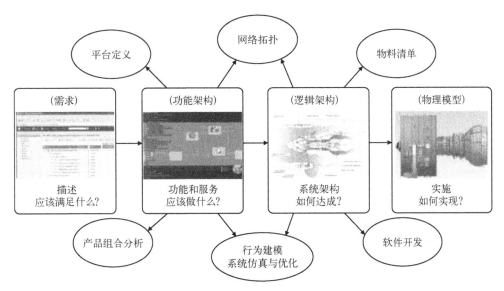

图 3.5　基于 RFLP 的系统工程框架

（1）R—需求

以产品全生命周期的场景为牵引,从系统黑盒视角描述其在不同场景下应该满足的要求。在需求管理模块中将其进行结构化管理,解决发动机研制过程中的需求定义、分配、追踪、管理等需求工程遇到的问题。

（2）F—功能

基于总体设计流程的定义,进行系统功能框架的定义,完成指标分解过程。通过建立功能与需求之间的追溯关系,解决需求进一步分解、分配、评估等问题,用具体的系统功能或指标来回答该系统的具体问题。

（3）L—逻辑

描述系统组成及其接口关系。通过与系统仿真模型的映射、逻辑视图可给出定性和定量的计算结果,设计人员借此对顶层设计需求的合理性进行评价和反馈,该层也是和工程技术人员进行交互的重要窗口。

（4）P—物理

物理模型 P,典型的为三维设计模型,主要考虑产品的物理约束条件,同时,经过产品开发推进生成一个更接近最终产品形态的设计。

通过 RFLP 技术,可以清晰地应用系统工程方法论来定义产品架构、开发模式,以及数据管理形式,实现基于模型的系统工程(MBSE)中关键的功能——基于模型的统一架构设计和可追溯能力。

以 RFLP 系统工程架构为核心的发动机研发指导思路作为研发组织中枢,采用不同的、相互关联的、可追溯的视图从不同的角度描述发动机系统的构成特性,如图 3.6 所示。例如,在该集成研发平台中,需求工程师能够基于需求设计视图展开工作并可能将设计要求传递给下游专业;设计工程师能够基于设计视图获得上游专业的设计输入进行设计,并将设计结果传递给工艺设计师;工艺设计师可以基于工艺视图来设计优化装配方式,以提高可制造性。

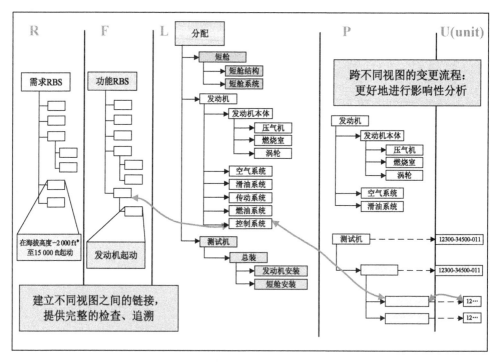

图 3.6　基于 RFLP 框架为核心的商用航空发动机研制流程

3.5.2　需求开发(R)

需求开发是发动机正向研发过程中关键的一环,其质量直接影响产品研发的质量,甚至会直接影响项目的成败。GE 公司针对复杂项目研发都会建立系统工程流程,按照国际系统工程协会的《系统工程手册》、SAE ARP4754 等标准,结合项目

＊　1 ft＝0.304 8 m。

规模等特点开发其系统工程流程,用于指导项目研发过程。其系统工程流程的重要特征是强调"需求驱动",基于需求开展设计和验证,这表明了需求对于航空产品及所有复杂产品研发的重要性。商用航空发动机研发不仅要获得适航认证,更需要保证市场成功,这就要求准确识别需求,开展以需求为驱动的结构化正向研发,精准设计预期的产品;建立产品生命周期内的需求捕获流程,确保需求的全面性;覆盖设计、制造、试验、客服及相关业务领域的需求体系。因此,发动机产品的研发需求应具有以下特性:

(1) 完整性,即利益攸关方及其需求识别与捕获的完整性,利益攸关方需求分析与工程化的可追溯性。

(2) 全面性,即全面分析商用航空发动机运营场景及运营概念。

(3) 准确性,即功能来源的可追溯性、功能表达与描述的准确性和无歧义性。

(4) 合理性,即需求分配依据充分,分配关系清楚明确。

适航的定义、内涵也指出,商用航空产品研发必须遵循系统工程的方法,识别复杂产品在各类运行场景下需提供何种能力,即保证问题域的完整性和全面性,因此,商用航空发动机研发需要面向发动机全生命周期的运行场景,有效捕获利益攸关方需求,进行工程分析,保证产品研发需求的质量。

场景是指人员行为、飞行阶段、内外部环境(着火、大气、地形、电磁等),以及发动机内部状态的组合,是指一定关系的事件/状态的组合。场景分析全面性是指通过分析飞机及其功能在各种场景中的行为活动及外部交互关系,开展基于场景分析的需求捕获,从而保证所捕获需求的完整性。若场景识别不完整,则可能导致需求和接口的缺失,典型的基于场景分析的需求捕获如图 3.7 所示。

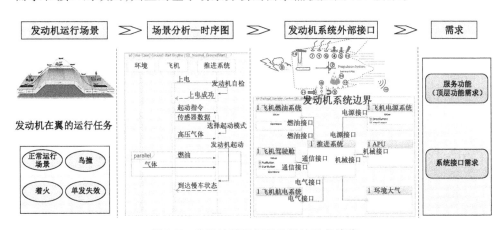

图 3.7　典型的基于场景分析的需求捕获

场景分析包括运营概念分析、定义典型运营场景、分析各场景活动图、分析外部交互、捕获需求以及捕获功能接口等信息。航空发动机场景分析首先要保证识别与飞机及其功能相关的各个场景的全面性和准确性,例如应急下降、双发失效、应急下降、水上迫降、大侧风等运营场景;其次是正确分析在各种场景中的行为活动及外部交互关系;最后充分完整地定义各场景下的飞机功能性需求和接口。

发动机与其运行环境之间的交互作用可以通过"场景"来描述,从运营阶段、发动机状态/模式和内外部环境三个维度定义完整的发动机运营场景,如图 3.8 所示;商用航空发动机典型的运营场景如图 3.9 所示。

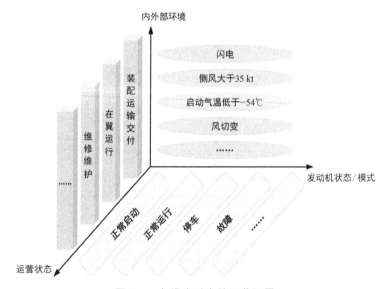

图 3.8 多维度融合的运营场景

基于以上场景的牵引,准确识别利益攸关方需要,结合项目自身的特点与限制因素分析利益攸关方需要,识别项目需求集。需求可以从"覆盖产品全寿命周期"和"需求层级化"两个维度梳理细化,确保产品需求捕获完整,并具有可追溯性;商用航空发动机二维需求捕获模型如图 3.10 所示。

充分考虑发动机后期产品制造、试飞、运营、维修等利益攸关方的需要和期望,设计需求捕获流程如图 3.11 所示。

利益攸关方包括但不限于客户、运营保障、投资方、供应商、监管方、主制造商、竞争者、非政府组织/政府团体和分包商等,识别的项目利益攸关方及关系如图 3.12 所示。

针对以上不同类型的利益攸关方,需要针对性地开展需求捕获;针对客户,如中国商用飞机有限责任公司(以下简称商飞公司),可以采用调研、访谈、专题会议等方法捕获需要;针对竞争对手产品开展调研;针对适航当局的规章需要开展专题研究,如 CCAR25、FAR33 等相关条款要求,形成如表 3.2 所示的需求清单。

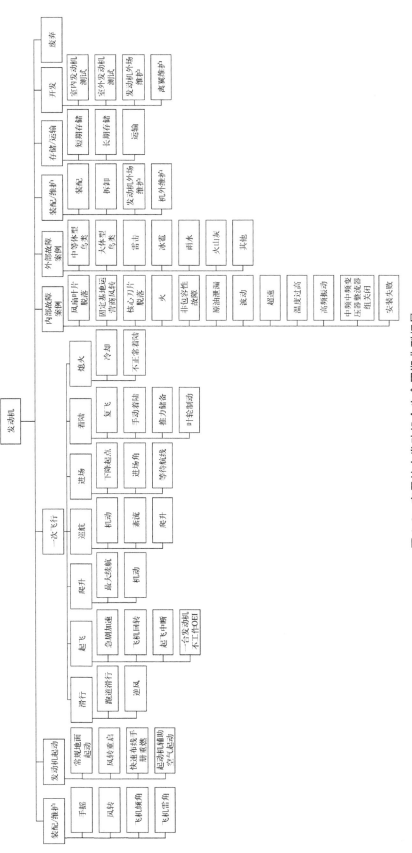

图 3.9 商用航空发动机全生命周期典型场景

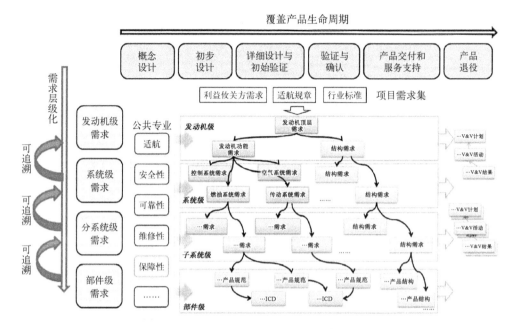

图 3.10   商用航空发动机二维需求捕获模型

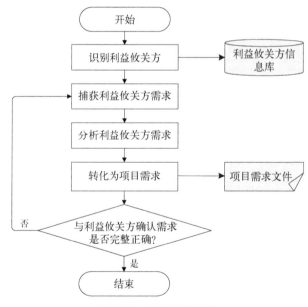

图 3.11   需求捕获流程

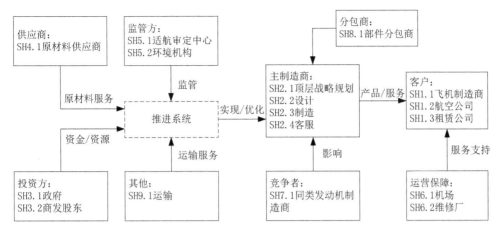

图 3.12　识别的项目利益攸关方及关系

表 3.2　利益攸关方的需求清单示例

类　　型	利 益 攸 关 方	需 求 捕 获
SH1 客户	SH1.1 飞机制造商	推进系统需要实现提供飞机正向和反向推力的功能
	SH1.2 航空公司	推进系统和发动机零组件有高的可互换性,可以优化维修成本
SH2 主制造商	SH2.1 顶层战略规划部门	推进系统是由高涵道比的涡扇发动机,低阻力短舱、反推和发动机装配组件组成
	SH2.2 设计研发部门	设计方案安全、可靠设计结构易于制造、装配、维修
SH5 监管方	SH5.1 适航当局	CJ1000 动力装置满足航空发动机开发相关适航要求

　　在上述清单基础上,规范表述方式,保证需求的表述质量,在每条利益攸关方需求中注明原理,充分记录前因后果,形成必要、简洁、可行、独立、可追溯、清晰的需求,并转换成项目需求,产生可度量的工程化需求。进一步对利益攸关方需求进行取舍、合并、妥协折中和排序等有效综合,最终获得一个可行的、被多方认可的利益攸关方需求信息。根据不同决策时利益攸关方的优先级别、重要程度来确定利益攸关方需要优先级,有关示例如表 3.3 所示。

表 3.3　经确认后的利益攸关方需求示例

需求编号	利益攸关方需求	利益攸关方		确认方法	重要度
SH_001	推进系统需要实现提供飞机正向和反向推力的功能	SH1.1 SH2.5	飞机制造商 设计	追溯、专家评审	☆☆☆☆☆
SH_002	发动机满足发动机供应商所在国家发布的适航相关要求	SH5.1	适航	追溯、专家评审	☆☆☆☆☆
		SH1.1	飞机制造商	追溯、专家评审	☆☆☆
SH_003	推进系统和发动机零组件有高的可互换性,可以优化维修成本	SH1.2 SH1.1	航空公司 飞机制造商	追溯、专家评审	☆☆☆

需求编号	利益攸关方需求	利益攸关方	确认方法	重要度
SH_004	发动机的结构设计应考虑维修性，以最少的人力成本、时间成本和材料消耗维修	SH6.2　维修人员 SH2.5　制造 SH2.3　制造供应商	追溯、专家评审	☆☆☆
SH_005	推进系统原材料、工装生产过程中，不会产生对环境有害的污染物和对作业人员健康有害的物质	SH2.3　制造供应商 SH5.2　环保协会	追溯、专家评审	☆☆☆
SH_006	推进系统由高涵道比的涡扇发动机、低阻力短舱、反推和发动机装配组件组成	SH1.1　飞机制造商 SH2.1　顶层战略规划	追溯、专家评审	☆☆☆

3.5.3　功能分析和定义（F）

国际标准 SAE ARP4754A 中对功能的定义是：基于一系列定义好需求（不考虑实现方法）的产品所期望的行为。功能定义准确是发动机功能危险性分析、飞机方案设计、系统架构设计的基础。功能定义准确需要具备以下条件：一是要保证功能来源的可溯源性；二是功能表达与描述的准确性和各方理解的无歧义性。

以用户活动驱动来定义发动机功能是比较好的结构化的功能开发方法。发动机功能应来自上层功能架构的分解和上层需求的约束，按照自上而下的顺序分别先定义发动机级功能和系统级功能，发动机级的功能应逐一分配给各个系统，各个系统根据获得分配的发动机级功能定义系统级功能，即发动机级功能向下分解为系统级功能。系统级功能需要建立与发动机级功能的链接，表征对发动机级功能的分解和满足关系。

自上而下的功能定义如图 3.13 所示，在功能定义基础上，需要在各场景下分析功能的行为逻辑，进而捕获功能性需求和功能性接口。通过将开发产品置于复杂的环境中，分析其在场景中的预期行为和其他系统、利益攸关方的交互关系，开展发动机级功能分析，捕获发动机级功能性接口（engine level functional interface control document，EFICD），功能分析流程如图 3.14 所示。

伴随着功能分析和定义过程，进行需求的自上而下的分配。需求链接是下层级需求表征对上层级需求满足的手段。如图 3.15 所示的需求分配流程，则要保证下游专业按要求设计正确。需求分配流程包括：首先建立初始分配，建立上下握手，当上层需求分配给本系统的需求不匹配时，进行问题协调从而达成一致。

根据与功能是否相关，可以将需求分为功能性需求和非功能性需求。按照是否存在上层级需求，又可以将需求分为衍生需求和非衍生需求。衍生需求是开展产品架构设计中衍生而来的需求，因此衍生需求可以不和上层需求链接，但是需要

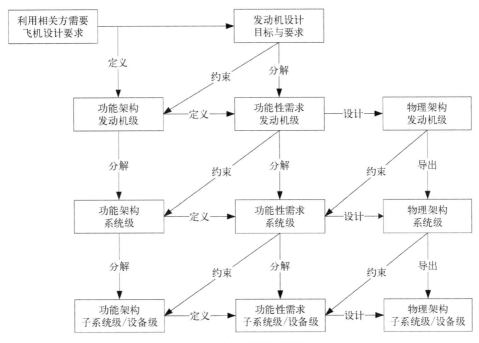

图 3.13　自上而下的功能定义

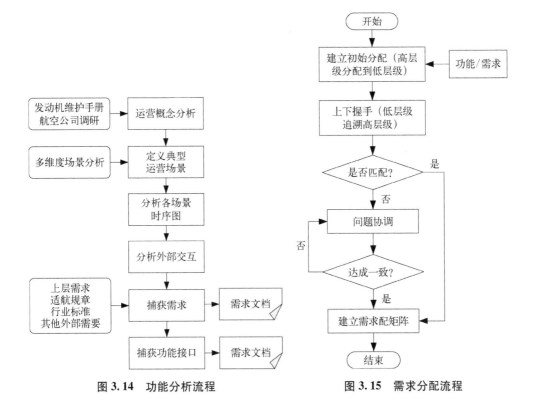

图 3.14　功能分析流程　　　　图 3.15　需求分配流程

写清楚定义该需求的原因。非衍生需求是存在上层级需求的,必须要建立向上层级需求的链接,典型的发动机需求分配示例如图 3.16 所示。

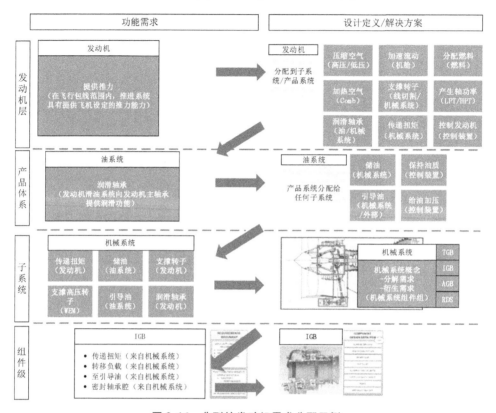

图 3.16　典型的发动机需求分配示例

3.5.4　产品逻辑架构设计(L)

通过场景分析、需求捕获、功能定义、需求分配,获得航空发动机的系统需求。系统需求作为系统架构、设计活动、集成和验证活动的基础,为系统的验收确认提供依据,并为专业技术人员之间的协作提供交互方式。

在需求分析基础上,本文将商用航空发动机架构设计分解为三个部分:系统方案分析、方案设计、系统建模。

系统方案分析是在需求开发与管理的基础上,对发动机系统进行客观地定量评价,以生成研发数据和选择有效的系统架构。在发动机研制过程中,很难设计出兼备最佳性能、最高质量和最低成本的方案,因此有必要对决策结果进行评价,以评价系统是否满足需求。

系统方案设计将系统需求转换成系统的功能,并将功能分解成系统的多个子功能,所形成的模型作为功能架构;根据产品和技术条件,将功能架构"映射"到物理架构以完成发动机的设计过程。在上述过程中,需要在功能架构和物理架构之间进行双向多次的反复迭代,直至试验完全部的功能架构和物理架构,确保二者的一致性。发动机设计方案开发过程示意图见图 3.17。

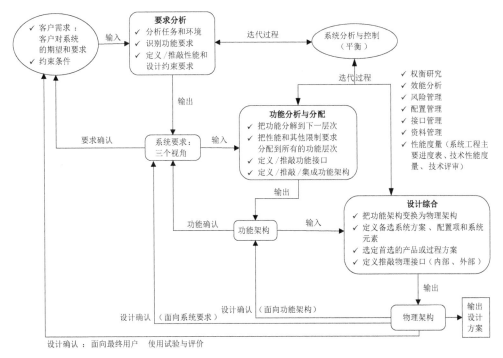

图 3.17　航空发动机设计方案开发过程示意图

在系统设计基础上,发动机研发流程中产生的是用系统语言建立的模型,以及各分析过程生成的要求图、用例图和包图等,而不再是文本文档。在功能分析与分配过程中生成的顺序图、活动图和状态机图,在设计综合阶段生成的模块定义图、装配图和参数图等。该建模过程在发动机和系统等不同层级中应用,可以实现底层元素模型的集成,形成完整的发动机系统架构模型。

系统详细说明、设计、分析和验证信息的根源是系统模型,当需求或设计更改时都会在系统模型中反映,维持这些信息之间的可追踪性。系统模型提供了一个可以集成系统工程中涉及所有内容的复杂框架。通过系统模型建立各学科领域模型和模型顶层之间的有效链接,根据设计信息建立映射关系,并通过工具集成完成数据的自动化导入导出。系统模型与各专业模型的关系如图 3.18 所示。

应用 RFLP 进行系统建模,框图表示设计数据被存储于数据库中,借助不同的"颗粒度"系统架构模型对可行性、备选方案等进行分析,并自动生成相关文档供相关决策者使用。

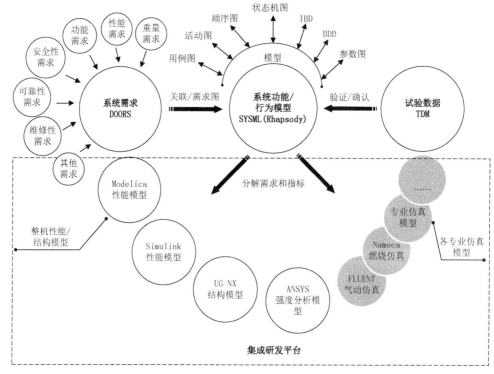

图 3.18　系统模型与各专业模型的关系

3.5.5　物理设计和仿真验证(P)

　　随着发动机组成、功能的复杂化,分系统/组件之间的耦合关系越来越紧密。一方面,当对发动机的各组成部分独立建模时,需要建立其边界条件。由于该部分与其他部分错综复杂的耦合关系,以及其他部分外特性的复杂性,边界条件难以采用简单的函数关系进行描述,而是需要详细的设计。因此,对于发动机的数字化分析需要进行系统设计。另一方面,当前发动机的多数功能都需要各分系统/组件之间紧密配合才能实现,这个特点导致了系统设计的必要性。

　　以发动机的机电综合设计为例,在功能、能量、控制和物理的层面,燃油、滑油、空气系统、控制系统之间的耦合越来越紧密。例如,为实现能量高效利用,燃油系统、滑油系统、空气系统、控制系统、发动机系统等需要协调工作。因此,协同研制环境需要具备系统设计与仿真的能力。

　　从仿真的目的来看,基于 MBSE 的商用航空发动机集成研发平台重点是要实现从试验验证到仿真验证的转变,实现单学科的仿真验证到多学科仿真验证的转变,以及从仿真验证设计到仿真驱动设计的转变,最终达到数字化设计与仿真验证全过程的快速迭代,达到仿真优化设计的目的。

从仿真系统构成来看,系统设计与仿真应包含系统模型建立、参数抽象与提取、外援数据输入、激励计算、求解计算、参数监控,以及后处理等,需要在现有的几何数字样机设计能力的基础之上,结合系统仿真技术,在设计过程中融入基于模型的系统工程理念,综合考虑系统参数论证、架构设计、性能分析、仿真优化等各领域业务需求及存在问题,构建系统功能样机,集中管控总体、控制、电子电气、动力、测控等专业的业务活动,基于该系统功能样机,实现发动机研制过程充分/快速的设计、验证与迭代。

通过集成研发环境的仿真技术与研发模式的融合创新,依据架构设计进行基于 MBSE 的系统设计,通过多学科建模仿真手段,得到多学科系统仿真模型;依据架构设计,基于上下文关系进行物理结构设计,对设计的模型和场景进行仿真验证;并且对多学科系统仿真模型,进行基于 MBSE 的多专业联合设计及仿真,构建以多学科、多专业、多工具为基础的面向下一代航空发动机产品研发的先进和开放的一体化多学科仿真建模环境。

构建仿真环境的整体技术路线框架,以仿真分析流程控制和管理为主线,集成设计——仿真工具。在流程实例化应用过程中,将相关的数据和文件直接保存到相应的数据库中。集成研发平台可以直接管理试验数据或集成试验数据管理系统,从而在平台中利用仿真数据与试验数据进行对比分析。同时,整个框架预留了相应的数据接口,集成高性能计算机并与其他系统之间进行数据集成与交互。集成研发平台提供基础的权限管理、数据检索、任务推送、看板定制、多种格式的报告/文档生成等基础功能。全包线仿真环境全面支持设计与验证中各个学科专业,各个设计阶段以及各个发动机系统的仿真分析;同时通过数据的统一与共享,实现各个专业之间的协同仿真,从而达到提升产品品质、缩短设计周期的目的,为项目的顺利进行提供有力的支持与保障。

多学科统一建模可通过集成研发平台中动态行为建模功能,或者集成研发平台与多学科统一建模仿真工具的集成实现。集成研发平台应用 Modelica 语言描述系统行为。Modelica 语言是一种面向对象的、说明性的多学科建模语言,适用于面向组件的复杂系统设计,能够基于不同专业的特定行为进行建模。Modelica 协会提供了针对机械、流体、控制、电磁、电气等多个工程领域的基础模型库,可以直接在集成研发平台中基于模型库中的元器件进行建模,也可以对导入的第三方模型进行编辑和接口调试,另外,通过继承、修改等方式能够形成具有知识产权的模型和模型库。Modelica 基础模型库如图 3.19 所示。

发动机的系统设计涉及总体、动力、气动、结构、系统安全、推进、噪声与排放,以及维护等多个学科,本文在系统逻辑架构设计完成后,利用 Modelica 语言以及其各专业模型库建立行为模型,通过逐层分解的功能和逻辑组件对设计需求的实现过程进行分解,并对组件进行详细设计;对详细的功能、逻辑组件定义各自的行为,精确设计不同功能的实现过程、不同组件的工作原理、不同零部件的结构机制,从

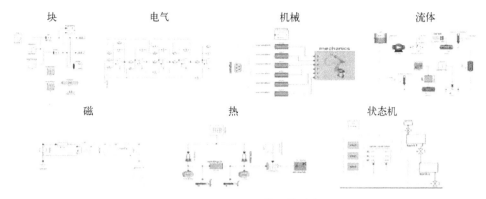

图 3.19　Modelica 基础模型库

而实现系统行为设计。同时,对于分层级的嵌套和整合系统或分系统的模型,基于不同专业的特定行为进行设计,实现航空发动机、系统等不同层级的物理架构建模,通过该行为模型的仿真验证来分析系统功能、架构及接口,评估系统设计的正确性,即功能定义逻辑通顺、物理可实现等指标,基于系统逻辑架构的系统行为设计流程如图 3.20 所示。

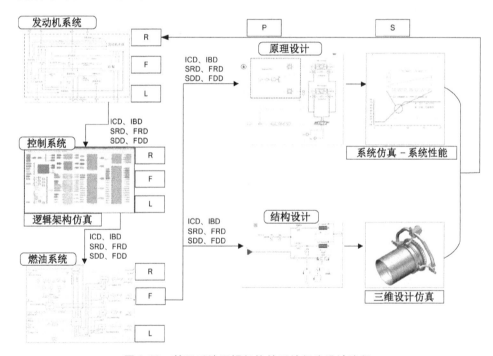

图 3.20　基于系统逻辑架构的系统行为设计流程

通过 RFLP 框架建立的系统架构模型与基于 Modelica 语言的系统仿真模型的无缝衔接,系统模型接口与系统仿真模型 ICD 接口的无缝共用,能够实现系统模型与体现系统行为的仿真模型的无缝切换,从而实现机械、电气、液压、气、热、控等不同领域系统物理建模。

仿真技术作为 MBSE 关键技术之一,承载着贯穿整个发动机研发流程中的设计指导和验证的作用,通过从各物理领域中抽象出的数学模型表征物理元件特性,应用仿真技术探知和验证系统行为,分析发动机性能,进而为发动机研制过程中的设计与优化提供依据。

多数情况下,发动机的研发需要多个部门配合工作,而当对发动机系统功能进行多学科仿真验证时,就需要集成各部门模型,获得各部门模型之间的耦合关系,且需要在仿真过程中保证各部门模型之间具有高效的数据交互能力,因此在系统的多学科建模之后,还需要进行必要的仿真工作。

通过系统模型和系统仿真模型的关联,直接在系统设计阶段从逻辑角度、功能角度和性能角度,对从分析设计得到的系统模型(系统功能、架构及接口)进行验证和确认,并根据多学科仿真结果实现综合。

综上所述,多学科统一建模与仿真实现了系统模型的相互验证及系统设计的结果验证,通过对整个设计系统的仿真分析,能够实现以下内容。

(1) 对发动机设计的全过程进行仿真验证,完成对整体设计结果的检查验证,可及时发现问题并纠正。

基于系统架构进行各个系统的行为设计,并进行系统集成,实现多学科系统集成与综合仿真分析。系统的行为模型设计是系统原理方案设计过程的重要组成部分,系统仿真的过程既是系统动态性能的体现过程,也是对整体设计结果的检查验证过程。

(2) 在特定的上下文环境中对某一个组件或结构的设计结果进行检查验证。

系统建模是一个自上而下的设计过程,能够实现从系统、分系统、子系统到组件/结构的整个系统行为的设计,在系统的整个生命周期过程中,系统会有不同专业和不同层次的应用场景,针对不同的应用场景,对某一个组件或系统的设计结果进行检查验证,可以有效地在设计过程的早期阶段实现系统的功能验证。

(3) 利用功能、逻辑、物理之间的关联关系对最终设计结果进行检查。

设计的关联追溯是系统工程的核心思想,功能性需求通过分解分配到功能架构、逻辑架构,从系统的逻辑组成中定义系统行为,实现系统从黑盒分析到白盒设计的完整物理架构,实现系统仿真与物理模型的结合,从而贯穿需求、功能、逻辑,联合物理模型的系统设计验证。

3.5.6　需求的有效闭合验证

随着需求的增加,发动机的研制越来越复杂,原有的设计理念和方法不能有效地支持快速复杂的发动机系统研制,而 MBSE 是解决复杂系统设计的有效手段和方法。在工程开发过程中,验证是保障在复杂系统研制中开发设计的各级系统及组件的功能与性能满足需求的必要工作,因此各阶段都需要进行不同的验证。随着仿真技术的应用深入,仿真已经贯穿于发动机项目研制的各领域、各阶段。基于集成研发平台可以进行仿真管理,能够对发动机研制中的多尺度、多物理场性能进行虚拟验证与确认。虚拟验证与确认是缩短长周期迭代的有效手段,能够防止设计过程中的无效反复过程,降低研制成本,缩短研制周期。

在集成研发平台中,如何实现对仿真进行有效、科学管理,以及对各阶段、各系统、各物理场进行虚拟验证与确认,是平台要解决的主要问题。针对当前需求与仿真分析验证常常存在脱节的情况,集成研发平台提供了需求驱动的设计与需求闭环分析的能力。

以 RFLP 系统工程框架作为发动机研发验证思路,以统一产品结构作为研发组织中枢,采用不同的、相互关联的、可追溯的视图从不同的角度描述发动机的构成特性。在集成研发平台中,需求工程师能够基于需求设计视图展开工作,并能将设计需求传递给下游专业;而设计工程师能够基于设计视图从上游专业获得的设计输入进行设计,并将设计结果传递给仿真工程师,由仿真工程师与设计工程师进行协同工作;最后通过仿真结果对需求进行测试,验证是否符合需求,如图 3.21 所示。

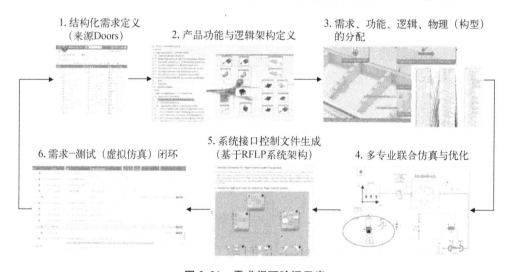

图 3.21　需求闭环验证示意

在虚拟仿真闭环测试阶段,集成研发平台可以根据需求定制仿真测试的业务流程和技术方法,包括定义需求验证方法、验证测试工况及测试执行目标、创建测试执行、定义工作流及任务分配、指定实例化模板及执行仿真流程、工作流程审查、完成工作流程、完成最终的评审和处理,如图 3.22 所示。

在集成研发平台中,一旦建立基于系统工程的测试与验证流程,并按照该流程

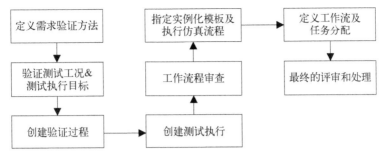

图 3.22　虚拟测试与验证流程示意

进行测试与验证工作,就能在平台中建立基于模型的研发流程,从而实现需求-功能-架构-物理-仿真之间的数据有效传递。所有测试与验证以需求(req)为牵引,每条需求定义了若干条测试用例(TC),即某一需求在不同输入条件或运行场景下所反映的系统行为或性能,针对若干条可以放在同一个虚拟测试与验证中的需求制定验证大纲/程序(TP),进行策划和执行过程的追踪。最终,每个试验大纲,要生成验证结果证据和相应的评估报告。

针对航空发动机起动场景的需求测试与验证流程关系如图 3.23 所示。根据发动机的起动需求,设计了测试用例,并设置了相应的仿真条件对性能进行仿真验证,根据仿真结果来验证发动机起动逻辑的正确性。

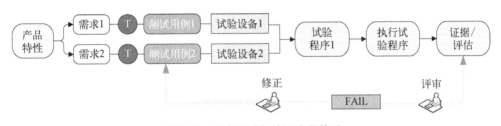

图 3.23　需求测试与验证流程关系

3.6　商用航空发动机正向设计方法实践案例

经过多年的探索和试点实践,结合我国商用航空发动机研发的特点,通过型号研制的实践得到了验证,基于 RFLP 的系统工程框架开展了流程定义、工具规范、模型构建及联合仿真三部分工作。

(1) 流程定义:以 RFLP 的系统工程流程框架为基础,结合航空发动机产品设计特点,构建适合航空发动机研制的流程。

(2) 工具规范:规范各阶段建模仿真工具的建模标准,同时尝试探索不同建模阶段设计信息在模型上的传递和继承方案。

（3）模型构建及联合仿真：基于需求管理工具建立高质量的需求描述。然后将需求导入系统建模工具中，构建航空发动机控制功能的系统功能行为模型（SysML）和性能模型（Modelica），实现系统需求、架构设计和性能参数的验证。

商用航空发动机基于模型的协同研发，通过标准系统建模语言（SysML）构建需求模型、功能模型、架构模型，实现需求捕获、功能分析到物理架构的分解和分配。同时，基于系统需求和系统架构模型，开展系统性能建模（采用 Modelica 语言）和多学科联合仿真，实现设计方案的验证和需求的确认。最终形成了商用航空发动机以场景-接口（边界定义）-功能-逻辑-物理为主线的设计流程，主要包括以下几个步骤：

（1）定义运行场景；

（2）识别用例，建立与场景的关联；

（3）分析用例场景，提取顶层功能和外部接口；

（4）确认并分解功能，建立功能层级；

（5）定义功能逻辑流和对象流，建立功能逻辑；

（6）将功能分配给逻辑实体，建立系统逻辑架构；

（7）定义系统接口及接口要求等。

基于 MBSE 的航空发动机设计流程如图 3.24 所示。

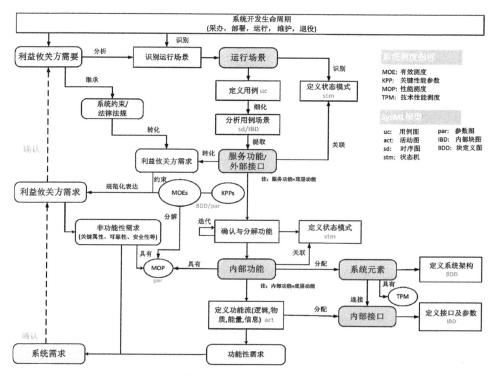

图 3.24　基于 MBSE 的航空发动机设计流程

本节以航空发动机地面运行这一典型过程为例,介绍在集成研发平台中基于模型的研发过程。从发动机整机层面来看,地面运行过程主要包括起动与点火控制、加减速控制、故障诊断和处理控制、反推控制,以及停车控制等功能。其中,针对发动机地面正常起动这一典型运行场景,开展需求分析、功能定义、性能逻辑建模及联合仿真,实现对系统需求的验证和系统架构的定义。

3.6.1　需求建模

发动机地面起动场景下,主要和飞机系统、飞行员(间接)以及外部大气环境产生输入、输出的交互关系。同时,上述交互对象是发动机在该场景下的利益攸关方。进而采用用例图识别在该场景下的发动机外部交互对象,并定义其系统边界,如图 3.25 所示。

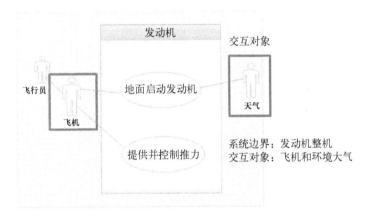

图 3.25　发动机地面起动场景用例图

首先,从飞机制造方输入的顶层需求中识别飞机对发动机在该场景下的功能、性能、接口、环境等不同类型的需求;其次,捕获适航、国际标准等对发动机在地面起动相关的需求,形成第一轮的利益攸关方需求,如表 3.4 所示。

表 3.4　航空发动机地面运行需求

需求 ID	需　求　内　容
Req1	发动机应具有在地面起动包线内进行地面起动的功能
Req2	当发动机高压相对换算转速到地面慢车稳态转速目标值时,可切换至地面慢车稳态控制模式
Req3	发动机应对飞机提供的燃油进行增压以提供给燃烧室并驱动作动机构
Req4	发动机应对各工作状态的燃油进行计量控制
Req5	发动机应具有正常停车功能。正常停车即处于地面慢车状态时,根据飞机或台架指令切断供油从而使发动机停车的功能

需求 ID	需　求　内　容
Req6	发动机应具有紧急停车功能。紧急停车即除正常停车外的一切停车过程。即在任意情况(地面慢车状态除外)下,均可以通过操纵停车开关直接使发动机停车的功能
Req7	当 N_2(高压转子转速)达到 65%(11 200 r/min),或起动机工作达到 90 s(可调参数),或高压换算转速达到慢车转速时,起动机与发动机脱开
Req8	当 N2R25 达到或接近地面慢车稳态转速目标值(见地面慢车调节计划)时,可切换至地面慢车稳态控制模式

　　根据利益攸关方需求,建立发动机地面起动场景时序图。基于时序图定义发动机起动过程和飞机、大气环境之间的详细交互关系以及交互时序。首先,飞机给发动机提供上电信号,发动机进行上电自检测,并将发动机状态反馈给飞机;自检测通过后,接收来自飞机的下一步指令,包括发动机起动按钮、油门杆角度、其他传感器信号(如大气状态、轮载信号等);然后,发动机确定其起动模式。确定起动模式后,打开起动空气阀门接收来自飞机的压缩空气,带转涡轮进而带动发动机转动;完成发动机供油点火后,发动机转速达到地面慢车并稳定运行后,退出地面起动场景。

　　一方面,通过时序图可以清晰地识别发动机的外部交互对象,并识别、分析外部接口和参数;模型的执行过程可以验证相关逻辑是否自洽。如图 3.26 所示,基于时序图,识别出地面起动场景下,发动机与飞机的电气接口、机械接口和电源接口,并形成发动机整体(黑盒)与飞机系统之间的逻辑架构(内部块图)。将该架构基于 XMI标准转换成物理性能架构进一步开展详细建模。在内部块图中可以定义详细的接口参数类型和阈值范围,如飞机电源给发动机提供 28 V 直流电和 115 V 三相交流电。

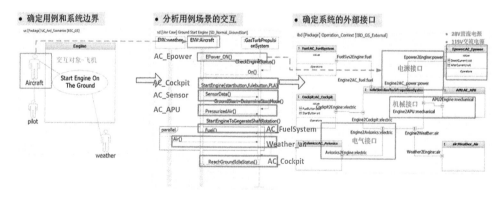

图 3.26　通过时序图分析识别接口形成逻辑架构(发动机是黑盒)

　　另一方面,通过时序图可以分析发动机在各种场景中的功能性需求,包括外部接口功能和系统内部的顶层功能等。如图 3.27 所示,时序图中将发动机作为黑盒,可以识别出发动机在地面起动场景下需要具备接收飞机信号(IBD 图中可以定义详细信号类

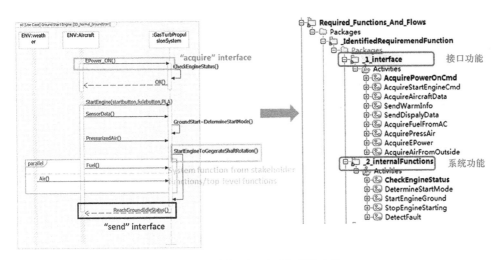

图 3.27　时序图识别系统顶层功能

型)、飞机供电等接口功能,还要具备自检测、确定起动模式、起动发动机等顶层功能。

通过以上过程,完成需求建模,并建立需求与模型间的追溯关系,使从需求到设计再到测试阶段的活动不失真。为了实现需求追溯及验证,可以在研制平台的需求管理模块中为需求条目创建相关视图,并增加验证方法、验证结果、实现期限等属性,同时需要将需求条目与 SysML 模型中的用例图建立关联和追溯。

3.6.2　功能分析

针对需求建模过程中通过时序图已经识别的发动机顶层功能,采用活动图进行功能分解,详细描述系统执行功能的过程流程,如图 3.28 所示。在活动图中,进一步将起动功能分解为起动机带转、点火、燃油计量、燃油分配、压缩气体分配等功能;进而采用行为事件表示上述功能,采用对象流描述功能之间的关系;同时采用

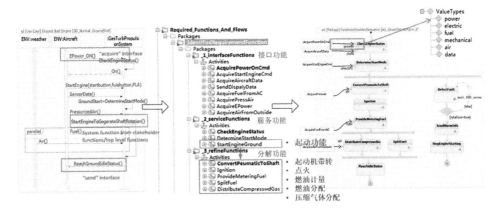

图 3.28　活动图分解顶层功能

数值类型(value type)详细定义活动图中的对象流中详细的交互对象,最终形成发动机的功能分解和功能架构的基本结构。

3.6.3 逻辑架构设计

功能模型确定系统的行为,反映系统内在行为逻辑如何实现利益攸关方对系统能力的要求。但是,在系统架构设计过程中,系统功能的实现需要具体的物理部件来承载。将起动功能活动图中的不同子功能通过泳道划分实现功能逻辑的分配,如图 3.29 所示。不同的分配方式是不同的架构设计方案,通过物理性能模型等手段权衡分析系统性能指标、可靠性、安全性、成本、开发周期风险、质量等方面的量化评估指标,进而获取最优架构方案。在完成功能分配后,可以通过 IBD 图对系统内部架构进行详细定义,如定义内部各逻辑实体之间的接口(图 3.30)。

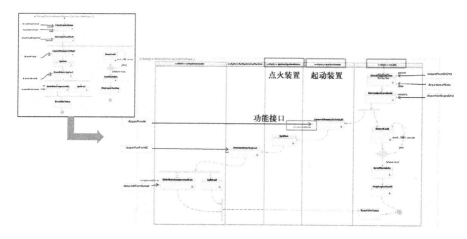

图 3.29 通过泳道图进行功能分配

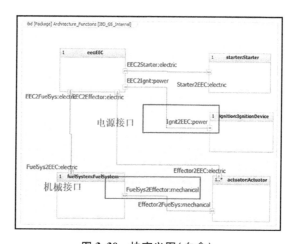

图 3.30 块定义图(白盒)

3.6.4　物理性能建模

完成功能逻辑架构设计后,需要进一步进行性能建模,开展性能分析评估。SysML 语言仅支持系统的功能行为建模,无法实现系统性能的仿真,因此,需要基于 Modelica 语言进行性能建模,支持气、电、液等多个专业的建模和仿真。基于 XMI 格式将 SysML 模型中的系统逻辑架构模型映射成性能架构模型,在物理性能架构中针对每个系统元素进行性能建模和联合仿真,进而验证系统架构设计的合理性和正确性。如图 3.31 所示,图的左上方的内部块图是发动机作为黑盒,建立的发动机和飞机系统等外部接口的功能架构;图的左下方是发动机进行架构定义后的内部功能架构,右侧分别是在性能样机环境下开展的性能逻辑架构,对接口和部件内部进行了详细的性能建模。

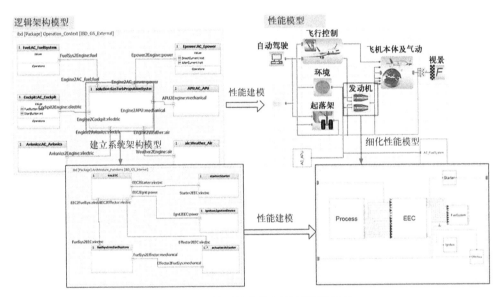

图 3.31　系统功能架构到性能逻辑架构

3.6.5　系统联合仿真验证

基于逻辑架构完成航空发动机的控制系统、燃油系统、滑油系统、控制系统和本体模型的性能建模后,可以开展整机联合仿真以及飞机模型在各场景下的飞机-发动机联合仿真。

根据利益攸关方需求,对地面起动场景进行仿真验证。在仿真验证中,设置不同的测试用例,即在不同的测试工况下,设置不同的仿真输入条件,以验证系统设计是否满足需求。最后通过仿真结果来验证发动机起动逻辑和性能的正确性,需求验证过程如图 3.32 所示。

经过仿真验证,识别出发动机控制系统 EEC 的一项控制逻辑设计问题:由于发

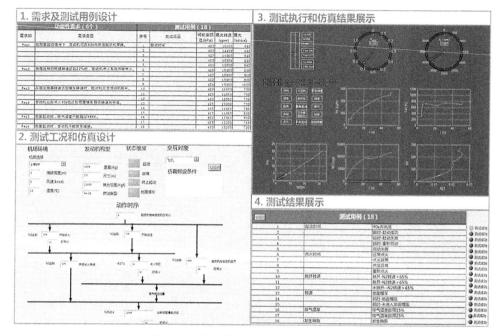

图 3.32　商用航空发动机需求验证界面

动机下游设计部门对需求"当$\overline{N_2}$达到 TBD r/min,或起动机工作达到 90 s(可调参数),或高压换算转速达到慢车转速时,起动机与发动机脱开"理解错误,导致将控制逻辑设定为:发动机起动到慢车时间超过 90 s 时终止起动。该问题直接导致在某台份发动机的试车试验中错误地终止试验。通过仿真验证,可以有效地识别设计错误。

第4章
中国航发商发系统工程流程集

4.1 产 品 维

系统工程过程分成"技术流程"和"技术管理流程"两类,具体内容如下。

"技术流程"指针对航空发动机产品生命周期的系统工程技术类活动,主要包括市场分析、利益攸关方需要捕获流程、功能分析流程、需求分析流程、设计综合流程、安全性评估流程、需求确认流程、产品实施流程、集成流程、实施验证流程、确认流程、交付流程、运行支持流程和报废回收流程。

"技术管理流程"指针对航空发动机产品生命周期的系统工程控制、评估等管理活动,包括过程需求管理、构型管理、评审管理、接口管理、过程保证、风险管理、取证管理、度量管理、质量保证流程。

根据生命周期的不同阶段的过程相关性,分成了四个过程子集,具体包括:

(1) 概念技术过程子集,此过程子集主要关注正式研制阶段之前的需求分析与概念阶段活动,主要包括:市场分析活动和概念定义活动。概念定义活动主要是通过一个不严谨的设计过程(内容包括利益攸关方需要捕获、功能分析、需求分析和设计综合活动),来快速形成满足市场分析结果的初步概念方案,用于可行性评估和项目立项决策。

(2) 研制技术过程子集,此过程子集主要贯彻自上而下(top-down)的正向设计原则,适用于发动机的各层级不同类别产品,包括发动机系统产品、发动机产品、系统产品、设备产品、使能子系统产品等。每一层级产品是不同对应研制团队(包括商发公司内部不同团队以及供应商)的关注系统(system of interest),均需要对此研制过程模型进行重复的"递归"(recursive)工作,包括:

a) 通过上游利益攸关方的需要捕获、功能分析、需求分析、设计综合、需求确认活动,实现上游需要和需求的捕获,形成功能需求分组并形成正式需求,基于需求形成架构方案,并针对架构方案实现下一层级的需求分解的过程;

b) 通过产品实现、集成、产品验证、确认和产品交付活动,通过产品实现、产品集成、产品验证、产品确认和产品交付活动,实现下游产品组件的实现、集成、验证、形成本层产品,并进行本层产品的确认和交付过程。

（3）产业化阶段技术过程子集,此过程子集为研制后的技术过程,主要是进行批量生产、运行和支持持续维持达到设计性能指标以满足初始需要以及后续处置过程,目前包括运行支持过程以及发动机处置过程。

（4）系统工程管理与分析过程子集,包括了安全性分析、取证过程、过程保证、需求管理、接口管理等技术和技术管理过程,这些过程均贯穿多个生命周期阶段,作为进行"过程集成"的有效手段,串接各阶段性的技术过程。

同时需要注意的是,尽管并不推荐自下而上设计在商用航空发动机这一类要求严谨的复杂系统工程化研制中占主导,但是在目前发动机研制过程中,鉴于并行工程的思想,且很多发动机子系统产品属于成熟货架产品,因此主制造商一般也希望能够把供应商经验、先进技术、成熟低风险的设计等内容在项目早期引入,因此也允许存在局部有自下而上的设计思路存在(例如,联合概念定义过程中针对供应商提供的各类子系统解决方案后,对发动机级别需求和方案的反馈迭代),但不管研制过程中局部存在多少自下而上的设计,都需要最终采用自上而下的方式证明:发动机产品满足所有发动机顶层需求和利益攸关方需要。因此,发动机研制过程是以自上而下(top-down)过程为主导,自下而上(bottom-up)为辅,从而达到效果最优的过程。

4.1.1　产品全生命周期技术流程集

系统工程中的"技术过程"主要关注系统生命周期中的技术活动,用于有效地获得利益攸关方需要,转换成系统需求,并以此进行系统的开发与实现,在系统投入使用时进行有效支持,并最终对系统的退役和报废提供支持,最终获得客户的满意。

商用航空发动机系统作为一个典型的产品系统,技术过程主要包括：市场分析过程、利益攸关方需要捕获过程、功能分析过程、系统需求定义过程、设计综合过程、安全性评估过程、需求确认过程、产品实施过程、集成过程、实施验证过程、确认流程、交付过程、运行支持过程、实施运行过程和报废回收过程。

（1）市场分析过程是整个商用航空发动机系统工程活动的起点,在确定发动机系统定义之前发生,属于概念定义阶段的开始,并在系统生命周期活动中持续进行产品的市场分析和销售工作。在项目前期,"市场分析"主要是形成"问题域"的过程,在理解外部的市场、政治、经济、社会、技术等环境和内部企业的能力、战略规划等要素,结合理解关键利益攸关方的需要后,寻找商业市场的机遇,从而寻求立项的可能。因此,"市场分析"同时也是企业系统活动中策略发展的一部分,属于企业生命周期的重要活动之一。

（2）利益攸关方需要捕获过程是识别系统的利益攸关方,归纳其类型,排定优先顺序,继而通过访谈、调研等方式获取其对预期产品系统的需要和期望,从而为系统的研制提供最初始的输入。

（3）功能分析过程是在捕获利益攸关方需要的基础上，描述系统的功能特性，建立其功能清单和功能架构，继而围绕功能进行需求捕获、接口定义、发动机架构设计等活动。

（4）系统需求定义过程是基于所有利益攸关方需要和分析后形成的功能，通过评审、评估、排序、平衡等分析手段，形成功能性需求并补充非功能性需求，并将这些需求转化为能够满足利益攸关方需要的系统的功能和技术要求描述，即产品需求文件。

（5）设计综合过程是指在功能分析的基础上，根据发动机/系统的功能架构进行物理架构设计，并基于架构进行产品需求的分解，以得到下一层系统的需求，从而形成系统的物理架构、系统描述文件、物理接口定义文件和下层系统的高级需求等内容。

（6）安全性评估过程属于专业工程范畴，与型号研制过程相辅相成，见 SAE ARP4754A 中双"V"模型的外层"V"，通过与产品研制过程中主要技术过程的不断迭代，确保安全性要求在需求中被贯彻，在设计中被满足，从而用于表明型号设计对适航审定要求（如 CCAR/FAR/CS 25 部第 1309 条款）的符合性。

（7）需求确认过程在于确保所定义需求的正确性和完整性，确保根据需求研制的产品能够满足客户、供应商、维护人员、审定局方以及发动机、系统和项目研制人员的需要。

（8）产品实施过程指从产品层次结构的最底层向上开始实施，这是将型号的需求、功能、设计及图纸实现为实际型号产品的过程。

（9）集成过程是由较低层次的产品或子系统（如产品单元、元件、组件、子系统等）系统地组装成较高层次的产品，并确保集成产品能够完成相应的功能。因此，该流程位于产品实施流程和实施验证流程之间。

（10）实施验证过程在于确保每个层级的产品/系统实现都能够满足对应层级的需求，从而保证目标产品/系统能够被正确地实现。

（11）确认流程在于确认已完成验证的产品本身及其内部各个层级上的子产品满足利益攸关方的需要，确认工作需要包括上层组织的利益攸关方的参与，因此一般发生在从低层级向高层级的转换过程中，包括最终发动机产品给客户航空公司的确认。

（12）交付过程为系统监管和所有权从一个组织向另一个组织转移的过程，而在本手册中主要指发动机产品向客户的交付过程，包括交付最终产品、文档、附件以及对正常运行所需的产品部署、操作者培训（飞行维护等人员的培训）工作。

（13）运行支持过程是指从发动机交付后投入运行到退役之前，对发动机产品有效运行的支持过程。

（14）实施运行过程的目的在于确认预期运行环境对应的运行要求（包括客户需求、运行规章要求等）在各过程中进行了分解、落实和验证。

（15）报废回收过程是指永久退役、报废和回收发动机系统并处理所有的危险性或有毒物质和废品，报废回收过程位于系统工程过程中产品全生命周期的末端。

4.1.2　产品全生命周期技术管理流程集

技术管理过程指的是针对发动机系统生命周期的系统工程控制、评估等管理活动。系统工程技术管理流程集主要对核心生命周期系统工程活动进行管理、分析和支持的活动，包括的内容如下。

（1）系统工程管理活动，定义了常用的系统工程要素中均包含的系统工程管理过程，具体包括：过程保证过程、决策管理过程、风险与机遇管理过程、构型管理过程、需求管理过程、接口管理过程和取证过程。

（2）专业工程分析活动，专业工程提供了对商用航空发动机产品特定的专业领域，用于专业需求的确定、评估、架构分析、设计决策、系统性能和可购性的平衡。目前此部分只包括安全性评估过程，后续将随着系统工程研究的深入逐步补充，如可靠性、维修性、人为因素等。

4.2　企　业　维

项目使能流程必须与企业管理运营流程体系结合，在操作层面将系统工程理念与工具方法转化为企业运行流程，以供项目人员使用，支持商用航空发动产品研发。从企业维度看，系统工程方法论中规定的使能流程与企业运营相结合，可形成企业运营使能流程集，该流程集主要包括：项目群管理流程、项目策划管理流程、项目进度计划管理流程、项目经费管理流程、项目人力资源管理流程、项目决策管理流程、项目质量管理流程与项目知识库管理流程。

项目群管理旨在推动公司产品战略的落地实施，通过对项目群内各项目目标的设定与管控，实现公司产品系列化、谱系化发展。

项目策划管理旨在制定项目管理运行的总体框架与通用要求，并对项目运行情况开展持续监控。

项目进度计划管理旨在完善项目进度的组织与策划（管理机构、业务流程、信息化平台工具）、项目进度计划制定和计划与基线的审批（制定主计划、制定调整计划、制定详细计划、计划批准、确定初始基线、基线更改管理）、项目进度计划的监督与控制（沟通与协调、计划评审、计划监控、关键性能标示、成本与计划综合）等管理流程。建立与完善计划管理集成任务架构和工作分解结构（WBS）标准，建立定期分级的计划、进度、质量沟通机制，确保计划分解与落实的一致性，确保计划与目标刚性管理与落实,确保计划执行和过程考评的刚性与落实。

项目经费管理旨在建立与完善项目财务模型与目标成本(财务模型选择准则、财务模型内容、目标成本、决策流程)、成本计划(预算与审计流程、成本评估、成本分解结构与计划)、成本统计与控制[统计实际成本、成本预测、成本更新计划、成本控制的关键绩效指标(key performance indicator, KPI)、项目收益风险跟踪分析]等管理流程。建立与完善项目 CBS 标准,并改进项目预算与经费管理流程,完善项目科研经费管理办法,平衡收支,控制风险。

项目人力资源管理旨在建立与完善公司运营支撑下的矩阵式项目管理模式,搭建分层分级 IPT 多职能项目工作团队,强化各级 IPT 团队管理者的牵头统筹协调的职能。建立与完善项目人力资源管理架构、团队岗位职权与角色、调配选用、培训培养、绩效管理等流程。

项目决策管理旨在从存在的多个备选项目中选择最有利的行动方案。为了确保达到特别的、可取的或优化的结果,必须对分析备选行动以及选择和指导行动的过程进行管理。

项目质量管理旨在建立和完善项目质量策划(项目质量保证大纲、年度质量目标与策划、项目质量责任体系)、质量保证(质量检验计划、制造符合性检查、工艺纪律检查、典型质量问题监控、质量放行代表、质量信息统计)、质量控制(供应商资质评估、技术能力评估、体系审核、质量问题通报、供应商绩效评估通报)、改进(双五归零、双想机制、质量奖惩、质量提升工程)。建立与完善质量损失与质量KPI 信息统计与报送机制,建立典型质量问题通报质询制度,建立质量与供应商文件要求宣贯培训制度。落实质量责任制,建立各级组织持续改进、自我完善的质量工作长效机制。

项目知识库管理旨在对项目生命周期中所产生的各类知识进行记录、识别和分类管理,并利用这些知识指导同类型项目活动的开展,形成不断积累知识的组织循环。

4.3　产 线 维

在项目全生命周期活动中,为支持项目组织活动和符合项目目标,必须提供必要的基础设施、体系、工具和方法等。从生产线维度看,商用航空发动机项目研发所必须的条件包括:支撑前端技术过程与技术管理过程的研发体系与信息化保障条件,支撑中端生产制造过程的供应商体系与采办流程,支撑后端适航取证、客户服务与市场营销的必要试验验证、维护大修保障条件。

项目团队必须与这几类体系能力的提供者建立紧密对接机制。从本质上来看,项目与研发体系、保障条件是"一条绳上的蚂蚱",业务可以促进能力提升,反过来,独立进行能力构建也是项目顺利推进的必需,"磨刀不误砍柴工"。因此,无论进行何种项目,都必须考虑内部能力是否能够支撑项目实施,并通过项目实施过程积极拉通能力建设;反之,内部能力策划者也必须时刻与产品项目规划对标,提前谋划,以实现项目匹配。

项目要对接研发体系,提升持续作战能力。项目与体系在本质上是一对相互支撑的"孪生子",满足客户需求是项目研发应满足的"外部需求",而同步构建起支撑研发的体系能力则是项目研发应满足的"内部需求"。一方面,项目团队成员要强化通过项目建体系的意识,在做规划时就要同筹划、同安排,同时还要及时做好研发经验沉淀,及时利用试验验证结果完善改进体系中的流程方法工具;另一方面,体系建设人员要全面参与项目,及时感知项目技术痛点与最佳实践,从体系架构角度及时适应项目需求。

项目要对接保障条件建设,提升"打粮食"能力。项目团队"打了多少粮食",关键要靠试验来验证,因此试验也必然是研发闭环的一部分。一方面,研发人员要运用需求工具主动做好与研保建设对接,甚至要通过集中办公、沟通例会、人员互派等形式,通过前端牵引帮助研保团队制定合理的基础设施指标性能需求。另一方面,保障条件建设人员也要全面参与项目,积极吃透需求、吃透技术,保证基础设施建设结果符合需求预期。

项目要完善供应采办体系能力,打造可靠供应链。商用航空发动机领域的竞争在很大程度上是供应链管控水平的竞争,主制造商在满足客户(航空公司、飞机主制造商)需求的前提下,构建基于"主制造商-供应商"模式的商用航空发动机供应商协同管理体系,依据产品研制需求聚集、串联、整合国内外航空制造供应商资源,对产品全寿命周期的各个供应环节进行综合管理,实现从需求确认、外协采购、物料管理、生产制造、物流配送直到服务客户的整个全产业链的信息流、资金流、货物流的整体优化和全要素管理,打造一条完整、安全、可靠、可持续的商用航空发动机产品供应链。

此外,由于现代商用航空发动机是整合各领域尖端技术的高度复杂系统产品,主制造商还必须关注相关专业工程活动流程的研究与建设工作,主要包括:可承受性/成本分析流程、电磁兼容性分析流程、环境工程/影响分析流程、制造及可生产性分析流程、质量特性工程分析流程、可靠性分析流程、可维护性分析流程、互操作性分析流程、安全性分析流程、可用性分析/人员系统综合流程、价值工程流程等。

第5章
产品全生命周期技术流程集

5.1 市场分析流程

5.1.1 目的与描述

市场分析的目的是在项目启动前通过估计和分析市场规模的大小和潜在需求量,确定商业问题和机会,确定问题域,并寻求对应的方案域,确定立项的可能。

市场分析过程,贯穿航空发动机项目研制的全过程。

市场需求是商用航空发动机系统工程活动启动的重要依据。研究表明,在项目启动之前,通常需要对市场和客户需求进行探索性研究,该研究的成果将成为发动机项目后续系统工程活动的原始输入。

在概念设计阶段,要求探究最大可能的方案空间,设计多种备选方案,进行大范围的权衡迭代研究。当概念设计阶段结束后,将选定其中一个技术方案,向潜在客户征求意见,并向决策部门提出立项申请。市场和客户需求分析将生成指导性文件,此指导性文件是概念设计阶段的限制条件和判断依据。依据市场分析编写出的市场可行性分析,将是立项申请的重要支持文件。

在初步设计阶段,对概念设计阶段提出的初步技术方案进行细化和优化,并开始招标选择供应商。该阶段结束时,设计方案将被冻结,研制方向潜在客户征求对设计方案的意见,并获得客户一定数量的订单,这是获得市场认可的标志。在满足目标市场需求和利益攸关方需求的前提下,追求最低直接运行成本(DOC)将是该阶段设计优化最重要的准则之一。该阶段市场分析的基本任务是建立 DOC 评估模型以匹配构型设计优化工作;利用各类市场分析材料和初步设计方案,进行产品市场适应性评估和产品竞争力评估,编制产品简介和宣传手册,以支持遴选启动客户、配合供应商的选择,并参与潜在客户的走访和产品宣传活动。

在详细设计阶段,要投入大量的人力、物力和财力把初步设计阶段的设计方案变成大量的可制造的实际零部件。该阶段是市场开拓和收获订单的重要时期。市场分析的任务主要包括针对每个潜在客户进行具体的市场适应性、运行经济性、产品竞争力和销售策略分析;完善各类产品的简介和宣传手册;遍访客户并获得反馈意见。

在验证与确认阶段,完成用于地面试验和合格审定试飞的样机制造和装配,并按合格审定要求进行地面试验和试飞,直至取得发动机型号合格证。在该阶段,各类描述产品的正式技术文件陆续提交,市场分析人员应依据正式的技术文件,完善各类产品的市场分析和销售支持文件,客户选型评估等促销辅助手段也将按客户的要求展开。

市场分析过程,将在产品的整个生命周期内延续,包括首台发动机交付后的批量生产,运行维护,直到报废回收。市场分析流程 IPO 图见图 5.1。

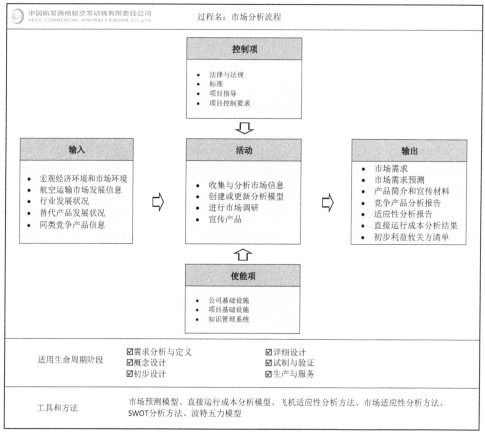

图 5.1　市场分析流程 IPO 图

5.1.2　输入

1. 宏观经济环境和市场环境

影响航空运输业发展的宏观经济环境因素包括：主要市场区的国民经济增速、国内外贸易的发展、旅游业的发展、居民可支配收入的提高、城市化进程、航空基础设施的改善等。宏观经济的发展环境是航空市场发展的主动力。

宏观市场包括：人口环境、自然环境、经济环境、基础设备环境、政治法律环境、社会文化环境和科学技术环境。其中,航空燃油价格的变化对于航空运输业的冲击特别大。某一市场区的宏观市场环境特点,可能是市场机遇,也可能是市场风险。

2. 航空运输市场发展信息

航空运输市场发展信息包括：航空运输量、航空公司机队规模、运营的航线、运营成本和收益。航空运输市场发展是航空公司获得经济效益的基础和投入运力的依据,也是航空发动机制造商研发新产品的驱动力。航空运输量信息包括：各市场历年的航空运输总周转量、客公里总量、总客流量和卡座率等。航空公司机队规模信息包括：航空公司机队的构成、机龄、飞机所有权、交付、替换和退役等。航空公司运营航线信息包括：航线距离、运营机型、航班频率和上座率等。航空公司运营成本和收益信息包括：机组和机务人员小时成本、维修工时成本、座公里机票收益和吨公里货邮收益等。

3. 行业发展状况

行业发展状况包括：网络航空、地区航空、全服务航空、支线航空、低成本航空和货运航空等。不同的经营模式有不同的市场定位,针对不同的机型,选择不同的发动机型号,对成本控制和提高收益有不同的着眼点。经营模式的差异化,是航空公司应对激烈的行业竞争的重要手段。

4. 替代产品的发展状况

航空发动机的替代产品包括电动航空发动机和其他新型航空发动机,这些新型发动机的发展对当前燃油航空发动机产生重要影响。

5. 同类竞争产品信息

同类竞争产品的技术信息包括：三面图、几何尺寸、设计重量、基本性能、燃油效率、环保特性、供应商、系列化和共通性、取证年份等。同类竞争产品的市场信息包括：总订单数、确认订单数、储备订单数、订单分布、目录价以及市场现价等。

5.1.3　主要活动

1. 收集与分析市场信息

利用各种渠道,收集各类市场信息,并进行汇总、分析和更新,提出分析结论、分析报告或专题报告。

2. 创建或更新分析模型

市场预测模型、DOC 分析模型、市场适应性评估模型等分析模型需要不断更新和完善。

3. 进行市场调研

市场调研是获取市场信息和客户需求的重要渠道。客户走访和市场调研的对象包括：航空公司、航空租赁公司、民航研究机构、飞机制造商、航空设备供应商等。

4. 宣传产品

定期进行产品宣传和举办市场专题论坛,是联系客户、学术交流的重要市场活动。

5.1.4　输出

1. 市场需求

市场需求,是依据航空市场和客户需求的综合分析,依据公司的研发能力和市场战略,在概念阶段提出的指导性文件。

2. 市场需求预测

依据全球经济和航空运输发展历史数据分析,以及全球航空公司机型演变分析,以航空市场发展中长期预测数学模型为工具,每年定期发布中长期全球各地区的经济和航空运输量预测、各市场各类发动机机型需求量预测,以及各市场航空运输业发展趋势评估。

3. 产品简介和宣传材料

依据不同的用途和不同类型的客户,编写对应的产品简介和产品宣传材料。内容包括公司介绍、产品时间里程表、订单和客户、设计特色、竞争优势、主要性能、经济性评估、客户服务承诺等。

4. 竞争产品分析报告

依据同类发动机的技术和市场信息,从推力、燃油经济性、机型适应性、可靠性、维修性等各个方面来分析竞争性,寻求公司产品的产品战略和销售策略。

5. 适应性分析报告

依据潜在客户的运营机型数据,进行机型适应性分析,形成机型适应性分析报告,支持产品的市场开拓和销售。

6. 直接运行成本分析结果

利用DOC分析模型,配合设计部门开展设计参数优化工作。DOC分析也是同类产品竞争分析和重要工具。

7. 初步利益攸关方清单

初步利益攸关方清单包括提出产品系统开发要求的组织或个人,也包括对产品结果有影响和负责的组织或个人。

5.1.5　方法与工具

1. 市场预测模型

商用航空发动机市场预测模型由三部分构成：利用全球商用航空运输量和

GDP 增长率历史数据的回归分析,得到航空运输需求预测;利用各市场发动机的退役、替换、交付和增长数据分析,得到各市场区未来发动机变化的预测;然后经过反复迭代和协调,得到各市场区不同类型发动机未来 10~20 年需求量的预测。

2. 直接运行成本分析模型

直接运行成本由财务成本、地面操作成本、维修成本等项目构成,主要取决于发动机的设计特性。因此,直接运行成本分析模型作为设计优化和竞争分析的重要工具,得到广泛应用。

3. 飞机适应性分析方法

机型适应性是飞机制造商选择发动机的重要依据,也是发动机制造商销售的基本工具。机型适应性分析是指:以发动机技术性能数据为基础,以适航条例为准则,分析发动机应用在特定机型上的推进能力和限制。

4. 市场适应性分析方法

市场适应性分析是飞机制造商选择发动机的重要依据,也是发动机制造商销售的基本工具。飞机的航线、航班频率、发动机的燃油经济性等直接影响航空公司的运营经济性。

5. SWOT 分析方法

SWOT 分析方法是用来确定企业自身的竞争优势、竞争劣势、机会和威胁,从而将公司的战略与公司内部资源、外部环境有机地结合起来的一种科学的分析方法。运用这种方法,可以对研究对象所处的情况进行全面、系统、准确的研究,从而根据研究结果制订相应的发展战略、计划以及对策等。SWOT 中的 S 是优势、W 是劣势、O 是机会、T 是威胁。所谓 SWOT 分析,即基于内外部竞争环境和竞争条件下的态势,将与研究对象密切相关的各种主要内部优势、劣势和外部的机会和威胁等,通过调查列举出来,并按照矩阵形式排列,然后用系统分析的思想,把各种因素相互匹配起来加以分析,从中得出一系列相应的结论。

6. 波特五力模型

波特五力模型由迈克尔·波特于 20 世纪 80 年代初提出,对企业战略制订产生全球性的深远影响。该模型用于竞争战略的分析,可以有效地分析客户的竞争环境。将大量不同的因素汇集在一个简便的模型中,以此分析一个行业的基本竞争态势。5 种力量模型确定了竞争的 5 种主要来源,即供应商讨价还价能力、购买者的议价能力、潜在进入者的威胁和替代器的威胁、同一行业的公司间的竞争。5 种力量的不同组合变化最终影响行业利润潜力的变化。

5.1.6　应用实践

航空发动机的研制具有周期长和投资大的特点,而市场具有时效性和多变性的特点。因此,市场分析应强调前瞻性。

航空运输业已进入大众化时代,运营成本的压力使得航空公司把市场经济性的追求放在首要位置。因此,现代商用航空发动机研发,要比以往任何时期都更加重视市场经济性。

不同的客户具有不同的需求,不存在一个发动机产品同时满足所有客户的需求。因此,要聚集核心客户群而非所有客户。

5.2　利益攸关方需求定义流程

5.2.1　目的与描述

利益攸关方需求定义的目的是完整识别利益攸关方,并识别、获得、协调和维护利益攸关方的需求。利益攸关方需求定义是系统工程技术过程中的初始过程,为了规范项目研制范围,为系统设计和产品实现奠定基础。利益攸关方需求捕获流程 IPO 图见图 5.2。

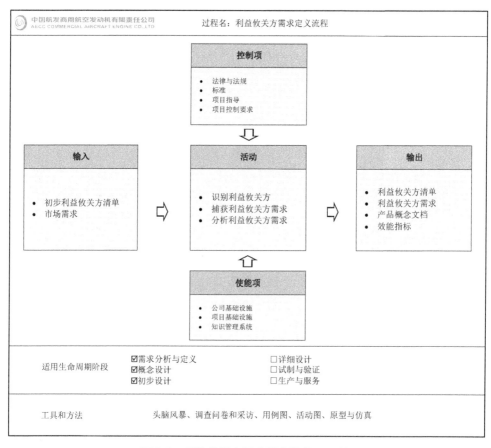

图 5.2　利益攸关方需求捕获流程 IPO 图

5.2.2　输入

1. 初步利益攸关方清单

初步利益攸关方清单包括提出产品系统开发要求的组织或个人,也包括对产品结果有影响和负责的组织或个人。初步识别的利益攸关方相对而言较容易识别,例如,针对发动机级产品的航空公司客户和最终用户,针对子系统级产品的产品供应商等,而完整的利益攸关方需求通过专门的识别活动,进行完整的识别。

2. 市场需求

通过市场分析活动对市场和商机进行研究和预估,并形成综合企业发展策略后,依据公司的研发能力和市场战略,在概念设计阶段提出的指导性文件。

5.2.3　主要活动

1. 识别利益攸关方

识别利益攸关方是进行利益攸关方需求捕获的第一步,而建立利益攸关方清单最大的挑战是完整地识别出利益攸关方。利益攸关方可以概要地分为客户和其他利益攸关方两大类。客户是指产品或服务的直接接收方。商用航空发动机研制过程中,客户是指发动机购买方,如飞机制造商、航空公司、租赁公司等。

建立的利益攸关方清单要包含贯穿发动机全生命周期所有可能有直接或间接"利益"影响的利益攸关方,因此,考虑利益攸关方过程中,一方面需要充分考虑关注系统的全生命周期,另一方面可以从价值和供应链条的角度,考虑所有可能的利益攸关方,尽量确保清单的完整性。一般而言,发动机系统研制的利益攸关方包括但不限于飞机主制造商、发动机客户、发动机运营商、适航当局、系统供应商、机场、地勤人员、维护人员、售后支持人员、环境保护组织、培训、市场、法律、制造者和子系统供应商等。每一个利益攸关方都是潜在的需求来源。尽早识别利益攸关方对项目来说至关重要。

2. 捕获利益攸关方需求

基于利益攸关方清单,应建立利益攸关方需求捕获团队来捕获并综合利益攸关方需求。利益攸关方需求捕获团队应针对不同的利益攸关方,由市场、维护、培训支持、法律、适航、设计、制造等不同团队的人员组成。这个团队需要理解项目任务和目标,清晰地描述和记录项目任务和目标有利于确保项目团队朝一个共同的目标努力工作。

此团队与设计部门中需求分析与设计团队不一样,包括大量与利益攸关方的接口、协调和确认的工作,因此应成立一支跨专业的工作团队来执行此工作。

需求隐藏在利益攸关方内部,是属于隐性而非显性的信息。因此此类信息显性化的工作,需要有效主动的需要捕获的过程,进行需求的引出(elicitation)。在整个系统工程过程中,要反复地主动地跟利益攸关方进行交互,搜集利益攸关方的需求和期望,使得所有参与者在项目任务和目标上达成一致理解。

因此,可以通过头脑风暴、观察、调查、研究、原型、演示等方法,有效获得并引出利益攸关方的需求,利益攸关方需求也包含产品/系统的运行使用目标,主要描述产品/系统如何运行、如何使用和如何操作,用于支持运营概念活动的开展。

在获得原始需求的同时,还需要考虑可能存在的约束条件,约束条件可能来自外部因素,如业界技术水平、客户特定约束等;也可能来自内部,如目前现有能力、先进技术研究状态、项目的成本约束和进度约束等方面。约束条件非常重要,也属于必须要满足的要求,在项目一开始就应主动识别,在确定了约束条件后需要对其进行条目化管理。

在基于捕获到的原始的利益攸关方需求的基础上,应进行有效综合,包括取舍、合并、妥协折中和排序。

大量存在不同利益攸关方的原始需求有相互制约和冲突的情况,例如,各航空公司对座机市场前景的不同预估而导致不同的座机需求,对发动机技术先进性的需求和单架成本的需求相互制约,系统研制的现实约束和能力水平与利益攸关方诉求的矛盾。针对这些部分,需要进行权重分析、权衡取舍和综合等活动,并需要和相关利益攸关方重复沟通和协调,最终获得一个可行的、能被多方认可的利益攸关方需求。

对于不同类型的利益攸关方,在型号项目决策中所需考虑的重要因素是不同的,这也就意味着针对不同决策时,利益攸关方的优先级别是不同的,因此需要考虑其重要程度的优先顺序。

在利益攸关方捕获阶段,一方面为了与客户等利益攸关方进行功能确认,另一方面为了方便后续的功能分析工作的转换,形成有效的功能清单和架构,应在早期建立系统运营等概念(concept)场景。概念场景描述待开发的产品系统的预期运行行为,同时还包括产品的制造、维护、更新和退役报废概念行为。因此需要综合尽量广泛的利益攸关方需求的输入,如运行人员、维护人员和管理人员等。

概念场景在项目前期非常重要,是形成产品功能和需求的必要手段,在利益攸关方需求捕获阶段形成,并被逐步细化,并后续广泛用于概念分析、需求分析、需求确认过程中。

概念场景应包括对产品/系统的关键的、顶层的性能需求和对目标的描述,以及简略的系统初步功能框图。

概念场景应考虑系统生命周期的各方面,包括但不限于:

运行概念(operational concept,或称为 concept of operations, CONOPS),从产品运行中操作人员(如飞行员、地勤人员、机场其他工作人员等)和用户(如测试人员)等角度,描述预期的系统如何在预定环境中运行;

制造概念(production concept),从产品制造角度,描述系统将会如何制造;

支持概念(support concept),描述对系统正常运行的维护支持,包括维护、培训、后勤物流、支持等活动、设施和人员;

退役报废概念(disposal concept),描述系统如何退出运营并退役的,包括各类退役相关的处置;

效能指标(measure of effectiveness,MOE)是用来反映客户/利益攸关方的总体满意度的指标,代表了客户/利益攸关方对产品/系统性能、安全性、可靠性、派遣性、可维护性等要求的量化程度。

建立 MOE 后,可以对其进行控制、分解和实现,衡量客户/利益攸关方要求被系统的需求、方案和最终产品的满足程度,直到最终确认。通过分析利益攸关方需求和MOE,不断与客户/利益攸关方沟通交流,以达到规范利益攸关方需求的目的。

3. 分析利益攸关方需求

利益攸关方需求文档是产品/系统设计需求的重要输入和基础。在前面活动的基础上,利益攸关方需求文档已经基本成熟,并与利益攸关方已充分沟通,应通过正式的评审等方式,与利益攸关方进行需要文档的确认和认可。

对获得利益攸关方承诺的需要文件进行文档管理,打上基线。该文件作为后续产品/系统设计需求文件的正式输入文件。

5.2.4　输出

1. 利益攸关方清单

形成正式的利益攸关方列表,常见的产品系统利益攸关方类型包括但不限于以下内容:

(1) 客户;

(2) 运营保障;

(3) 投资方;

(4) 供应商;

(5) 监管方;

(6) 主制造商;

(7) 竞争者;

(8) 非政府组织/团体;

(9) 地方社区;

(10) 分包商。

2. 利益攸关方需求

正式成文、确定基线且通过批准的利益攸关方需求,包括系统能力、功能或服务、成本和进度等约束。建议的一种发动机级的利益攸关方需求的分类内容包括:

(1) 市场;

（2）系列化发展；

（3）适航取证要求；

（4）设计特征质量；

（5）系统/部件选用；

（6）性能；

（7）经济性；

（8）内外环境；

（9）运营要求；

（10）维修；

（11）客户服务和担保；

（12）材料选用；

（13）制造需求；

（14）供应商；

（15）培训；

（16）报废。

3. 产品概念文档

从系统生命周期［包括制造、运营、维护、报废视角（不包括研制）］来描述产品/系统的行为。概念文档包括对客户/用户和系统的描述，对需要和目标的概述，同时包括对运营方、维护人员和保障人员的描述。产品概念文件通常包括下列内容：顶层运营性的概念方案［包括通过批准的运营行为模型（可形式化为功能流框图）和事件记录，对应的模型和事件记录可以往回追溯到源需求］；背景环境图；任务分析。

4. 效能指标

对 MOE 指标进行文档化管理，形成 MOE 文件。MOE 文件内容包括：

（1）MOE 指标清单，确保其可以被考核；

（2）MOE 指标描述；

（3）MOE 指标与客户/利益攸关方需求的追溯关系；

（4）MOE 与运营概念的追溯关系（如果有）。

5.2.5　方法与工具

1. 头脑风暴

头脑风暴法是集中有关专家召开专题会议，主持者以明确的方式向所有参与者阐明问题，说明会议的规则。主持人一般不发表意见，专家们自由提出尽可能多的方案。确定利用攸关方清单时常采用头脑风暴法。

2. 调查问卷和采访

营销问卷、调查问卷也称问卷法，它是调查者运用统一设计的问卷向被选取的调查对象了解情况或征询意见的调查方法。

问卷法是以书面提出问题的方式搜集资料的一种研究方法。研究者将所要研究的问题编制成问题表格,以邮寄方式、当面作答或者追踪访问方式填答。问卷法的运用,关键在于编制问卷,选择被试对象和结果分析。采访是一种信息的采集和收集方式,通常通过和利益攸关方面对面交流来获取信息。

3. 用例图

SysML 的用例图(user case)是指由参与者(actor)、用例(use case)以及它们之间的关系构成的用于描述系统功能的静态视图。用例图是被称为参与者的外部用户所能观察到的系统功能的模型图,呈现了一些参与者和一些用例,以及它们之间的关系,主要用于对用户和系统之间的交互过程进行建模,通过这种用例建模的方式捕获利益攸关方的需求。

4. 活动图

活动图(activity diagram)阐明了用例实现的工作流程。业务工作流程说明了业务为所服务的业务主角提供其所需的价值而必须完成的工作。业务用例由一系列活动组成,它们共同为业务主角生成某些工作。工作流程通常包括一个基本工作流程和一个或多个备选工作流程。通过这种活动图建模的方式捕获利益攸关方的需要。

5. 原型与仿真

通过建立原型(prototype)或仿真模型(simulation),可以比较具体、形象地再现某些发动机或具体系统的使用场景,便于与利益攸关方的沟通和交流,从而准确地捕获利益攸关方的真实意图。

5.2.6　应用实践

(1)应完整地识别所有利益攸关方,最重要的是识别出关键的利益攸关方,如客户和适航局方;

(2)邀请客户(如飞机制造商中技术、管理专家)参与利益攸关方需求捕获工作;

(3)设置专职的客户代表,定期与客户进行沟通,及时捕获客户需求;

(4)无法直接与利益攸关方进行沟通时,可以通过市场和其他机构间接获得利益攸关方需求。

5.3　功能分析流程

5.3.1　目的与描述

根据 SAE ARP4754A,"功能是一种用户期望的产品行为,建立在对一组用户需求的定义之上,且定义功能时不考虑其具体实现"。SAE ARP4754A 表明:发动机级功能及其相关需求的开发是发动机研制生命周期的首要过程。发动机功能及其功能接口、相关的安全性需求,是进行系统架构设计和其他工作的基础。

功能分析的目的在于描述发动机的功能特性,包括自上而下地对发动机预期功能的识别和定义,通过功能分解建立发动机的功能架构,从而指导发动机系统的物理实现。

功能分析主要包括:功能的识别和定义、功能分解和功能分配。其中,功能识别和定义是前提,即通过对利益攸关方需求的分析,识别和定义发动机的功能,并对其进行组织、整理以形成功能列表。接下来,通过功能分解将复杂功能分解为若干独立的子功能。最后梳理、分析同一层级的子功能之间可能存在的逻辑关系,从而形成发动机的功能架构。功能分析流程 IPO 图见图 5.3。

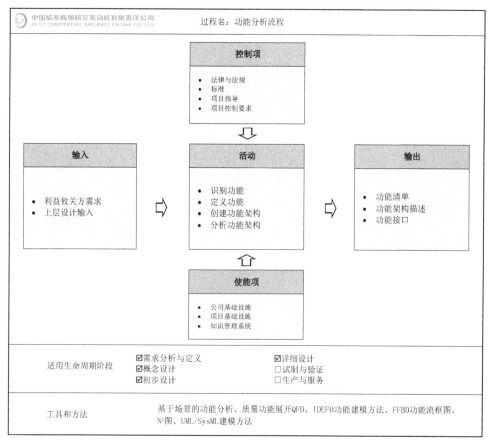

图 5.3　功能分析流程 IPO 图

5.3.2　输入

1. 利益攸关方需求

利益攸关方需求是发动机型号研制项目中功能(function)和需求(requirement)最初始的源头。现代航空制造商在立项研发新的发动机型号过程中,为了取得最终的适航、市场、运营及商业的成功,必须尽可能完整地识别出项目所有的利益攸关方,通过系统化的方法捕获利益攸关方的期望和需要,并在型号设计、研制过程中充分考虑和落实利益攸关方的需求,从而确保企业研制、生产出的最终产品能够符合和满足最初的利益攸关方预期。

2. 上层设计输入

上层设计的相关内容是形成下一层系统功能的基础,包括上层系统需求、功能清单和功能架构、物理架构、分配后的系统高级需求等。

5.3.3　主要活动

1. 识别功能

功能识别是指在多方收集利益攸关方需求的基础上,分析待设计的产品对象与其环境要素(包括操作者、作用对象、风雨雷电等自然因素等)之间的交互过程/相互作用关系,从而识别对于待设计产品的功能性需要。

发动机与其运行环境之间的相互作用可以用"场景"(scenario)来描述。发动机运行环境中的环境要素主要包括:各种角色的人员,如机上的驾驶员,以及机下的地勤人员、维修/维护人员等;各类自然因素,如风、雨、雷、电等。这些环境要素与发动机的相互作用很大程度上影响着发动机的物理属性,如形状、位置、重量、材质和表面特性等,最终决定了发动机的各项设计特征。识别发动机(待设计产品)未来使用过程中的各项场景,分析场景中的要素对于发动机设计的影响,实际上就是发动机功能识别、分析和建模的过程。

基于场景的产品功能识别过程主要包括以下步骤:

(1) 描述发动机在某个预期环境中的工作过程;

(2) 识别过程中包含的使用场景;

(3) 标识场景中的参与者,包括发动机或其某部分系统/分系统、相关人员(涉众),以及各种自然、非自然的环境要素;

(4) 从利益攸关方的需求出发,归纳和概括出产品的功能。

2. 定义功能

功能定义是在功能识别的基础上,将识别出的利益攸关方的功能性以一种统一的、形式化的语言进行表达;定义功能时应尽可能地保持中立(neutral),即不偏向于任何一种既有的解决方案,不考虑功能具体的实现方式。

目前主要有两种广泛采用的功能表示方法:动名词对(verb-noun pair)表示法

和输入/输出流(input/output flow)表示法。动名词对表示法采用一组动词和名词描述"做-什么"。其中,动词表示操作,名词表示被操作对象(即功能作用的客体),功能的主体默认为待设计的产品。例如,"降低转速""支持载荷""传递力矩"等。输入/输出流表示法中,功能被定义为一个系统的输入和输出之间,以完成某种任务为目的的相互关系。因此,这种表示法通常采用一对输入流和输出流来描述某系统输入和输出对象之间状态的变化。

另外,需要注意的是,由于功能具有概括性和抽象性等特点,功能定义往往比较简短、精炼,因此,为了便于理解,可适当加上注释,用于描述该功能的上下文环境。

3. 创建功能架构

创建功能架构首先在于功能分解。所谓功能分解就是将复杂功能分解为若干个可辨识的子功能,这些子功能实际上分别对应于总设计任务下的若干子任务。功能分解的目的是促进设计求解,即通过分别实现一组子功能,从而联合起来实现一个总功能。因此,如果根据一个子功能仍无法找到其对应的解,则需要将其进一步分解,直至能够对应到具体的物理实现方案。

通过功能的逐级分解,并将子功能有意义地、相容地联结成总功能,就形成了所谓的"功能架构"(function structure)。按照"输入/输出流"方式表达的总功能进行功能分解,从而形成功能架构的一般模式。此处,需要注意的是有两种类型的功能分解:一种是按照作用对象类型来分解。例如,功能"提供和分配能源"可以分解为"提供和分配液压源""提供和分配电源"及"提供和分配气源"等子功能,这种情况下,这些子功能之间相对独立,没有直接的关联关系;另一种是按照作用对象状态变化或过程场景来进行功能分解,这种情况下,分功能之间往往存在着一定的逻辑关系,只有先实现某些子功能后,接着实现其他子功能才是有意义的。例如,发动机的功能"提供推力"可分解为"产生推力"和"控制推力",两者具有先后关系。

任何架构包括功能架构的产生过程,都应该会产生多个备选方案,需要基于方案选择要求,进行权衡研究后进行决策选择。在功能分解过程中,功能架构的分解应考虑分解后的子功能之间的控制流和数据流关系,可以考虑利用 FFBD、N^2 图等方式进行明确,在这个过程中,将会产生功能接口定义文件(FICD),功能接口定义文件定义功能与功能之间的数据流和控制流关系。

4. 分析功能架构

分析功能架构主要是对功能架构针对上层的功能需求、利益攸关方需求和各类概念方案进行确认,确保能够满足上层要求,最终确认内容应形成书面的正式文件。

5.3.4　输出

1. 功能清单

通过发动机级功能的识别和定义,建立发动机级功能清单,从而围绕这些功能识别其相关的需求。发动机级功能是顶层功能,未必与单个的物理系统的实现相关联。

发动机级的功能清单是进行安全性分析中的发动机功能危害性分析(AFHA)的输入,系统级的功能清单是进行系统功能危害性分析(SFHA)的输入。

功能清单能够较为清晰地表达功能,但缺乏功能与时间轴的关系以及功能之间的关系,这部分属于功能架构的内容。

2. 功能架构描述

功能架构是通过功能定义和功能分解之后形成的待设计产品的功能框架体系。功能架构通常包括功能分解后形成的纵向层级关系,以及每一层级中若干子功能之间(横向)的逻辑关系。

3. 功能接口

接口是发动机与外部物理和运行环境之间,以及发动机系统内部不同组成部分之间交互的界面。功能接口就是(经功能分解产生的)不同功能模块之间存在的某种输入输出关系。定义和描述产品系统不同功能模块之间接口的文件是功能接口控制文件(FICD, functional interface control document)。当设计需求发生变更时,需要对相应的功能接口进行更改,并且将这些更改修订记录在FICD 中。

5.3.5　方法与工具

1. 基于场景的功能分析

"场景"(scenario)最初是软件工程中的概念,广泛应用于软件系统设计前期的需求分析,用于描述用户与软件系统之间的交互过程。这一概念后被引入到工程设计领域,经拓展后,也可用于物理产品的需求建模和分析。

一般来讲,"场景"描述了"用户期望用产品做什么?"和"产品预期的行为是什么?"。实际上,在一款新产品诞生之前,这款产品预期的功能是通过一幅幅其在未来使用中的场景/情形来描述的。因此,基于"场景"的功能分析就是从功能产生的源头来识别和定义发动机系统的功能,即用户使用发动机时的需要(needs)。产品场景通常建立在对物理对象行为分析的基础上,用于描述"待设计产品"与其周围环境要素之间相互作用过程中所表现出的行为。

2. 质量功能展开 QFD

质量功能展开(QFD)提供了一套分析用户需求并将其落实到产品生产与质量控制的具体措施中的方法。其核心是将质量的定义从满足设计需求转变为满足顾客需求,并将这些需求转换成最终产品的设计特征,继而配置到制造过程的各工序中和生产计划中。

QFD 在功能分析过程中,主要用于将客户要求与系统功能进行关联,确保系统功能特征满足客户要求,并评估功能特征对客户需求的满足程度。

3. IDEF0 功能建模方法

IDEF 方法是美国空军 20 世纪 70 年代提出的一种结构化的、用于复杂系统分析与设计的方法,包括 IDEF0 功能建模、IDEF1 信息建模、IDEF2 系统模拟仿真、IDEF3 过程描述、IDEF4 面向对象的设计方法等。IDEF0 方法用于描述系统的功能活动及其联系,采用自上而下、逐层分解的结构化方法建立了系统的功能模型。IDEF0 模型的基本要素包括功能活动框、输入、输出、控制和机制等。功能活动框指某种系统功能,一般用动宾短语来描述;输入是指完成某项活动所需的内容;输出是指执行活动产生的内容;控制指外部控制条件或环境;机制说明活动由什么来完成[22]。

4. FFBD 功能流框图

功能流框图(FFBD),又称为功能流图(functional flow diagram)或功能框图(functional block diagram),是一种多层的、与时间顺序有关的、步骤化的系统功能流程图。用于描述不同子功能(任务)之间的逻辑关系和顺序。

功能框图于 1950 年左右提出,并在 19 世纪 60 年代开始被 NASA 等广泛用于在系统工程领域中的业务流程建模[16, 23]。

5. N² 图

N² 图是实际上就是一种 $N \times N$ 的交互矩阵,用来从系统的观点表达和确认主要功能之间的交互关系或接口,具体 N² 图方法请参考附录 B2 N² 图。

N² 图主要用于定义 FICD 接口。

6. UML/SysML 建模方法

UML[24-27]是使用面向对象的理念进行系统建模的一种表示方法,最初应用于软件工程,主要是图形化的表示法。这种方法多用于软件系统架构设计,为系统设计师和程序员之间提供了一种通用的交流工具,有时也可用于物理产品系统的概念建模。

SysML"系统建模语言"是 UML 在系统工程应用领域的延续和扩展。它是在 UML 基础上进一步开发和完善的建模语言。

1) 用例图

用例图是指由参与者(actor)、用例(use case)以及它们之间的关系构成的用于描述系统功能的静态视图。用例图是被称为参与者的外部用户所能观察到的系统功能的模型图,呈现了一些参与者和一些用例场景,以及它们之间的关系,主要用于对系统、子系统或部件的功能行为进行建模。通过这种建模的方式可以理解场景和用例,从而充分捕获利益攸关方的需要。

2)顺序图

顺序图或序列图,用于确认和丰富一个功能场景的逻辑。从外部参与者发起的事件、事件的顺序,以及各个系统之间的交互事件等。此模型可以让利益攸关方理解系统场景的逻辑顺序,从而捕获和确认系统需求。

3)活动图

活动图是用例中活动流程的可视化描述,阐明了用例实现的工作流程。业务工作流程说明了业务为所服务的业务主角提供其所需的价值而必须完成的工作。业务用例由一系列活动组成,它们共同为业务主角生成某些工作。工作流程通常包括一个基本工作流程和一个或多个备选工作流程。此模型可以让利益攸关方理解系统活动和输入输出关系,从而捕获和确认系统需要。

4)状态图

描述一个实体基于事件反应的动态行为,将行为表示为一系列状态的转换,由事件触发,并与可能发生的动作相关联。显示了该实体如何根据当前所处的状态对不同的事件做出反应。

通常创建一个状态图可以让利益攸关方理解系统状态行为。

5.3.6　应用实践

功能分析是产生产品需求的第一步,也是安全性分析工作的第一步,因此,应充分利用建模等形式化手段,建立从客户针对产品的问题域向产品本身特征的解决域的转换过程;

功能分析过程中,可借鉴已有产品的相关概念,通过与客户需求进行确认,从而建立与需求的关联关系,将已具备的能力进行重用。

5.4　系统需求定义流程

5.4.1　目的与描述

系统需求定义流程是将捕获的利益攸关方需求和功能分析的结果(功能清单和功能架构)转变成正式的技术需求的过程。此过程中,首先需要对功能分析形成的功能(function)、基于外部团队的分析结果(如安全性分析)和内部需求分析工作,进行性能和其他指标的量化定义,形成功能性需求(functional requirements);同时基于系统的其他利益攸关方的需求、项目目标和约束进行分析,并进行一系列的定义活动,形成产品非功能性需求;最后用标准的语言对需求进行描述,最后形成一致的、可追溯的、可验证的系统需求。系统需求定义流程 IPO 图见图 5.4。

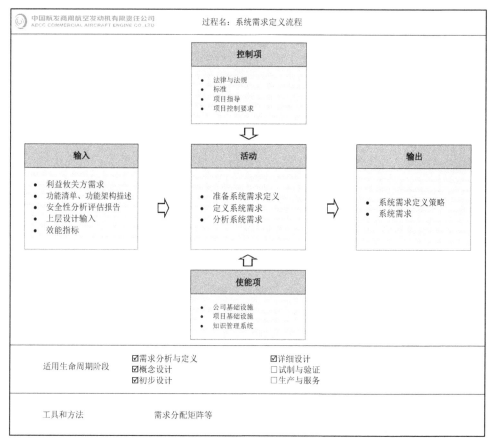

图 5.4　系统需求定义流程 IPO 图

5.4.2　输入

1. 利益攸关方需求

利益攸关方需求是利益攸关方需求捕获团队的输出,它是指发动机的各种利益攸关方对发动机功能和性能上的期望,这些利益攸关方包括航空公司、飞行员、维修人员、供应商、主制造商等。利益攸关方的需求应包括:

(1) 发动机或系统应具备什么功能;

(2) 每个功能应该表现得怎么样;

(3) 应满足什么样的运营条件和环境;

(4) 发动机或系统的限制是什么。

2. 功能清单、功能架构描述

需求分析在功能分析工作的基础上实施,因此,功能分析的结果应作为需求分析的主要输入,包括功能清单、功能架构描述。

3. 安全性分析评估报告

输入给系统需求定义流程包括安全性分析评估结果,主要包括 FHA 和 SFHA,分析结果作为输入,形成功能的安全性定性和定量的需求。

4. 上层设计输入

上层设计结果输入到本层系统的系统需求定义流程中,内容包括上层设计综合过程中形成的系统设计描述、分解后的子系统高层需求,以及接口定义文件等。

5. 效能指标

对 MOE 指标进行文档化管理,形成 MOE 文件。

5.4.3　主要活动

1. 准备系统需求定义

首先需要定义影响需求的内外部约束。内部的约束主要包括项目的约束和公司的约束。项目约束的内容涵盖:

(1) 已经存在的标准规范;

(2) 项目的组织架构;

(3) 现有工具的可用程度;

(4) 现有技术进展;

(5) 其他方面产生的限制,如成本、进度、技术等。

公司的约束包括:

(1) 公司级的标准、规范和手册等;

(2) 公司级的政策和战略;

(3) 公司级的产品全生命周期模型;

(4) 其他如技术、财务以及人力资源等方面产生的约束。

除了定义内部约束,还需要考虑和定义外部约束。外部约束主要包括:

(1) 本国以及其他国家的法律和法规;

(2) 行业上的标准、规范和指南;

(3) 全球范围内技术发展的情况;

(4) 客户的特定约束条件等。

2. 定义系统需求

每个运营场景的使用环境都需要定义,这些环境因素可能会影响系统的性能,或形成一些非功能性需求,例如,材料应具有足够的强度、电磁兼容性或限定范围内的质量等。另外,还需要明确那些能使出现伤亡事故概率最小的影响因素。特别像天气条件(如雨、雪、晴天、刮风、沙尘、雾霾等)、温度范围、地形(如海洋、山脉、沙漠、平原、草原等)、生物因素(如动物、昆虫、鸟类、真菌等)、诱导因素(如振动、电磁波、超声波、X 射线、化学物质等),以及其他能够对发动机或系统运行产生影响的环境因素。

利益攸关方的需求往往范围很广,并且层级差异比较大。有些需求可以转化为发动机或系统的需求,有些则不能,因此需要对这些要求进行分析。可以使用质量功能展开的方法,根据上一个步骤定的关键的度量指标,对利益攸关方的需求进行分类和排序,根据其重要性和优先级,对这些要求进行后续的处理和分解,得到发动机或系统的技术指标。

产品的功能性需求由产品的功能架构分析得到,其主要步骤可以分为:

(1)列出所有的功能;

(2)列出产品或系统的特征;

(3)根据功能及特征把功能转化成需求;

(4)定义所有的功能性需求。

功能性需求的类型有很多,分类也不尽相同,主要的需求类型有:

(1)客户需求。客户需求会随着发动机型号、系统特定功能或者系统类型的不同而变化。需求包括运营商的预期载荷、使用经验、维护概念和所期望的特性。

(2)使用需求。使用需求定义了飞行员与发动机之间、维护人员与发动机系统之间、其他发动机支持人员与相关功能及设备之间的接口。行动、决定、信息要求和时间形成了主要的使用要求。定义使用要求时需要考虑正常和不正常的情况。

(3)性能需求。性能需求定义了功能或系统对发动机和发动机的运行有用的特性。除了定义预期的性能类型外,性能要求还包括功能的一些细节,如精度、保真度、范围、解析度、速度和响应时间。

(4)物理和安装需求。物理和安装需求与系统的物理特性以及发动机环境相关,包括尺寸、安装、冷却、环境限制、可见度、接近方式、调整、搬运和存储。生产限制在这些需求中起一定作用。

(5)维修性需求。维修性需求包括计划的和非计划的维修需求,并且与具体的安全性相关功能有关。失效探测率或者故障隔离率等因素也很重要。要求中也需要定义外部试验设备的信号和连接。

(6)接口需求。接口需求包括物理系统与项目的互联,以及相关具体通信的特性。接口包括所有有源输入和目的输出的定义。接口描述应详尽描述信号的特征。

(7)合格审定需求。根据适航规章要求或为了表明对适航规章的符合性,可能需要补充功能、功能特性或执行要求。此类需求应与适航当局协商确定。

(8)安全性需求。发动机或系统级功能的安全性需求包括可用性和完整性的最低性能约束。通过对相关功能失效状态的确定和分类,确定发动机和系统功能的安全性需求。

（9）衍生需求。衍生需求一般不会影响上层需求，有些衍生需求可能体现在上层需求中。从安全性的角度（即对安全性分析的影响），逐步在各较高系统层级中检查衍生需求，直到确定影响消失为止。衍生需求也可以来自架构的选择。例如，为了实现一个高度综合的功能而选择一个三重冗余的架构，由此，相对于实现相同目的的双重监控架构，会产生不同的结果以及不同的衍生需求。衍生需求可能来自设计决策，例如，一种设计决策要求在失效状态严重程度较低的系统失效影响中隔离具有较高严重程度的失效状态的功能执行。

衍生需求也可能来自电子硬件-软件接口。这种衍生需求在系统级可能十分重要。涉及电子硬件-软件接口详细需求的其余需求，按 DO－178B/ED－12B 和 DO－254/ED－80 中的指南来处理[28,29]。衍生需求的捕获和处理应与在相同研制阶段所适用的其他需求相协调。衍生需求应包括依据和/或对适用设计准则的参考。定义需求的形式常见的有文本和图形。当用图形来定义需求时，应包括以下内容：

a）确定模型的使用；

b）确定要使用的工具及其在研制过程中的用途；

c）定义建模标准及数据库，使模型易于理解。

对于 DAL 等级为 A、B、C、D 级的系统，必须定义其系统需求；对于 DAL 等级为 A、B、C 级的系统，还要定义和解释系统的衍生需求（包括安全性相关的衍生需求）；对于 DAL 等级为 D 级的系统，衍生需求是否需要定义和解释可以与局方进行商议；对于 DAL 等级为 E 级的系统则不作要求。

产品的非功能性需求主要是为了支持功能更好地被实现而对产品或系统特性提出的要求，这些特性随着产品或系统的设计方案而产生。产品的非功能性需求主要通过对利益攸关方需求的分析、对使用环境的分析，以及对内外部约束的分析来得到。具体来讲，产品的非功能性需求主要包括以下方面：

a）可靠性、维修性和测试性需求；

b）人为因素需求；

c）电磁环境需要；

d）质量需求；

e）结构强度需求；

f）运行环境需求；

g）安装需求；

h）材料需求；

i）标识需求；

j）机载软硬件的要求等。

3. 分析系统需求

需求应该具有以下特征。

(1)必要性:需求应该是对发动机或系统的功能或性能产生影响的,删除该条需求会导致发动机或系统产生缺陷。如果删除某条需求对发动机或系统没有影响,那么这条需求不应该称为需求。

(2)简洁:需求应该是简洁并且易于理解的。需求不应该包含描述性的内容和词语。

(3)中立性:需求中不应该出现如何满足该需求的描述。满足一条需求应该可以有多个方案,需求不应该有倾向性。

(4)可行性:某条需求的满足应该在可控的技术风险和成本风险的范围内实现。

(5)独立性:每条需求应该能够单独说明某一个方面而不需要其他需求或者说明进行支撑。

(6)一致性:一条需求不应该与别的需求产生冲突,也不能简单地复制别的需求。需求的描述应该统一,需求里的词语或词组应该与所有需求都一致。

(7)可追溯性:需求应该有与其对应的上层或下层需求,能够追溯到某个源头。

(8)清晰:每条需求的意思应该明确,不会给人带来模棱两可的感觉,不同人读该条需求应该有同样的理解。

(9)可验证:需求应该至少能有一种方法进行验证,否则不能称为需求。

对于一个需求集来讲,应该具有以下属性。

(1)完整性:对一个需求集来讲,完整性意味着这个集里的需求能够完整地描述某个系统或发动机,需求集的需求应该包含了发动机或系统的所有方面,不再需要别的说明或描述来进行补充。

(2)一致性:一个需求集里的需求在意思和指标上不应该互相矛盾,相互冲突。

需求语句在编写时,应该遵循需求标准架构。需求的主要结构应为:"主语+应(shall)+动词+描述",需求中不能用诸如很快、很好、最大、最小、差不多等形容词。

5.4.4　输出

1. 系统需求定义策略

系统需求定义策略包括需求定义的方法和工具。

2. 系统需求

系统需求包括系统层次架构中各个层级的需求,包括整机级的需求、子系统的需求、部件的需求等。

对于 FDAL 等级为 A、B、C 级的系统和部件,其需求文件应该按照 SAE ARP4754A 中定义的一类构型控制文件(SC1) 的要求进行管理;对于 FDAL 等级为 D 级的系统和部件,其需求文件应该按照 SAE ARP4754A 中定义的二类构型控制文件 (SC2) 的要求进行管理;对于 FDAL 等级为 E 级的系统和部件不作强制要求。

系统需求定义流程的输出可能还有一些中间过程产物,如衡量利益攸关方要求重要性的指标、需求分配矩阵表格等。这些都可以为需求确认提供输入证据。

在不同层级的开发活动中,可能存在的需求类别包括以下内容。

(1) 功能需求:系统须执行的任务、行为或者动作,即明确系统要做什么。

(2) 用户需求:用户的需求可根据发动机类型、特定的功能和系统类型而变化。它主要是通过当前实际情况和假设条件来定义任务目标、运行环境、运行效率等。对于发动机系统而言,应该将驾驶员作为主要的用户对其需求进行考虑。

(3) 性能需求:主要指需求定义的任务或者功能需要被执行的程度,通常用定性、定量、覆盖率、时间等来衡量。性能需求包括精度、分辨率、速度、响应时间等。性能需求定义了对发动机有用的系统和功能的属性。

(4) 物理和安装需求:物理和安装需求主要针对系统的物理属性。它包括尺寸、托架规范、功率、制冷、环境限制、存储等。

(5) 维护需求:维护需求包括计划和非计划性的维护需求。例如,故障隔离和故障检测等需求;为外界的测试设备提供信号和接口等。

(6) 接口需求:接口需求包括功能和物理上的系统或部件的互相联络所需要的特定信息的特性。接口应该定义输入的源端和输出的目的端。

(7) 适航需求:适航规章可能要求的附加功能要求,或者要求明确对于适航规定的符合性。需要和适航当局一起来确认此类需求。

(8) 衍生需求:不是由上一层需求分解直接产生,而是来源于设计决策生成或者本层利益攸关方需求等转换形成的需求,如采用主从双备份通道的设计需求(需要注意的是此类需求是没有父级需求的)。

(9) 假设及基于假设的需求:在设计的最初阶段,由于一些原始的设计输入无法确定,因此得做出假设。在这些情况下,任何基于假设的需求需要进行确认并且进行追踪,而且对于所有的假设条件最终也需要进行检查。

5.4.5　方法与工具

需求分配矩阵

需求分配矩阵用于把需求分配到物理架构中的各种设备,并进行追踪。典型的需求分配矩阵应包括如下信息:

(1) 功能架构中功能的标号;

（2）功能的名称；

（3）功能得到的需求；

（4）对应执行该需求的物理架构中的设备。

需求分配矩阵中还可能包含以下信息：

（1）过程中包括或删除的信息；

（2）相关的 WBS 数据；

（3）对应的分配的成本估算；

（4）需求的所有者；

（5）与需求相关的合同条款。

需求分配矩阵建立后，需要对其进行维护、管理更新和变更。该需求分配矩阵能够扩展到需求确认和实现验证阶段进行使用。

5.4.6　应用实践

（1）鉴于系统复杂性和需求的重要性，其需求涉及设计的各个领域，包括各专业工程领域，如可制造性、维修性、环境要求等，应该成立系统需求定义联合团队，将所有系统涉及需求的专业一起进行联合工作，确保形成的需求的正确性和完整性；

（2）应采用专门的需求管理工具，来辅助进行管理；

（3）需求标准是确保需求正确性和完整性的重要手段，也是需求确认的依据标准之一，应在项目前期建立；

（4）应尽早开始需求的追溯性维护工作；

（5）需要创建需求文档的模板，并进行管理；

（6）要明确需求的所有者并督促其对需求进行维护；

（7）需求分析工作应结合安全性分析工作。

5.5　设计综合流程

5.5.1　目的与描述

设计综合是一个创造性工作，主要通过定义和分配产品组件元素的方式，将功能架构和需求转换成物理架构的过程。此物理架构包括产品的定义和规范，按照此物理架构进行实现和集成后的产品，应能满足功能和性能等需求。设计综合工作适用于最终产品，即商用航空发动机的研制及其使能产品（如发动机试验环境）的研制。商用航空发动机的设计综合工作有三个特点：层次化、专业协同化和迭代化，具体内容如下所示。

1. 层次化

由于商用航空发动机系统的复杂性，无法通过一个层级的设计，把工作展开分解到可以实施和管理的程度。因而设计综合工作将会分层级实施,一个典型的层级划分包括发动机系统级、发动机级、系统级、设备级和软硬件(部件)级,此处的层级划分与需求管理过程中对需求的层级划分是一致的。

在发动机系统和发动机级,主要进行顶层的设计综合活动,形成发动机系统级和发动机级的规范定义、量化指标、设计约束和架构,并基于发动机架构,进行了需求对系统的分解。发动机的量化指标如推力、推重比和油耗的确定等。发动机架构定义工作的例子包括:发动机级的产品分解结构,其中包括了跨系统的发动机级权衡分析工作,同时商用航空发动机作为商品,发动机级的架构定义还包括了成本分解结构。

当通过顶层设计综合活动把发动机级需求分解到系统级,并通过系统需求定义流程进一步把系统级的需求形式化后,在系统级将进行系统设计综合活动,形成系统级的规范定义、量化指标、设计约束和架构,并基于系统架构,进行了需求对设备和软硬件的分解。系统设计综合活动将按照不同系统同步进行,如空气系统、控制系统、机械系统,每个系统有各自的专业内容,在系统内部,同样也会进行权衡分析工作,例如,采用电防冰还是引气防冰。同样,比如重量、安全性和经济性等指标也会作为设计约束,分解并约束具体的系统架构实现。

类似的,到了设备和软硬件层级,实施方(一般是供应商)也将进行这一层级的设计综合活动,形成设备或软硬件的物理架构和规范定义。因此,设计综合工作是贯彻整个系统工程过程的一系列步骤。

2. 专业协同化

由于设计综合是一个产生方案的过程,而设计方案涉及发动机所有设计专业的工作,这些工作包括发动机的总体设计,如总体布局、布置、外形、重量、人为因素、气动、结构、强度等,也包括发动机各分系统的设计,如短舱、控制系统、机械系统等,也包括各类特性的设计,如安全性、可靠性、维修性等。

因此,设计综合工作是一个协同发动机设计各专业工程学科工作,进行多专业优化综合,寻求总体最优和局部最优的系统工程活动。设计综合是把专业工程活动与系统工程活动进行有机融合的核心过程。

3. 迭代化

迭代化设计综合工作是从需求到产品的设计工作的核心。需要在整个设计过程中,进行多轮迭代,有两种类型的迭代会发生:

一种是设计综合过程将会和系统需求定义流程以及功能分析过程进行的迭代。设计综合的结果方案需要进行需求的设计验证,同时,产生的下一级的衍生需求也需要回到需求管理过程中,因此形成了和需求管理过程的迭代。设计综合的结果同时需要和功能分析过程进行迭代,确认功能逻辑架构和物理架构的匹配性。

如果不匹配,一方面可能会更改设计,另一方面可能会重新评估并更改上游功能架构的分解以及功能性能需求指标的确定和分配,这些针对一些使用已有物理方案(例如,采用 COTS 产品方案或重用上个型号的方案)或者采用开放式架构特性的方案尤为常见。

设计综合过程活动中,物理架构得到确认,确保与需求和功能架构的一致,同时需求和功能架构将会被更加完善,与物理架构匹配,并形成了下一级物理实体上的功能架构和需求。另一种是设计综合本身的迭代工作。设计综合工作本身主要包括如下子过程:备选方案设计、权衡分析评估、选择方案、按方案分解,而这些子过程不可能一蹴而就,往往存在评估后发现方案存在问题,需要重新或者优化设计。因此设计综合工作需要经过多轮迭代的设计优化,逐步逼近最优解。

功能分析活动是把用户需要和顶层需求转换成系统功能的过程,一方面功能分析的结果形成了功能需求,传递给需求管理过程,而另一方面功能的分组、分解和分解后子功能之间的关系,则体现到功能架构中。设计综合流程 IPO 图见图 5.5。

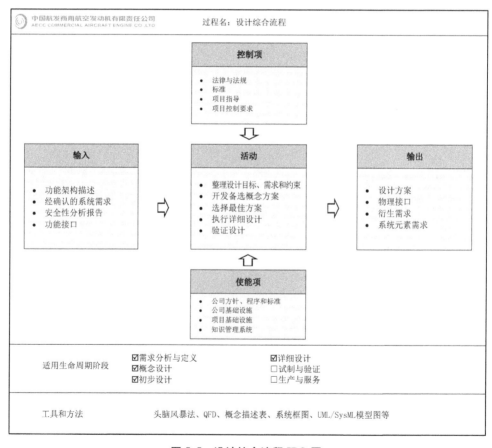

图 5.5　设计综合流程 IPO 图

5.5.2　输入

1. 功能架构描述

功能架构描述可以采用多种方式,从不同维度来说明子功能之间的关系,如时间、行为、数据流、状态机等方式。

功能架构描述不应考虑设计方案,但是作为设计综合工作产生的设计方案必须满足的上游输入,设计综合应经过方案设计、技术可行性分析和权衡分析等工作,产生一个可能的最佳方案,来满足功能分析工作。

2. 经确认的系统需求

由技术需求形成需求基线,是进行设计的输入。用户需要、系统功能和各类约束通过系统需求定义流程,转换成一系列定义清晰、优先级排序、可度量且被确认的需求。

这些需求包括功能和对应的性能需求,同时还包括非功能性需求的各类约束,约束作为限制系统设计的指标,也应在需求中被确定、文档化并进行管理。设计综合过程很大程度上需要针对约束性需求,从风险、进度、技术可行性和费用等方面进行权衡优化,这些约束包括各方面内容,如发动机运行约束、机场约束、人为因素、噪声、环境条件、设计标准等。

3. 安全性分析报告

包括两个方面内容:

(1) 安全性需求从安全性分析活动产生,主要来源于各级的功能危害性分析工作,对不同功能及其失效后的危害性评估结果进行分析,最终获得针对功能的安全性指标要求,纳入需求内容中,安全性需求将作为设计目标,约束设计综合活动;

(2) 架构设计内容也将进行安全性分析,主要是通过对系统架构的安全性分析,提供满足安全性需求的证据和安全性需求指标的分配,给设计综合工作中架构选择和完善工作进行支持,并提供最终架构能够满足安全性需求的证明。

针对物理架构的安全性分析,具体输入包括:

a) 初步发动机级安全性分析(PASA);

b) 初步系统安全性分析(PSSA);

c) 共因分析(CCA)。

4. 功能接口

功能接口来源于功能分析过程中对功能架构的分解,形成的子功能之间的接口信息,这些信息在接口管理过程中进行形式化并进行管理,即 FICD 文件。FICD 作为功能架构的附属产物,提供给设计综合,作为设计综合结果产生的物理接口定义文件(physical ICD)应满足需求。

5.5.3 主要活动

1. 整理设计目标、需求和约束

设计综合工作需要根据设计目标、需求和约束进行开展,在通过功能分析和需求分析工作,获得用于开展设计综合工作的需求和功能架构后,设计综合工作的第一步是整理设计目标、约束和需求。

通过功能分析和需求分析后,将会获得系统的功能性需求和非功能性需求,同时,还可能有部分设计目标与约束等不一定在需求文件中体现,比如设计经费、进度要求等,而这些都会对设计工作产生作用,需要在开始设计综合前期进行统一的整理工作。

形成设计目标与约束在系统高层级的设计工作(如发动机级)中是核心。在前期顶层需求还比较初步,系统框架还未成形的时候,形成的设计目标与约束作为设计综合工作的一部分,针对系统本身进行有效的分析和设计过程,形成有效的设计目标,并将其进行量化和权衡优化,形成参数指标,为后续的方案提供目标要求,同时结果需要反馈到系统需求定义流程中,形成量化的需求。

设计目标与约束的考虑应包括但不限于运行环境的约束、功能任务的成功、技术性能的提升、开销和进度的减少、质量的提升、安全性可靠性可维护性的提升等方面,具体包括功能、性能、系统特性、项目管理等方面,来源于需求、功能架构和其他设计要求和约束。

设计目标与约束之间有相互的耦合关系,需要进行权衡、妥协和多目标与约束的协同优化,并需要对目标与约束进行优先级排序,这与项目类型和特点有关,例如,商用航空发动机项目中可能把安全性、可靠性目标放到第一位、费用目标放到第二位,性能放到第三位;而军用发动机项目可能把性能放到第一位、费用放到第二位、安全性、可靠性放到第三位。在同一类目标或约束的内部,如果有多个性能目标,同样会有优先级排序。列举三类典型设计目标与约束,包括的内容如下。

(1)性能目标:性能目标应被非常明确的定义,会直接影响到系统设计。这主要包括系统运行的度量指标和期望的性能等级。典型的发动机级的性能目标例子如发动机的耗油率、推力等,典型的系统级的性能目标例子包括系统的能力、精度、反馈时间、接口吞吐量等。性能指标之间往往相互影响,如上述的耗油率、推力均有相互耦合关系,在设计目标确认过程中,需要对多参数之间的关系,利用相关经验公式进行优化计算,得到一个能够满足需求的优化过的多参数目标。

(2)项目管理约束:项目管理目标从另一个维度来要求约束设计,包括进度、费用、风险和质量等次级约束值。针对不同进度要求下,能得到的系统方案有比较大的差别,费用目标来源于经济性约束,需要进行分解,包括一次研发成本(NRC)、单架成本(RC)和直接运行成本(DOC),并针对每一项成本进行逐项的分解预估,在此约束下进行设计,同理,风险和质量目标决定了方案实施中的技术成熟度、是否采用成熟货架产品等因素。

(3) 系统需求:如系统功能、性能、安全性、可靠性、可扩展性、灵活性、兼容性、可制造性、可维护性等方面。

2. 开发备选概念方案

在完成第一步后,得到设计目标,此时针对需求、功能架构与目标,应该进行创造性的设计工作,形成多个备选概念方案。此步骤是把功能域的内容转换成物理域的过程,也是从需要转成实体的过程,同时也是把功能架构中分到一个或多个组的功能需求,归为系统中的一个组件的过程。开发潜在的备选方案主要包括下面步骤:

1) 明确设计输入

包括需求、功能架构与设计目标。

2) 产品概念构思

产品概念构思过程是一个创造性的过程,需要不同专业工程人员的共同努力,重点包括:

(1) 在构思过程中需要一直聚焦需求、功能架构和设计目标的满足。

(2) 在构思过程开始阶段需要尽量提出相对多的可能性方案,到后期阶段在约束条件下进行优化和删减,头脑风暴法是一种比较典型的形成方案的方法。

(3) 综合考虑设计的风险约束和技术性能目标的先进性要求,在方案形成过程中应适度地考虑引入新技术。在引入新技术过程中,需要对新技术成熟度进行评估。在项目前期,通过系统分析,把新技术的所有方面根据需要进行评估,这些方面包括满足性能需求、成本、重量和风险的能力,基于技术成熟度等级(TRL)评估是一种对新技术成熟度进行定级的方法。

(4) 对已有设计进行继承,对同类设计进行借鉴参考,能较大降低风险和费用,提高成熟度,在成熟产品中设计综合活动中非常普遍,但同时由于丧失了先进性,而最终降低了市场竞争力,应在设计过程中与设计目标结合综合考虑,在引入新技术和集成已有成熟技术之间取得均衡。

(5) 概念方案形成还可以对已有设计进行综合和改进,列出所有类似的已有方案及其主要特征,并针对输入的设计目标进行分析,列出每个方案针对设计目标的优势和劣势,以其中最好的一个备选设计作为基础,把其他方案中优势特征进行综合,对其中无法达到的目标部分进行新设计。

(6) 考虑采购/自研/重用的决策,应基于设计目标、约束和市场调研结果。如是否有成熟货架产品能够满足要求,是否有相关供应商有能力资质进行研制,自身是否有能力进行研制,是否有之前开发的产品能够满足要求,对应选择费用进度风险开销是否能满足相关要求,最终自己做还是采购的决策,应做到费效比最高。

（7）完成概念方案后,需要实现对需求、功能架构和设计目标与约束进行初步的匹配确认,确保较为重要的需求和功能均被考虑,优先级较高的设计目标与约束得到满足,没有大的遗漏。如果存在有较多不满足重要需求的方案,可以放弃此方案。

（8）如果此过程中发现在相关主要的设计目标和约束下,部分需求和功能采用各种方案和方法均无法达到要求,则应反馈到需求和功能分析过程,更新需求和功能架构,即形成设计迭代。在商用航空发动机的设计过程中,总体上采用自上而下的方式,从需求形成方案,进行分解,形成下一级需求,逐级细化,但目前业界常用做法,往往供应商会在项目前期介入,进行联合的概念设计和定义的方式,在项目前期把供应商的经验引入,供应商在项目早期会把已有产品线和先进技术作为方案,推荐给主制造商。因此,方案形成的同时也有供应商从实现层面和已有方案的角度自下而上进行,需要基于已有方案,对需求和功能架构进行完善,因此,设计是自上而下与自下而上的结合。

3）整理形成各方案数据,形成备选概念方案

针对设计目标、约束和需求,对应的备选方案一般应该有多个,如果少于两个备选方案,则需要进一步进行备选方案的开发,同样,如果发现设计目标、需求和约束下,根据目前可行的技术条件无可行的备选方案,则考虑反馈给相关利益攸关方,进行需求更改。

3. 选择最佳方案

此过程是在上一步形成多个备选方案中进行选择,确定最佳概念方案。此过程需要与决策管理过程进行交互。决策管理的目的是确保针对系统方案的决策能够在已有资源下获得最优的方案。

选择最佳概念方案过程包括下面四步:

（1）确定设计目标优先级,确定需要评估的专业目标,并建立详细的方案权衡分析评估判定准则。

（2）对每个备选方案进行系统的分析工作,此工作需要各相关专业人员的参与,包括各类系统的专业工程分析。分析评估的目标包括方案对系统目标的实现程度、各类型性能、系统特性和约束条件,这里除了包括技术特性,还包括费用、进度、风险等项目管理因素。

设计评估是非常重要且复杂的工作,可能需要广泛用到各类专业工具、方法、数学模型、原型、原理性实验等手段,得到相关专业的分析报告。例如,针对发动机和系统的方案,安全性分析报告是其中的一类重要的设计评估,包括通过 PASA、PSSA、SSA 等安全性分析报告,采用故障树、依赖图、马尔科夫分析等具体方法,证明此方案架构下的安全性能力,表明与安全性目标和需求的符合程度。同样的,针对不同备选的发动机外形,采用风洞实验,验证空气动力学特征,也是利用原理性

实验进行设计分析的典型实例。

（3）基于设计目标优先级、相关判决标准和各类专业分析报告，使用权衡分析过程，获得权衡分析报告，选择最优的概念方案。相关决策过程、结果和分析报告应纳入决策管理过程进行管理。

（4）将选择的概念方案进一步成文，形成概念方案设计。

4. 执行详细设计

在选择的概念方案基础上，需要对方案进行详细设计，针对物理方案，对需求、功能和设计进行分配，形成方案中组件的需求，包括以下内容。

1）方案细化设计

详细设计需要对针对方案进行细化，对定义的物理实体进行进一步细化设计，明确实体的范围、内容和相互之间的关系。

物理接口文件 PICD 的设计是其中非常重要的工作，物理接口定义了系统内不同组件之间以及与外部环境之间的所有交联关系。物理接口包括控制接口、机械接口、电接口、信号接口、能源接口等方面，最终形成物理的接口定义文件 PICD。

方案设计过程中将会产生衍生需求，衍生需求是一类由于为了满足设计需求、目标和约束，进行设计决策过程中产生的需求，如增加一个单独的供电通道，选择三个备份通道等，这些需求不可追溯到上一层的需求，是在设计过程中产生的作为下一层设计的顶层需求，应与其他需求一样进行需求管理，并在需求中注明原理（rational）表明其来源。

2）需求和功能分配

设计综合过程中形成的物理组件及关系即设计方案，而把需求（包括功能性需求和非功能性需求）针对方案中组件进行分配，形成组件的顶层需求，是进入下一层级系统设计工作的主要输入。

对于发动机而言，组件就是系统，对于系统而言，组件就是设备，而人也作为系统中的一部分，分配的功能和操作需求将会形成操作和培训手册等设计内容。需求分配过程确定了系统组件的顶层需求，系统架构详细设计和分配系统需求到组件的过程是紧密耦合、相互迭代，都属于设计综合的活动，每一次过程都会增强对衍生需求的确定和理解，并更加合理和清晰地把系统需求分配到组件上。最终经过多轮迭代后，将会形成最终架构和分配后的需求。

功能性需求中具有量化值的性能（peformance）需求的分配是非常重要的工作，对不同组件分配的权重需要仔细斟酌，需要对系统组件的技术能力、成熟度和可行性进行评估，在很多地方需要进行权衡分析和决策。

同样，系统设计目标和约束也需要进行分配，这些约束将会对下游组件的设计和人的操作进行约束，对系统的管理要素、约束也进行分配，如费用、进度和资源的分配,同时对系统的约束(如功耗、重量等)均应进行下一步分解,形成组件的设计目标和约束。同样,系统环境约束也可以进行分配,变成组件环境约束,包括运行的环境条件,设施(如机场等),环境保护、噪声要求等。

在目标和约束的逐级分解过程中,每一级可能由不同的组织来执行,而其中可能是不同设计团队甚至是不同的公司,因此除了需求的传递,一些重要的目标分解值(如重量)采用担保值的方式,可以获得下游团队对指标的承诺,从而把重要的指标进行落实和分解。

3) 形成详细设计文件

将上述内容进行总结,形成初步的详细设计文件,内容包括:

(1) 详细设计;

(2) 物理 ICD(PICD);

(3) 系统下层组件顶层需求。

5. 验证设计

最终的详细设计需要进行设计验证工作,确保设计的正确性以及设计能满足需求。

详细设计的设计验证与产品的实现验证不一样,但目标都是为了证明产物满足了需求,由于没有物理实体,因此主要通过文件评审、分析、建模仿真、演示等手段,证明设计与需求的匹配性,主要工作包括:

(1) 建立从详细设计文件到需求的追溯性关系。

(2) 对追溯性关系,明确每一条追溯关系的正确性和完整性,注明设计验证证据(对应分析报告等结果)。

(3) 形成详细设计的设计验证矩阵。针对设计过程中产生的衍生需求虽然无法追溯到高层需求,但需要评估对高层需求的潜在影响。

可以通过同行评审和会议评审相结合的形式,对详细设计工作进行设计验证。

详细设计的确认是为了保证进行了"正确的"设计,即设计本身的正确性和设计满足利益攸关方需求,包括:

(1) 针对设计本身,组织进行相关分析和评审,确保设计过程和输出产物内容是正确的,以及所产生的衍生需求的正确性;

(2) 针对利益攸关方的需要和期望,可以邀请客户和其他利益攸关方一起参与,对方案进行评阅,给出意见,而下游的设计方案的确认,如滑油系统设计方案,可以邀请上游专业进行确认(例如,总体专业可以对是否满足上游需求和期望给出意见)。在此过程中,除了介绍和评审之外,产品原型和模型的演示是比较常用的手段。

尽管在前几个步骤中已经充分地进行了权衡分析、设计分析和评估,但仍存在验证和确认过程中发现问题的风险,则需要回到第二步,进入重设计工作,但重设计范围会较小,且迭代速度会比初次设计更快。

5.5.4　输出

1. 设计方案

设计方案的技术数据包由一系列内容组成,是设计目标、备选概念方案、权衡研究证据、设计分析结果、详细设计方案等内容的集合,是进行下层级设计、产品实现和集成的主要输入。此技术数据包应纳入需求管理。

2. 物理接口

物理接口是针对功能接口需求形成的各产品的详细物理接口定义,属于产品方案的一部分,但通常便于管理和后续集成验证工作,一般单独形成文件或数据库,接口类型包括各种物理类型,如结构、电信号、电源能、液压能等。此接口定义文件应纳入接口管理。

3. 衍生需求

衍生需求是架构方案的设计选择产生的,是无法追溯到上层需求的需求,在下层设计和实现过程中应满足,是进入下一层级的系统设计工作的主要输入,可以属于设计方案数据包的一部分,应纳入需求管理。

4. 系统元素需求

系统元素需求是由设计综合工作过程中,把高层需求进行分解产生的,是进入下一层级的系统设计工作的主要输入,此需求可以属于设计方案数据包的一部分。

5.5.5　方法与工具

1. 头脑风暴法

头脑风暴法又称智力激励法、BS 法、自由思考法,是由美国创造学家奥斯本于 1939 年首次提出、1953 年正式发表的一种激发性思维的方法。主要目的是通过进行无限制的自由联想和讨论,产生新观念或激发创新设想。

在群体决策中,由于群体成员心理相互作用影响,易屈于权威或大多数人意见,形成所谓的"群体思维"。群体思维削弱了群体的批判精神和创造力,损害了决策的质量。为了保证群体决策的创造性、提高决策质量,管理上发展了一系列改善群体决策的方法,头脑风暴法是较为典型的一个。头脑风暴法又可分为直接头脑风暴法(通常简称为头脑风暴法)和质疑头脑风暴法(也称反头脑风暴法)。前者是在专家群体决策尽可能激发创造性,产生尽可能多的设想的方法,后者则是对前者提出的设想、方案逐一质疑,分析其现实可行性的方法。采用头脑风暴法组织群体决策时,要集中有关专家召开专题会议,主持者以明确的方式向所有参与者阐明问题,说明会议的规则,尽力创造融洽轻松的会议气氛。主持者一般不发表意见,以免影响会议的自由气氛,由专家们"自由"地提出尽可能多的方案。

头脑风暴法可以用于多种备选方案的生成。

2. 质量功能展开(QFD)

QFD 是一个针对捕获、定级和评估客户需求,并把这些需求转换成概念的过程。QFD 的优势在于对客户需要进行优先级和权重定义,并在不同的选项之间区分价值的能力。

QFD 把客户需要转换成设计特征,并基于客户的重视度把需要进行优先级排序。这些参数和优先级将会被转换成组件特征。QFD 已被证明能够满足客户和主制造商的要求。尽管 QFD 的一个主要功能是捕获需求,这也是一个用于建立初始概念的最常用的工具。

QFD 详见附录 B1 质量功能展开。当把 QFD 用于设计综合,左墙应是系统需求,天花板应是设计特征,将系统需求与方案的设计特征进行关联评分。

3. 概念描述表

概念描述表(concept description sheet)用文字和图形的方式,主要描述技术方法和系统概念,以及系统如何满足性能和功能需求的。主要用于前期的概念设计。

每一个开发的备选概念方案都已有相关概念的描述,并随着设计综合活动开展而细化。描述包括系统的描述、系统的运行使用及其特征。

4. 系统框图

系统框图(block diagram)是对系统内组件的描述,能够清晰地表达比较复杂的系统各部分之间的关系,以及和外部环境之间的关系,能够用于系统物理架构的表示。系统框图可以比较粗略,也可以比较细致,取决于框的颗粒度,因此运用非常灵活和广泛。

5. UML/SysML 模型图

UML(unified modeling language)又称统一建模语言或标准建模语言,是始于1997 年一个 OMG 标准,它是一个支持模型化和软件系统开发的图形化语言,UML展现了一系列最佳工程实践,这些最佳实践在对大规模复杂系统建模,尤其在软件层面进行建模方面被验证有效。

OMG 在对 UML2.0 的子集进行重用和扩展的基础上,提出一种新的系统建模语言——SysML(systems modeling language),作为系统工程的标准建模语言。和UML 用来统一软件工程中使用的建模语言一样,SysML 的目的是统一系统工程中使用的建模语言。

UML 规范用来描述建模的概念有:类(对象的)、对象、关联、职责、行为、接口、用例、包、顺序、协作以及状态。SysML 定义了九种基本图形来表示模型的各个方面。从模型的不同描述角度来划分,这九种基本图形分成四类:结构图、参数图、需求图和行为图。结构图包括类图和装配图,行为图包括活动图、顺序图、时间图、状态机图和用例图。

SysML 图可参见附录 B3 UML/SysML 建模。

这些图可以广泛用于进行设计综合工作中目标确定、架构的设计描述和分析等工作。

发动机设计工具：

(1) 计算机辅助设计工具，包括 CAD/CAE 等；

(2) 专业分析工具；

(3) 设计的建模、分析和仿真工具；

(4) 原理性实验工具，如风洞、工程模拟器等。

5.5.6　应用实践

1. 自上而下与自下而上

设计综合的工具基本上囊括了所有类发动机设计工具，主要包括如下几类：

设计综合是以自上而下 (top-down) 为主，结合自下而上 (bottom-up)，最终获得全局最优的过程。

系统工程是自上而下的，只有自上而下的设计，才能确保最终的复杂产品能够不多不少地正确满足需要，而设计综合工作是实现自上而下的基础，每一层级都会基于设计综合活动形成设计的架构方案，实现从上层需求对架构中的物理实体的逐级分解，也就形成下层的需求，作为下层开发工作的开始。

但设计过程中也会大量引入已有经验，需要重用成熟产品以降低风险，因此 SAE ARP 4574A 中表示了"一个典型系统的开发在迭代和并行过程的，都会采用自上而下和自下向上策略结合的方式"。

应强调尽管自下向上不可避免，但根据系统工程对系统研制的要求，最终产品数据应保证形成层层的自上而下过程。自上而下的正向设计也需要自下而上的逆向设计进行综合迭代，而两者的结合点一般也在设计综合活动，即通过科学的设计综合方法，确保供应商和下层团队的"成熟方案"对主制造商或上层团队功能分析后形成的需求得到满足，并反过来对方案以及需求和设计目标输入进行修正和迭代。

2. 专业工程在设计综合中作用

专业工程是系统工程中的一个特殊子集，定义和评估系统的特定专业领域及其特征，如安全性、可靠性、维修性、E3 环境、人为因素，都属于专业工程的范畴。

专业工程中的设计分析工作基本贯穿了需求分析、功能分析和设计综合过程，对设计中形成的方案进行分析和确认，并对专业工程对应的系统需求和指标进行确定和进一步分解。

举一个典型的例子表达系统工程与专业工程的关系，就是在 SAE ARP4754A

中阐述,并在 SAE ARP4761 中详细定义的安全性分析过程与系统设计过程的具体关系。

专业工程在设计综合过程中对设计方案的确认起到了非常重要的作用,例如,如何证明一个系统的设计是在多个备选方案中"较优"的,应把各专业工程中的要素作为评估的判定标准,进行权衡研究,并形成最优方案。

3. 设计的递归、迭代和反馈特性

递归指的是同样流程在不同的层级反复执行;迭代指的是由于受到某些因素影响,某一个过程重复地进入执行;反馈即下游工作对上游工作的数据的返回,这也是迭代产生的原因之一。设计兼具递归、迭代和反馈特性,包括:

(1)递归,在发动机系统、发动机、系统、子系统、设备、软件层级均存在设计综合过程,而设计综合过程基本都包括上述步骤;

(2)迭代,设计综合过程内部会产生迭代,例如,方案设计与需求分配工作会产生迭代;同时设计综合与其他过程之间也存在迭代;在选择最优方案过程中可能会产生对需求和功能分析的更改和妥协,而这些更改会导致前面几个步骤的重新进入;

(3)反馈,主要的反馈路线包括:对需求管理过程的反馈和衍生需求反馈环路,对功能分析过程的设计反馈环路。由此可见,设计综合过程是一个需要反复完善、不断修正目标,形成最佳方案的过程。

4. 新技术引入

对设计综合的新技术进行谨慎地引入,从而确保在先进性和风险可控中寻找平衡点,最终确保设计方案的"最优"。

NASA 定义的技术成熟度等级(TRL, technology readiness levels),是较为常用的对引入的新技术进行科学评估的方法,定义包括 1~9 级[16]。

技术成熟度等级是把系统工程与预先研究内容进行结合的关键方法,企业应建立 TRL 等级方法,一方面促进预先研究,通过探索研究,不断提升先进技术的 TRL 等级;另一方面在项型号项目中对达到一定 TRL 等级(如 6 级)的技术才进行引入使用,从而确保项目风险可控。

5. 面向 X 的设计

设计目标应是考虑系统全生命周期和多专业跨度的目标集,并以此目标形成并选择最优的方案,这是面向 X 的设计 DFX(design for X)的概念,其中 X 是不同关注点的设计目标。X 最早考虑的是制造性(manufacturability),需要考虑设计产品便于制造和组装,目前也扩展到各个方面,如:

(1)测试性(testability),考虑发动机和系统便于进行测试;

(2)维护性(maintainability),考虑发动机及系统便于维护;

(3)支持性(supportability),考虑发动机运行过程便于支持;

（4）成本（cost），考虑设计出来发动机及系统产品的生命周期成本最小；

（5）可购性（affordability），考虑成本的可实现性；

（6）退役（disposal），考虑便于退役和报废工作的开展。

要做到 DFX，应做到：

（1）从一开始就从系统工程全局观的角度，考虑整个发动机系统和全生命周期，在一开始发动机系统级需求的时候，就考虑形成产品的各类 DFX 需求，并逐级分解到产品需求、使能产品需求和人的要求上，最终落实到产品设计、使能产品设计和人的培训等方面；

（2）把全生命周期各相关专业方面的人员在项目早期一并纳入集成产品团队 IPT 中，一起进行需求分析、功能分析和设计综合的工作，在此过程中，通过对应的完整的各类系统分析（如制造性分析、维修支持性分析、成本分析等），确保方案满足 DFX 的要求。

5.6　安全性评估流程

5.6.1　目的与描述

安全性评估是对所实施的商用航空发动机安全性进行系统性地综合评价，以表明其满足相关的安全性需求。安全性评估过程是安全性需求的捕获、分配、确认、设计实现和验证的过程，是商用航空发动机系统研制过程中不可或缺的部分。具体内容如下所述：

（1）安全性工作始于从顶层开始对整个项目、经费、计划、主要的目标、工业标准等的考虑，同时考虑安全性的方法和各种流程。

（2）在概念设计阶段，需要编制适用于发动机研制过程的公共数据文件（CDD）。

（3）根据确定的发动机功能清单以及识别的外部环境清单，开始开展发动机整机级功能危险性评估（FHA）以及共因分析（CCA），CDD 文件也将作为该项工作的输入。安全性团队主导 FHA、PRA 工作，所有项目中相关的技术专业（如总体布局、性能、系统、产品支援等）都参与其中。本项工作的目标是定义所有的失效状态以及允许的故障发生概率，作为整机级故障分析以及系统级功能危害性分析（SFHA）的输入；此外，需要定义整机级安全性需求文件，作为整机架构定义和确定的一项输入。当达成一致后，整机安全性需求文件将被包含进相关整机级的设计要求文件。上述工作中，个别需求可能直接与系统/单元体/零组件的供应商相关，这些需求可以直接通过合同的方式进行传递。

（4）开展整机级故障树分析，将整机级安全性要求分配给系统/单元体。

（5）系统安全性工程师开始各自系统的 SFHA。SFHA 必须在系统设计人员和系统安全性工程师之间达成一致，同时也要与安全性部门达成一致。当 SFHA

完成时,整机级 FHA 以及整机级故障树分析报告随之进行更新。在此期间,适用于各系统的安全性需求文件和发送给供应商的部分需求也将得到更新。

(6) 系统安全性工程师继续 PSSA 和 CCA 等分析工作,确认系统的架构/方案是否能够满足整机层分配的安全性要求,是否需要实施冗余设计或其他安全性设计,该过程与设计过程相互迭代,设计方案的每次更改都需要重新开展安全性的分析工作。这些工作的结果可能会更新完善某些低层级的需求。

(7) 根据 PSSA 和 CCA 的结果,可以更新系统和单元体级的需求,包括系统间的接口要求。然后这些安全性需求将被包含进相关的技术规范需求文件。零组件级可以据此开展相关的故障模式及影响分析(FMEA)、故障树分析(FTA)、共模分析(CMA)。

(8) 共因分析(CCA)包含了共模分析(CMA)、特定风险分析(PRA)和区域安全性分析(ZSA)。这些工作将进一步完善和巩固系统内的、安装的和设备的需求以及相关的措施。需要指出,为了避免后期系统和设备需求的变更(可能费用和进度造成很大影响),CCA 工作需要在项目中尽早开始。

(9) 通常作为一个迭代的过程,PSSA 会持续更新到发布系统安全性评估文件(SSA),在 SSA 中考虑了所有 CCA 的结果(安装上的更改,安全防护的应用等)。

(10) 最终,完成了所有地面或者飞行试验后,根据验证结果完善 SSA 报告,以期获得型号合格证(TC)。此时,还需要依据投入运营构型的 MMEL 材料的相关证明材料。

在发动机投入运营后,主要有两方面的工作:

(1) 考虑设计更改和使用条件变化所导致的持续适航的问题;

(2) 根据所发生的技术事件,吸取经验教训。目标是为今后的发动机定义新的或者补充的需求。

安全性评估流程 IPO 图见图 5.6。

5.6.2　输入

1. 系统需求

CCAR33 部规定了发动机应满足的最低安全性要求,另外发动机作为飞机的动力系统,还需要考虑飞机给发动机分配的安全性要求,通常飞机方会通过开展飞机层级的功能危害性分析(FHA)、PASA 分析,建立发动机应该满足的安全性要求。航空发动机安全性要求按照类别可以分为安全性设计要求、安全性分析规范性要求、安全性数据的规范性要求,以及安全性验证要求。

2. 安全性支持文件

安全性评估过程支持条件主要包括安全性方法和流程,安全性大纲、计划,安全性指导手册及安全性工具等。

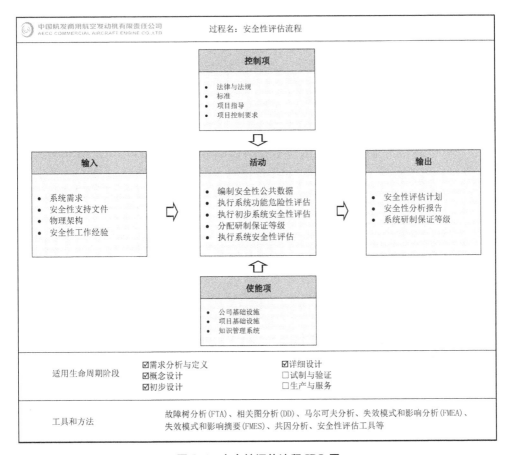

图 5.6　安全性评估流程 IPO 图

3. 物理架构

安全性评估需要以发动机设计相关文件作为输入,包括发动机功能定义文件、发动机功能架构描述文件、发动机设计描述、各系统功能架构描述、各系统描述文件等。

4. 安全性工作经验

先前发动机的设计和运营经验为研制项目提供了广泛且可利用的数据来源,尤其在合理地应用相似性手段支持需求的确认和验证时,不仅有效缩短了研制周期,而且有效减少了研发成本。某些隐藏故障和共因风险也会通过发动机运营期限的延长和经验的积累而得到暴露。

此外,由于发动机安全性评估定量要求的部分数值是以经验为依据的,采用故障树之类的评估方法得出,所以随着时间的推移,根据历史数据预测的相关结果则愈发准确。因此,考虑对先前发动机的设计和运营经验进行采集和分析,并得出结论,科学地纳入新研项目的安全性顶层输入。

5.6.3   过程中的活动

1. 编制安全性公共数据

安全性公共数据文件是进行安全性评估不可缺少的重要的支持性文件。安全性公共数据文件规定了系统级安全性可靠性评估时所用到的可靠性定义、原理、应用条件和数据等内容,用于指导和支持系统安全性工作。

2. 执行系统功能危险性评估

系统功能危险性评估以系统的功能作为研究对象,识别可以影响发动机持续、安全飞行的系统功能,并根据功能失效对飞机、机组或乘员影响的严重度进行分类。

3. 执行初步系统安全性评估

系统功能危险性评估完成后,需要结合系统架构,开展初步系统安全性评估。根据系统功能危险性评估的失效状态等级,对预期的架构及实施情况进行系统性地评估,输出系统/部件的安全性需求。在对系统架构进行初步评估时,应充分地进行共因分析,对系统设计实施的功能冗余度、功能隔离和功能独立性进行评判。

初步系统安全性评估是系统顶层安全性工作与软硬件安全性工作的桥梁。通过该评估,可将安全性需求向下层系统元素分配。

4. 分配研制保证等级

研制保证等级对应于功能或者项目的失效所导致的危险状态,而规定的一系列等级,是用于描述在功能和项目的研制过程中,为了避免出错而采取的措施方法,它在安全性评估过程中确定,其目的是在功能、系统和项目的研制中,从安全性的角度选择质量程序,为相应的等级制订对应的工作程序及验证标准,将设计中的错误或遗漏减少到最低。

5. 执行系统安全性评估

系统安全性评估是对系统、架构及其安装等实施的系统化、综合性的评估,以证明相关安全性需求得到满足。系统安全性评估的目标如下:

(1) 验证在系统功能危险性评估中安全性需求和目标是否满足。

(2) 验证在系统架构、设备、软件等设计中所考虑的安全性需求是否已满足。

(3) 确认在系统功能危险性评估和初步系统安全性评估的所有证明材料是否已经闭环。

5.6.4   输出

1. 安全性评估计划

定义与安全性评估工作相关的角色、工作、参照的标准等。

2. 安全性分析报告

安全性分析报告包括发动机级功能危险性评估(FHA)报告、初步安全性评估(PSSA)报告、系统安全性评估(SSA)报告、特殊风险分析(PRA)报告、共模分析(CMA)报告等。

3. 系统研制保证等级

包括从整机到最底层的软件、硬件的研制保证等级。

5.6.5　方法与工具

1. 故障树分析(FTA)

故障树分析是结构化、演绎的、自上而下的分析,用于识别导致每个定义失效状态的条件、失效和事件。它通过图解的方法确定各特定失效状态、主要元件或组件失效状态、其他事件或它们的组合之间的逻辑关系。失效模式和影响分析可用作那些主要失效状态或其他事件的源文件。

2. 相关图分析(DD)

相关图分析作为替代故障树分析和一种安全性分析方法,也可用图形的方法表示失效组织并进行概率运算分析,其过程、方法和故障树分析相似。两者之间的区别是,相关图分析中没有像故障树分析中的与门、或门等逻辑符号,其逻辑关系用方框以并联或者串联的方式表示,并且相关图分析也无法表示中间事件。相同图分析和故障树分析在安全性分析中作用完全相同。

3. 马尔可夫分析

马尔可夫模型表征了各种系统状态及它们之间的关系。这些状态可以是运行的或非运行的。从一个状态到另一个状态的转换是关于失效和维修率的函数。马尔可夫分析可用于替代故障树分析/相关图分析,但其经常导致更加复杂的表述,特别是在系统有很多状态时。建议当故障树或者相关图不容易使用时,使用马尔可夫分析,即考虑系统状态之间的复杂转换关系,而它们对于经典的故障树或者相关图分析来说是难以表示和处理的。

4. 失效模式和影响分析(FMEA)

失效模型和影响分析是一种结构化、归纳的、自下而上的分析,该分析用于评估每个可能的元件或者组件失效对系统和飞机的影响。当恰当实施时,这个分析可以帮助识别潜在失效和各种失效模式的可能原因。FMEA 可以是单个零部件的 FMEA 或者功能的 FMEA。

FMEA 可以与 FTA 或者 DD 一起使用来得出定量分析。此外,通过提供自下而上失效影响补充清单,FMEA 可以作为对 FTA/DD 的补充。

5. 失效模式和影响摘要(FMES)

失效模式和影响摘要是对产生相同失效影响的各单一失效模式进行的编组。

FMES 可由制造商、系统综合商或者设备供应商的 FMEA 汇编而成。此外,FMES 应与用户协调,以充分论及更高层次 FMEA 或系统安全性评估 FTA 的输入要求。

6. 共因分析

有时需要功能、系统或者组件之间的独立性,以满足安全性要求。因此有必要确保这种独立性的存在或确认与独立性相关的风险是可以接受的。共因分析可以提供验证这种独立性的工具或者识别具体相关性的方法。

共因分析分为 3 个方面:

(1) 区域安全性分析(ZSA)。区域安全性分析的目的是确保发动机各区域设备的安装满足适用的安全性标准。ZSA 在划分的区域内,考虑系统或设备安装,维修失误、外部环境变化、各系统之间的相互影响等情况,制订设计与安装准则,并对各区域进行设计与安装准则和符合性检查;针对区域内各种外部失效模式,分析其对相邻系统和发动机的影响,并对检查和分析结果进行评估。

(2) 特定风险分析。特定风险分析定义为对相关系统和组件外部的那些可能违背失效独立性要求的事件或风险的分析,如火灾、流体泄漏、鸟撞、高强度辐射场暴露、闪电、高能量转子的非包容失效等。特定风险分析是对已确定的特定风险可能给相关的飞机、系统或者组件造成的影响和影响严重程度进行分析,其目的是保证相关风险无安全性影响,或者证明安全性影响可接受。对每个风险都应进行专门的研究,用检查和文件证明每个风险的同时影响或级联影响。

(3) 共模分析(CMA)。共模分析的目的在于确认导致相关失效状态的失效组合内事件之间的独立性,识别出可能的共模失效,从而消除其对系统架构中独立性的影响,或者将其降到最低。应该考虑规范、设计、实现、安装、维修和制造差错,以及系统组件失效的影响(除了那些在特殊风险分析中已经考虑之外的环境因素)。也就是说,CMA 有助于验证独立性原则在必要时都得到了应用。例如,CMA 需要关注功能及其监控装置的独立性。同样,具有相同硬件和软件的部件,可能会产生共同的故障从而导致多重系统失效。一旦要求的冗余或者独立性受到影响,则需要证明影响的可接受性。

7. 安全性评估工具

安全性评估的工具主要有 RAM Commander 和 ISO Graph,安全性需求的确认与验证借助于 DOORS 工具,部分特定风险分析和数字样机检查使用 Catia 软件。

RAM Commander 软件是由 ALD 公司开发的安全性分析与评估管理平台,该软件可以用于完成商用航空发动机研制过程中的安全性与可靠性设计分析工作,建立统一的分析格式和标准模板,建立统一的数据库并实现信息共享,利用问题和故障信息积累经验,提高产品质量和安全性、可靠性。RAM Commander 软件的主要功能有可靠性预计、可靠性框图、FMECA、Markov 和 FTA 等。

基于当前安全性评估工作的需求,将在下一步利用 Catia 实现部分特定风险的自动分析;逐步建立安全性评估专用软件和数据库,以提高安全性评估工作的效率和完整性。安全性评估专用数据库支持功能危险性评估、初步系统安全性评估、系统安全性评估和共模分析等评估过程。它包括基于相关图或者故障树的概率计算,以及 FMES 和图表等功能。

5.6.6　应用实践

1. 组建安全性评估委员会

各项目实施过程中,可组建安全性评估委员会,以统筹相关工作。该委员会是型号重大安全性议题的决策支持机构,由局方人员、设计人员、业内专家组成,对总师系统负责,确保安全性相关文件在提交适航当局之前,能够达成一致。

该委员会的工作机制可设定为:根据型号研制阶段工作的进展情况,组织召开定期和不定期的评审会议,将委员会做出的评审意见报送领导和相关部门,供主管部门决策参考。

2. 建立型号安全性设计师系统

各项目实施过程中,为保证系统安全性工作顺利开展,应建立安全性设计师系统。该系统建立运转过程中,就加强对各系统安全性设计师资质的把控,加强对人员的培训,最好能做到"持证上岗";同时,需要保证安全性设计师在型号研制中相对独立地开展安全性工作。

3. 制订系统安全性工作计划

根据适航审查的需要,参考国外制造商的做法和相关工业标准指导,每个项目实施时应编制系统安全性工作计划。安全性工作计划的内容通常包括以下各项:确定安全性设计分析职责;确定适用的安全性标准;确定项目安全性组织,规定组织内部职责,以及与安全性过程相关的合作伙伴和供应商之间的关系;描述安全性工作及交付材料;规定需要完成报告的关键项目节点;确定与其他相应计划的衔接等。

4. 开发系统安全性的配套工具

系统安全性的工具量巨大,牵涉整机各个专业,并且会产生许多适航取证的重要文件。开发系统安全性配套工具,能够使整机的系统安全性工作更加有序,提高整机系统安全性评估的工作效率。

5.7　需求确认流程

5.7.1　目的与描述

在需求定义的每个层级都要确认需求和假设,包括发动机功能、系统和项目级的需求确认,还有各个层级 FHA 的确认。确认过程的输入包括系统描述(包含运行环境)、系统需求、系统架构定义,以及研制保证等级。需求确认的重要目的在于确保所定义需求的正确性和完整性。需求陈述的正确性是指在需求陈述和属性中不存在歧义和错误,如果需求彼此之间没有出现矛盾冲突,就可以说这一系列需求是正确的。单个需求或一系列需求陈述的完整性是指需求没有遗漏,并且内容对设计实施是必要的和充分的。一整套需求定义了发动机、系统或者设备在所有运行条件和模式下的行为(如恶劣条件、非常规工况)。确认结果用于证实:需求可以正确地贯彻上一层级确定的预期需求和功能;需求对于下一步设计活动是充分正确和完整的。需求确认流程 IPO 图见图 5.7。

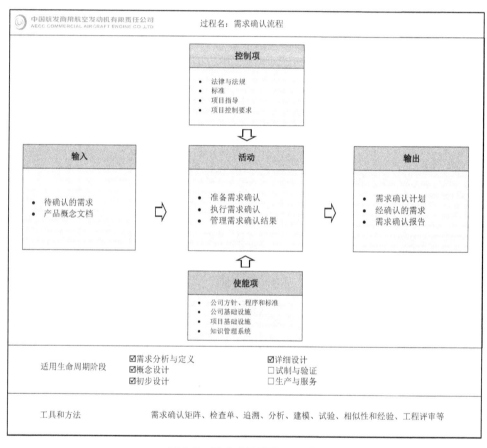

图 5.7　需求确认流程 IPO 图

5.7.2　输入

1. 待确认的需求

此输入为利益攸关方需求定义流程和系统需求定义流程输出,逐条检查修改需求的陈述,建立本需求向高层级需求的追溯链接,最终获得以标准格式表述的需求,以及需求向高层级需求或需要文件的追溯关系。待确认的需求可以采用需求矩阵的形式表现,目的如下:

(1) 提供下层级需求如何向上层级需求文件追溯的证据;

(2) 为设计团队后续确定和总结下层级需求对上层级需求的不符合项,以及给予这些不符合项合理说明的支撑。

需求覆盖矩阵中至少包含以下内容:

(1) 需求源(对高层级需求文件的识别);

(2) 上层级需求编号;

(3) 上层级需求描述;

(4) 需求编号;

(5) 需求描述;

(6) 覆盖说明。

2. 产品概念文档

产品概念文档可以给需求确认提供全生命周期的系统运行场景,有助于进行需求确认。

5.7.3　主要活动

1. 准备需求确认

制定确认计划,即定义要采用的方法、收集的数据类型、需求存储等。需求确认计划应贯穿于整个研制过程。该计划应概述:① 如何表明需求是完整和正确的;② 如何对假设进行管理的(在整个发动机研制过程中所用的假设是整个系统需求包的重要部分,这些假设与其他的需求一样,需经过相同的确认工作来确定);③ 需求确认活动的具体定义;④ 评估确认活动是否可以提供足够的置信度以证明一组需求的正确性和完整性(这是具体设计领域的人员的责任)。需求确认计划至少包括以下几个方面的内容:

(1) 使用的确认方法;

(2) 要收集和生成的资料;

(3) 应记录数据(如总结、评审或调查研究);

(4) 适时获取需求确认信息的方法;

(5) 当需求有变更时,如何维持及管理确认工作的状态;

(6) 确认工作的角色和责任;

(7) 关键确认工作的规划;

(8) 在不同设计层次和研制的不同阶段管理假设的方法;

(9) 通过确认工作提供需求定义的独立性的方法。

2. 执行需求确认

（1）建立初始需求确认矩阵,主要目的是用条目化的方式,追踪需求的确认状态以及对应的确认证据。

（2）将待确认的需求条目导入初始需求确认矩阵中,进行需求的条目化管理,为后续开展具体确认工作做准备。

（3）通过定义每条需求的确认的方法来规划确认活动,需求确认的方法和安全性评估结果有紧密联系。一旦在安全性评估过程中分配和确认了发动机或系统的功能研制保证等级(FDAL)和项目的项目研制保证等级(IDAL),则要将对应的确认活动应用到需求中去。

（4）此外,确认过程中对于独立性的应用也取决于研制保证等级。对于与研制保证等级高的功能相关的需求,当确认活动由非需求研制人员执行时,其独立性就得到了满足。

（5）执行确认活动并捕获确认证据。

1）正确性和完整性检查

需求确认主要针对的就是需求的"正确性"和"完整性"进行检查,需求确认应对失效状态等级和所指定需求的正确性进行评审,并证明其合理性。应在需求的每个层级进行正确性检查。例如,确保需求均是含有"shall"的表达形式,并且没有编写错误;已经建立了向利益攸关方期望的追溯;需求定义所基于的假设已经得到确认等。

需求集本身的完整性可能很难进行证明。作为实施需求完整性检查的基础,可利用需求检查单,其中包含了需求可能具有的类型。一些个体对系统具有一般需求,但这些个体可能有未说明或未预期的具体需求和期望。完整性可被视为确认过程的一个可能的输出,可能包含模板与检查单的组合,这个过程可能需要实际客户、用户、维修人员、合格审定局方和研制人员的参与。

2）假设的管理与确认

一方面,由于并行设计的存在,设计过程不仅仅是自上而下同时也是自下而上的;另一方面,不同系统之间设计进度不一样,相关接口系统信息可能无法具备,因此在项目早期,当一些信息不完善的时候,存在大量假设,同时前期的需求很多时候基于上层的假设进行开发,因此,针对假设的确认应包括之前不清楚的知识或待认可原理的确定。

任何基于上层假设开发的需求应被确定并被追溯,并在项目后期应把所有假设进行证实。假设包括但不限于运行假设、环境假设、人机接口假设、系统接口假设、可靠性假设、服务性假设、安装假设等。假设的确认过程主要通过评审、分析和测试等手段,确保假设:

（1）已清楚定义;

（2）准确的传递；

（3）已由相关支持数据证明。

如果某些假设错误的影响比较大，则会针对此假设进行风险管理，并通过证明设计确保其后果能够被约束。

3）形成最终确认证据

完成对需求和假设的确认后，应形成确认证据。确认证据是通过评审、分析、试验、原型机等方法确认的内容，需要在项目不同里程碑提供确认证据以展示项目进展情况。通过需求确认矩阵或者其他适当的方法对需求确认过程的状态进行记录。确认追踪的详细程度应根据与需求所对应功能的研制保证等级，并且应在确认计划中加以描述。当确认工作完成，"支持证据参考"部分将包括所有相关确认证据的参考内容。

3. 管理需求确认结果

编制确认总结确保需求得到了适当的确认。确认总结的内容应该包括：

（1）确认计划的参考，以及描述任何严重偏离计划的情况；

（2）确认矩阵；

（3）支持资料。

5.7.4　输出

1. 需求确认计划

描述需求确认的角色、方法、工具等。

2. 经确认的需求

确认后的需求，是纳入基线的需求。

3. 需求确认报告

需求确认报告，包括确认计划完全情况总结、确认矩阵和相关支持材料总结。

5.7.5　方法与工具

1. 需求确认矩阵（requirement validation matrix）

需求确认矩阵形成对每一条需求的确认工作的证据，可以在需求管理工具中记录对每一条需求确认的内容。需求确认矩阵的格式由申请人根据项目实际情况制定，至少需要包括以下内容：

（1）需求编号和内容；

（2）需求的来源；

（3）所属功能；

（4）研制保证等级；

（5）所使用的确认方法；

（6）确认的支持证据参考；

（7）确认结论(有效/无效)。

2. 检查单(checklist)

需求确认检查单是用来评审需求正确性和完整性的有效手段,确保系统需求的所有领域的覆盖,确保利益攸关方的需求和期望被满足。

3. 追溯(traceability)

追溯是确认发动机、系统和部件需求必需的部分。一条需求应该可以追溯至其上一层级的需求,或者追溯至产生该条需求的具体设计决策或者数据。追溯性本身可以从完整性的角度证明低层级的需求满足高层级的需求。

4. 分析(analysis)

该方法是指采用多种分析手段和技术对需求进行确认以决定需求的可接受性。具体的安全性相关分析(FHA、PASA/PSSA)可以作为安全性需求的确认证据。

5. 建模(modeling)

该方法是指采用系统或部件的模型对需求进行确认。原理样机是指基于硬件或者基于软件的系统的模型,可能是也可能不是开发版本的系统。原理样机允许系统的使用者与给定的系统进行交换以便发现缺失的需求、系统应该抑制的行为,以及用户与系统交互式存在的潜在问题。

6. 试验(test)

当新颖的设计、相关的需求无法通过分析的方法进行确认时,试验和原型机应该用于确认此类需求。

该方法是一个根据某种目标准则证明性能的量化确认流程。采用专门的试验、模拟或者演示等手段对需求进行确认。根据样机、原型机、模拟器或实际硬件和软件的可用性,可以在研制过程中的任意时间开展试验来确认需求。

7. 相似性和经验(similarity and experience)

可以通过对比已通过合格审定的相似服役发动机的需求进行需求确认工作,这种方法被称为相似性分析和经验。必须对新、老使用的发动机系统和设备进行物理的、功能的以及运行环境详细对比,以确保目前的需求仍然是有效的。

该方法指通过比较已经取证的相似系统的需求来对需求进行确认。该确认方法的说服力随着前期研发系统的数量的增加而增加。只有在拥有足够的经验以后才能够实用该方法进行需求确认。在以下情况可以实用相似性确认方法：① 两个系统/部件拥有相同的功能和失效状态等级,它们的运行环境相同,并且具有相似的用途；② 两个系统/部件在等效环境下执行相似的功能。

8. 工程评审(engineering review)

该方法是指通过评审、检查和演示形式,采用个人经验来决定需求的正确性和完整性。评审过程中恰当合理的理由或者逻辑必须被归档。工程判断依赖于参与人员的经验和专业知识,以确保需求是正确的。

5.7.6　应用实践

需求确认过程有以下注意事项和经验:

(1) 需求确认的一个目标是确保需求能够满足利益攸关方的需要。因此需求确认过程中需要各利益攸关方的参与,包括用户、操作人员、维护人员等,以及内部的市场、制造、维护支持等人员。

(2) 需求总结报告的编制并签署标志着需求得到了确认,但是不可能在项目的早期就了解所有的需求,而且毫无疑问地,需求将会出现变更,因此与利益攸关方建立一个需求协议的基线,进一步的变更可在此基线上通过项目定义的变更过程来进行。变更可能会重新协商成本、资源和项目阶段任务等事宜。对需求分析达成一定的共识会使双方易于忍受将来的摩擦,这些摩擦来源于项目的改进和需求的误差,或者市场和用户的新要求等。

(3) 系统需求确认活动的第一步是说明需求是如何涵盖更高层次的需求或源需求的。一旦第一步完成,就要实施其他的用于表明需求已全部完成并完全正确的确认活动。应该注意的是: 不可能存在 100% 的置信度来保证该阶段所有的需求都是正确的,所以确认数据应该标示置信度的等级,以便在进入研制下个阶段前评估风险。

(4) 需求确认过程中应当注意防止需求过早陷入设计,太多的、不必要的限制也会禁锢设计师的思维,不利于创新。

(5) 注重提高总体部门的协调能力,将总体与各分系统及制造单位紧密连接在一起,以覆盖上层级或源需求为目标,有助于需求确认的质量。

(6) 需求的错误会导致开发过程的严重损失,牵一发而动全身,需求确认人员能否胜任尤为重要,确认人员应当是在本专业领域内的专家,并且需要总体部门专家参与,必要时需要市场部门和客户参与确认工作。

5.8　实施流程

5.8.1　目的与描述

实施是将系统从虚拟转换成实物的过程。根据阶段和对应范围的不同,被实施的产品可以是发动机本身的系统、设备、软件、硬件,也可以是使能系统组成的试验台、模型、仿真件等。这些产品可以通过自研、采购、部分重用或完全重用等不同的实施方式获得,这些产品实施方式的决策应在设计综合阶段即通过权衡分析研究获得。产品实施流程 IPO 图见图 5.8。

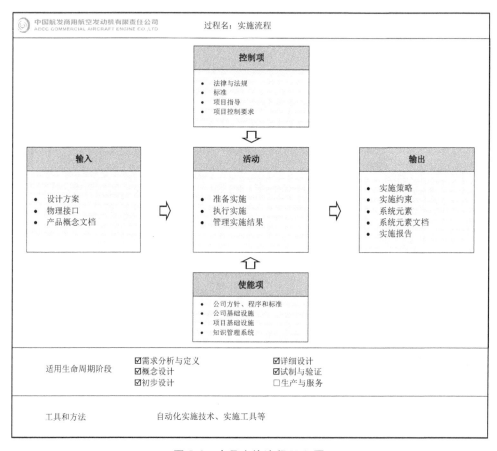

图 5.8　产品实施流程 IPO 图

5.8.2　输入

1. 设计方案

设计方案为设计综合的产物,即产品的物理架构文件,以详细设计描述为主,同时包含分配的组件需求、衍生需求和接口定义文件、设计分析数据等内容的技术数据包。设计方案的技术数据包中,应包括设计综合过程中考虑的实现方式,即:采购/自研、重用/新研的决策。即在设计综合过程中应充分考虑到可实施性,完成可实现方式的权衡综合。设计方案是产品实施的最重要的输入文件。

2. 物理接口

物理接口定义为设计综合的产物,即产品的物理接口的定义,如电气接口针脚定义、信号数据位定义、机械接口详细定义等。

3. 产品概念文档

产品概念文档应包括从制造视角描述的系统行为。

5.8.3 主要活动

1. 准备实施

不管选择哪一种实施策略,实施准备均是非常必要的工作。如果实施产品比较复杂,实施准备需开发详细的实施计划和程序。主要工作包括以下内容。

1) 开发实施计划和程序

开发实施计划和程序,应包括产品实施策略、产品实施详细工作计划、资源、人员、使能环境和工作步骤。

2) 评审产品实现输入正确性与完整性

评审产品实现的输入,包括设计方案、接口定义、文档和其他特定输入,应被详细评审,确保根据不同的实施类型,对应输入的完整性与正确性。例如,采用自研+新研的方式实施,则应确保实施标准、程序和作业、工艺方法、原材料和工具等使能手段的齐备。

针对实施的人员,应确保其胜任力,这里包括自研产品人员的技能培训和资质考核,外包人员和供应商的资质考核等。

2. 执行实施

执行实施根据设计综合阶段权衡分析实施类型的不同,分两个维度考虑:

1) 采购/自研

如果是采购,应执行一系列的采购过程程序,包括信息请求(request for information, RFI)、方案请求(request for proposal, RFP)、意向书(letter of intention, LOI)、分工说明(statement of work, SOW)、合同(contact)等,具体采购工作不在此章节叙述。

从系统工程角度,主要应考虑:

(1) 对供应商胜任力的考核,包括供应商研制能力、适航、质量等方面审查和考核;

(2) 产品技术要求(产品规范)和责任分工工作的要求明确及落实,并对合同进行管理,如果采用外包方式,一般责任分工中要求承包方负责对产品的验证工作;

(3) 对供应商实施过程监控,包括审查系统设计、软硬件审查等、风险管理、范围管理等;

(4) 产品交付检查,包括产品本身的交付和技术确认、产品对应使能产品(如测试、调试)的交付、产品文档的交付。

如果是自研,则在评审输入的完整性的基础上,由承担工作的实施团队执行实施工作,包括:

(1) 实施工作即是实施团队应根据实施的标准、程序和作业(如软件的建模或编码标准等),使用使能工具(如软件编码和调试工具等)和原材料(如结构件的代

加工原材料等),把产品的方案(如软件的设计描述和数据字典等)转换成产品的过程(如软件源代码等);

(2)根据实施对象的不同,实施工作包括:部件的组装、代码的编制、硬件板卡的投产、结构原材料的切割,同时,在形成任何产品的实施过程中,都会同时产生各类文档,如使用、安装、维护手册等;

(3)针对人或者操作者这一组件的实施,需要进行操作程序、培训材料和方法的开发,并针对人员进行初步的操作培训,如操作程序、手册和初步培训;

(4)需要注意,在实施过程中应遵守一定的标准、程序和作业,实施团队应与适航、质量部门一起进行评审,审查相关工作按照标准、程序和作业执行的程度;

(5)实施后形成的产品,可以通过走查、同行评审、审查、单元测试、仿真验证等手段,确保实施后的产品的正确性,可以进入验证状态。

2)重用/新研

从另一个维度考虑即是重用还是新研,如果是新研,则完全按照全新产品的实施过程,采用正向的自上而下的设计模式,要求设计完善到足够实现的程度,依照相关设计结果和使能环境进行实现。

如果是重用产品,则需要考虑自下而上设计过程中的内容,在设计过程中需要确保产品在此项目的使用方式和环境中,能够满足项目要求。这在设计综合阶段的决策过程中应被充分考虑,并在实施过程中进一步验证和确认。主要包括如下工作:

(1)应收集重用产品文档,包括规范、手册、图纸和其他文件,进行评审,确保在预定环境下能满足需求;

(2)如果重用某产品,应充分考虑产品对应的支持和使能产品、服务是否完整,用于进行重用产品的测试、分析、运输、集成、验证与确认的工具环境和服务,如果缺乏,则在进入对应阶段工作前提前准备开发或采购;

(3)重用产品的前面项目中的验证和确认证据在一定程度上可以作为验证和确认证据,取决于之前的验证和确认需求和环境与当前项目中有多大程度的相似度,但是无论如何,正式的验证工作必不可少,重用只是很大程度上降低出错概率的置信度;

(4)由于产品实施过程中的可用的技术、组成部分等约束,实现过程可能会由此产生对上级系统的架构约束,这些约束将会反馈到上一层的设计综合过程中,并会被作为衍生需求捕获,形成了反馈迭代。

由于产品实施后需要提交到上一层系统进行集成,因此,需要同时考虑研制期间产品的包装、搬运、存储、安装和运输等方面,应在实施过程中同时编制产品的安装、运输、调试、使用等手册。

3. 管理实施结果

工作产品实施后,需要确保是否满足组件需求,通过单元测试、同行评审等验证和检查、验收等确认手段,确保工作产品满足组件需求。这一块与最终系统的验证和确认工作类似,但主要在系统组件层级,由产品组件提供方实施。

通过不同的实施方式,都将获得工作产品,工作产品除了产品本身,还应包括其他文档,包括描述、调试和单元测试程序、操作手册、维护手册、安装手册等,便于上一层系统人员进行产品的接收、安装、集成和后续工作。

本层的工作产品形成后,进行打包和运送,供应给上一层组织,进行产品的装配与集成。

5.8.4　输出

1. 实施策略

实现系统元素以满足系统需求、架构和设计所需要的方法、进度、资源和其他内容。

2. 实施约束

由实施策略引发的对系统的约束,包括成本、时间表、技术的约束。

3. 系统元素

系统元素包括:软件、硬件、设备等。

4. 系统元素文档

系统元素文档包括使用说明、安装说明、手册等内容,同时也包括下层产品交给本层级所必需的验证与确认的证据。

5. 实施报告

实施报告描述实施的过程以及实施过程遇到的问题和解决措施。

5.8.5　方法与工具

1. 自动化实施技术

自动化实施技术是实现机器设备、系统或过程(生产、管理过程)在没有人或较少人的直接参与下,按照人的要求,经过自动检测、信息处理、分析判断、操纵控制,实现预期的目标的过程。在实施过程中,通过计算机软件、智能机器人等技术,实现了从方案到实物的自动化过程,减少了实现过程中的人为工作量,例如,代码自动化生成技术,从软件模型生成可执行代码;工业自动化技术,针对硬件板卡的自动化设计技术、自动化车床等加工技术等。

2. 实施工具

实施工具包括专业的工具软件、硬件、零部件加工工具、设备的调试工具等。

5.8.6　应用实践

1. 实施的层级

需要明确的是,产品实施过程与集成过程本身是密不可分的,除了最低层,每一层产品的实现应在下一层集成的基础上。

如果采用自研的方式,则只有到了较低层级才能开始实施,在较高层次,应该还是通过需求分析、功能分析和设计综合三者的迭代,逐级自上而下分解,直到复杂度分解到足以被实现人员理解并可实施的程度,才进入实施的过程,如软件编码和硬件试制。

由于不同发动机子系统的复杂度不一样,因此到了可以实施的层级也可能不一样,例如,发动机结构件可能从发动机级 0 级分解到 2 级或 3 级即可以进入详细图纸的制造实施,而某些复杂系统则可能需要从发动机级 0 级分解到 5 级或 6 级才能明确具体软件的低层需求和设计架构,可以达到编码实施状态。因此,在进行发动机不同复杂度子系统集成时,应考虑复杂度和层级所带来的进度影响,进而完善集成策略。

如果采用了采购方式,可以在较高层级即进入实施,例如,系统供应商在项目早期联合概念设计项目时即介入了设计方案,在系统 CDR 完成后,即可以开始实施过程,直到试验件交付,可以认为是实施阶段性完成。在此过程中,主制造商主要做好对供应商的监控,确保实施过程与主制造商要求层级的产品规范无偏差。尽管主制造商的进一步设计分解工作不需要做,而在供应商内部,仍需要进一步进行需求分析、功能分析和设计综合三者迭代的层级分解,一直到可实施层面(如 5 级到 6 级)。

如果采用重用的方式,也可以在较高层级即进入实施,并且进一步设计分解的工作可以大大缩减,只需要确保重用产品能够满足使用层级的需求,但仍需要通过验证的手段,保证重用集成所处环境与之前环境的一致性。

2. 实施和集成关系

实施和集成工作本身都属于产品实现的工作,两者紧密不可分割。产品实现是分层级的,每一层级的产品实现的输出,即对应发动机、系统、子系统、组件、部件(软硬件)等内容。

实施和集成两者关系主要如下。

(1) 尽管在较低层级的产品实现过程也存在集成工作,例如,软件实施,需要把不同的软件模块进行集成,而软件模块需要把不同软件接口和函数进行集成,但在较低层级,产品实现主要是通过各种实施工具和方法,从无到有或者把原材料加工后,形成产品部件物理实体的过程,这些属于"实施"的范畴;

(2) 到了较高层级的产品实现,可以认为主要是把下层级的多个产品进行集成后获得,通过组装、连试等方式,确保下层级产品接口间的连通性,其过程一般不产生新的物理实体,因此,一般到了较高层级,主要强调"集成",而不强调"实施"。

5.9　集　成　流　程

5.9.1　目的与描述

集成跨接产品实现和正式的验证、确认工作,是把多个简单子系统组合成一个复杂系统的过程,实现了设计集成过程中 V 字右边自下而上(bottom-up)形成产品。在需求分析、功能分析和设计综合的递归过程中,复杂度逐级分解,直到每个单元分解到可实施、可管理的程度,而集成则是把单元组合,是一个把复杂度逐层聚合的过程[30,31]。集成在每一个层级都会实施,例如,软硬件集成形成设备,多个设备集成单个系统,多系统集成发动机专业,多专业集成发动机,直到最终发动机与外部相关环境(如飞机、环境等)集成,形成发动机系统。集成流程 IPO 图见图 5.9。

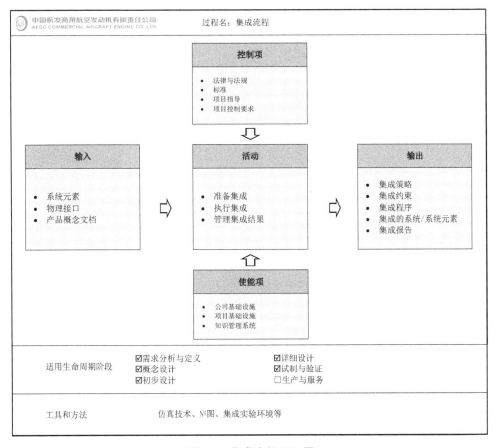

图 5.9　集成流程 IPO 图

5.9.2　输入

1. 物理接口

物理接口是集成的基础,待集成的元素之间物理接口一致才能顺利集成。

2. 系统元素

本层级系统的待集成组件来自下一层组织实施后的交付。一般而言,待集成的系统组件会大于集成后的本层级产品数量。

3. 产品概念文档

产品概念文档应包括研制、制造、运行、维护、报废视角描述的系统行为。

5.9.3　主要活动

1. 准备集成

集成的准备工作主要包括以下内容。

(1) 制定集成计划,确定形成系统的最优集成方式和顺序,这个策略应结合下层级产品实现实际情况,包括供应商的交付情况和集成环境的完备程度进行综合考虑,以减少进度、费用和集成的难度和风险。除了考虑下层产品的集成规划,集成计划还应考虑集成的使能项,包括环境工具和设施的规划,具体内容如下。

a) 集成计划应包括:集成策略和顺序(下层产品哪个先集成,哪个后集成)、集成输入数据(包括产品接口方式)、集成环境考虑(采用的模型、原型和仿真,集成工具等)、集成的问题报告流程方法、集成报告等工作;

b) 制定集成计划中集成策略应进行权衡分析,定义多个集成策略方案,并选择最优的集成策略,确保用尽量少的资源完成尽量多的工作。

(2) 集成程序应在集成计划的基础上,结合实际集成环境操作,细化制定具体的集成步骤、实施方法和下层产品的可接受标准。

(3) 集成计划制定后,确定落实资源、时间和下层产品研制组织的约定,纳入"集成主进度计划"。

(4) 对其他输入的整理,包括的内容如下:

a) 接口定义文件,通过接口定义和管理工作,确保集成的下层产品接口的兼容,是集成工作的基础;

b) 集成后层级产品的规范,包括产品分解结构、产品需求、设计规范,以明确集成的工作范围、目的和目标;

c) 一旦建立后,应持续地维护集成计划和进度,应在项目计划和监控过程中定期和不定期地进行评审,来确保不同团队的交付进度、研制进度的变化、技术状态的改变对集成计划和集成的影响尽量最小。

2. 执行集成

(1) 在集成使能环境中,根据集成计划、策略和集成程序要求,按照接口定义

文件和系统规范,进行产品组装和集成。其中包括如下内容:

a) 产品在集成使能环境中的组装和集成,包括安装、与集成使能环境的集成调试等;

b) 根据接口管理过程中的接口定义文件,集成下层产品的接口,包括结构接口的组装、机械接口的安装和试运行、信号接口的连线和收发测试、人机接口调试等。

(2) 执行一定的功能测试,确保集成后产品的功能正确,能够进入正式验证和确认状态。

(3) 如果发现下层产品的问题,进行问题的及时报告反馈和设计迭代,确保每个问题都需要进行跟踪直至关闭。

3. 管理集成结果

(1) 集成后产品的交付,包括交付给验证和确认,或非正式地交付给上层级组织;

(2) 集成问题报告的解决情况;

(3) 集成后的文档,包括问题报告、集成工作报告。

5.9.4 输出

1. 集成策略

描述集成工作相关的角色、工作安排、方法、工具、基础设施等。

2. 集成约束

集成对系统设计产生的约束,包括成本、时间表、技术的约束。

3. 集成程序

将低层级系统元素汇集成高层级系统元素的步骤、技术和工具。

4. 集成的系统/系统元素

通过集成的系统或系统元素。

5. 集成报告

描述集成的过程、集成遇到的问题以及解决方法等。

5.9.5 方法与工具

1. 仿真技术

仿真方法大量运用在集成过程中。在集成过程中,由于下层真实试验件无法一步到位,为了驱动一个非完整构型状态的产品能够连通并测试,就需要利用一个仿真的产品使能系统。仿真技术方法就是利用半实物仿真等技术,在集成过程中逐步把仿真系统替换成真实系统的过程方法。

2. N^2 图

N^2 图可以广泛用于集成计划和策略的定义工作,包括:

(1) 通过 N^2 图,可以量化分析组件间接口关系,从而确定系统组件的分组配对关系,确保具有高内聚性组件可以先成组,再进行集成,优化集成过程;

(2) 通过 N^2 图,可以辅助进行错误定位分析,当集成新组件后发现问题,可以参考 N^2 图,进行接口的排查。

3. 集成实验环境

集成实验环境包括:

(1) 激励环境工具,仿真本层产品的外界环境或本层产品未到位组件系统的接口数据;

(2) 测试调试环境工具,包括接口数据和结果检查;

(3) 自动化环境,包括自动化脚步生成和测试结果判断等。

根据层级的不同,集成实验环境也有所不同,如软件集成工具、硬件集成平台、系统集成平台、整机实验台、核心机实验台等。

5.9.6　应用实践

1. 集成计划和策略

集成计划作为集成准备工作的核心,需考虑整个集成过程中所有的工作和准备,主要内容如下:

(1) 考虑集成的流程、使能环境和人的安排,具体包括集成试验环境、问题记录和报告流程、操作人员、人机集成人员的安排;

(2) 应基于产品的架构(重要程度、架构组件依赖性)、供应商产品成熟度和完备程度等因素,对风险、集成难度、所需资源、时间进度等多种要素进行分析,考虑形成集成策略和顺序,定义先集成哪些组件,后集成哪些组件,作为集成安排的顶层计划。集成计划考虑系统组件的可用性状态的进度,需要和各家下游实现方(如供应商、内部开发团队等)一起协调,在这过程中还可能调整集成策略和顺序,最终形成并纳入集成主进度计划(IMS)中,并持续维护更新。

一些典型的集成策略包括:

(1) 总体集成,又称大爆炸式集成(big bang integration),所有交付的组件一步完成集成,这种集成方法实施起来简单,不需要外围仿真,但一旦系统复杂后出现错误可能性高、排故困难、技术风险很大,适用于比较简单、交联关系少、成熟风险小的系统集成;

(2) 串行集成,这种集成策略是下层交付组件交付一个,集成一个,逐步完成集成,这种集成工作便于开展,但有可能没有考虑规划组件的关系,导致一方面仿真激励准备不充分、一方面集成后组件配对功能关系无法形成,而导致最终集成试

验实施,可以用于集成已了解风险的小系统;

（3）增量集成,这是最常用的集成策略,按照先形成一个核心系统,再逐步集成外围功能的增量方式进行集成,这种集成适用于复杂系统集成,且便于定位错误,但对集成顺序有一定要求,并需要进行多轮的回归测试,对测试量要求比较大,并对仿真环境的要求比较高;

（4）功能链集成,整体系统分配子功能组,按照子功能组先进行集成,再进行功能组之间的集成,这种集成方式便于并行工作,节省时间,减少测试用例开发量,但对设计要求比较高,同时适用于组合式系统架构,但不适合于集中式系统架构;

（5）自上而下集成,从主功能开始,按照交互和使用顺序进行集成,这种集成可以在早期发现架构错误,但需要在早期获得具有高仿真度的仿真进行集成,且设计用例难度比较高,这种用于软件层面比较多,系统层面比较难以实施;

（6）自下而上集成,从底层开始逐步实施集成,测试用例便于实施且可以重用,但只有在后期才能发现系统层面架构错误;

（7）关键驱动集成,按照组件的重要程度,先进行重要组件的集成,再进行次重要的组件集成,便于降低风险,但对组件提交顺序有要求,且用例定义比较难设计。

针对集成策略,一般需要根据实际情况,综合考虑形成一种混合的集成方式,最终使得过程最优化。

2. 接口管理的作用

下游产品组件的逐步集成,最终形成本层产品的过程,实际上就是实现针对设计方案的验证,确认实现的产品满足方案定义的架构。因此集成工作主要是"测接口",这里的接口包括系统间各类接口(如电气信号、机械接口、安装等),也包括人与系统间的接口(如发动机显示人机界面、飞行员操作等),因此,接口管理的数据在集成测试中非常重要。

3. 构型控制

由于在集成过程中可能存在较多不成熟且不稳定的技术状态(如集成到一半的产品构型状态),因此应对此时的技术状态进行记录、维持和更改控制,以便于维持基线完整性并可追踪回溯整个构型控制的流程。

问题报告是集成过程中经常运用到的工具,应建立一个完整的问题报告系统,用于与下游产品组件实现方沟通并闭环解决集成过程中发现的问题,并在此过程中维持构型的正确和完整。

4. 供应链管理系统集成

由于目前专业化发展等因素,全球供应链是不可避免的趋势,但是供应链管理会给整个发动机项目的成败带来非常重要的影响,因此,要强调以下几点:

（1）要有系统之系统（SoS）的视角，理解复杂供应链系统的复杂性（complex）和涌现性（emergence）特征；

（2）要控制大规模复杂系统集成中的组织接口，包括控制供应商接口的多样性，控制供应商数量、优化管理流程等；

（3）要严格控制整个系统的不稳定性（variability），采取一些措施，例如，合同和技术规范附件的定义应非常清晰明确（工作、责任、提交物、时间）减少二义性，控制好合同和规范变更。可以考虑对整个供应链系统的一些指标采取一定的评估度量，确保其稳定性。

5.10　验　证　流　程

5.10.1　目的与描述

实施验证过程的目的是表明每一层的验证实施都满足了对应层级的需求。它主要包括三个目标：

（1）确定预期的功能已经正确的实现；

（2）确定所有的需求都已得到满足；

（3）确保系统的安全性分析是有效的。

在实施验证过程中，需要基于需求明确定义实施验证的计划，包括验证方法、工作内容、逻辑关系、交付物和责任人，按照该计划开展验证工作，并对验证结果进行评审。实施验证流程 IPO 图见图 5.10。

5.10.2　输入

1. 经确认的需求

实施验证过程的对象是经过确认的需求，确认过的需求应该包含每条需求的详细描述、需求的逐级分配情况等。

2. 功能架构描述

功能架构描述应包括待验证元素的所有功能以及功能之间的逻辑关系。

3. 物理接口

物理接口应提供待验证元素所有对外的物理接口信息。

4. 安全性分析报告

安全性分析报告应提供待验证元素的功能危险性评估报告、初步安全性评估报告、共模分析报告等。

5. 集成的系统/系统元素

集成的系统/系统元素指要开展验证的系统/系统元素本身及系统/系统元素说明。说明是指在制造该产品过程中所产生的各种数据文件，包括产品的说明书、

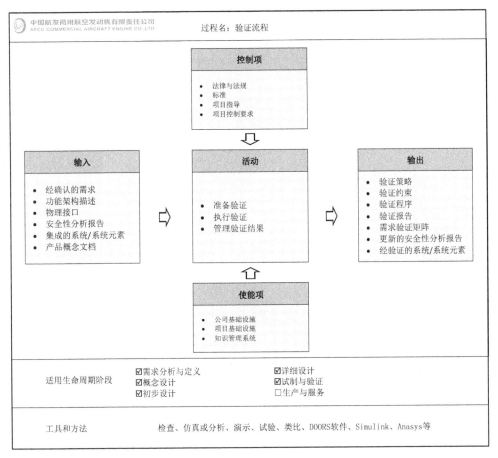

图 5.10　实施验证流程 IPO 图

使用手册、软硬件的测试说明等。

6. 产品概念文档

产品概念文档应提供待验证元素的制造、运行和维护视角描述的系统行为。

5.10.3　主要活动

1. 准备验证

制定验证计划是为了定义验证工作过程和工作准则。需要开展的主要工作有：

（1）对标每条需求，定义验证方法；

（2）定义验证工作项、工作内容、工作顺序和责任人；

（3）定义验证工作专用的试验设备、设施和需要进行验证的软硬件的特性；

（4）定义验证工作通过准则。

2. 执行验证

执行验证活动是指根据验证计划开展验证活动。在执行验证活动中,要保存相关的资料作为验证的证据。

3. 管理验证结果

该活动主要是对验证活动中产生的数据进行分析和总结,以确定通过验证活动所展示的产品性能对需求的符合特性,并将这些信息记录到验证总结报告中。如果验证过程与验证计划有重大的偏离,应在验证总结报告中记录这些偏离。

5.10.4　输出

1. 验证策略

完成选定的验证行动所需的途径、进度、资源和特定考虑因素,该验证行动在使系统行为的运行覆盖范围最大化的同时使成本和风险最小化。

2. 验证约束

验证策略引发的对系统的约束,包括成本、时间表、技术的约束。

3. 验证程序

验证工作的行动集,使用的方法、技术和工具。

4. 验证报告

验证报告提供了明确清晰的客观证据以表明系统的验证结果满足了相应层级的需求。

5. 需求验证矩阵

(1) 验证结果及对于需求的满足性描述;

(2) 验证实施过程中的重大问题及解决措施。

6. 更新的安全性分析报告

经验证后的安全性分析报告应包括发动机系统安全性评估(ASA)、系统安全性评估(SSA),以及验证后的共因分析报告(CCA)。

7. 经验证的系统/系统元素

验证过程最终将输出验证后的产品,用于交付上一层级进行确认以及交付。

5.10.5　方法与工具

发动机的符合性验证方法主要有如下五种,包括:检查、仿真或分析、演示、试验、类比。验证工具主要包括 Simulink、Anasys 等。

1. 检查

检查是指对过程文件、图纸、硬件或软件的检查,以验证需求得到了满足。检查通常是采用不会对系统或设备产生伤害的手段进行。

2. 演示

演示通过对系统或项目进行详细的检查(如功能性、性能、安全性等)来提供符合性的证据,从而证明系统或项目在正常和非正常状态下可以按照预期的要求运行。

3. 仿真或分析

应用仿真模型来验证系统的设计特征、系统的行为和性能。复杂系统的建模通常是由计算和试验相结合的,但是在计算方法已经得到前期验证的前提下,也可以完全通过计算来表明符合性。

4. 试验

试验是通过实际运行的方式证明需求已得到了满足。

对于每个试验或每组试验,应该确定以下内容:

(1)试验的目的;

(2)试验所验证的所有要求;

(3)试验获得的数据;

(4)试验所需的测试;

(5)试验所需的环境;

(6)期望的结果和各结果之间允许的误差。

对于商用航空发动机,试验的类型主要包括如下几种:

(1)零组件时间(如单个轮盘的试验等);

(2)部件/系统试验(如高压压气机部件性能试验、滑油系统试验等);

(3)核心机试验;

(4)整机试验(包括地面台试验和飞行台试验等);

(5)运行试验(装载至实际飞行器后开展的试验)。

5. 类比

如果分析表明存在历史的验证或使用经验也适用于本项目,则可采用历史使用经验支持新的/改型项目或系统的验证。在采用历史经验时,应考虑以下方面内容:

(1)应提出如何使用历史经验(如可用到的历史经验的数量和对如何分析历史经验的描述);

(2)应通过分析确定使用历史经验的适用范围,分析应表明:① 在使用历史经验期间,参照系统的变更不会对新系统安全性或性能产生重大影响;② 在使用历史经验期间,参照系统的实际使用与新系统预期使用一致。

6. 验证工具

对于所验证的需求的管理来讲,主要采用需求管理工具来维护验证矩阵,确保记录每条需求的验证状态。

仿真采用通用和专用的仿真软件,如 Simulink 等;分析采用商用或自编软件进行,如 Anasys 等。

5.10.6　应用实践

（1）合理制定验证活动的开展时间,过早开始则技术状态变化较大,过晚则没有充分时间处理验证的问题;

（2）提前规划试验所需的资源,在设计的初期就要考虑试验所需的验证能力,特别是一些特殊的试验设备或测试能力;

（3）试验项目的安排要充分考虑经济性以及各项目之间所需数据或测试项目的冲突性。

5.11　确　认　流　程

5.11.1　目的与描述

确认是指最终的商用航空发动机产品能够在预期的运行环境中满足客户等利益攸关方最初的期望,即通过性能测试、分析、检查和试运行等方式证明最终产品能够满足这些期望。与型号研制周期中不同阶段的产品验证不同,确认需要追溯到最初用于利益攸关方需求捕获的运营场景,通过典型用户的使用确认型号产品能够在既定飞行任务中成功、有效地实现预期性能。

需要注意的是,确认是在最终的型号物理实体实现了之后进行的活动。产品验证证明的是"系统(需求)被正确地实现了",而确认证明的是"设计研制出的是一个正确的系统"。换言之,确认是从客户的立场出发,证实将最终型号产品投放到预期运营环境中后能够实现其预期用途。并且,在确认流程中出现的任何问题必须在产品交付前得到解决。确认流程的 IPO 图见图 5.11。

5.11.2　输入

1. 经确认的需求

确认后的需求,是纳入基线的需求。

2. 功能架构描述

参见 5.10.2 小节。

3. 物理接口

参见 5.10.2 小节。

4. 经验证的系统

确认流程的输入之一是已经完成并通过验证的系统。以发动机系统为例,已验证的系统是指完成验证的发动机及其内在各个层级的系统、子系统、部件等,以

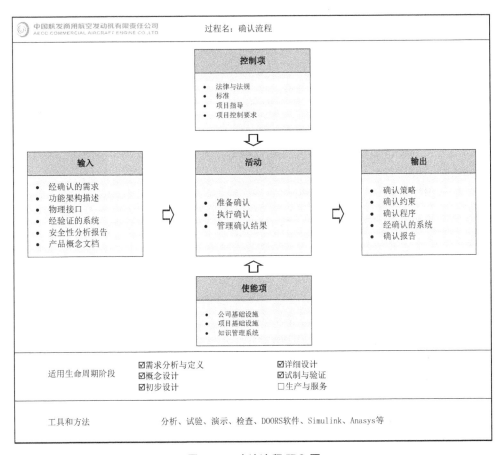

图 5.11　确认流程 IPO 图

及确保型号确认能够顺利执行所需的必要使能产品(如支持设备)。

5. 安全性分析报告

参见 5.10.2 小节。

6. 产品概念文档

参见 5.10.2 小节。

5.11.3　主要活动

1. 准备确认

确认开展前所需的准备工作如下:

(1) 明确针对哪些利益攸关方需求进行确认。

(2) 准备好待确认产品、确认的支撑质能设备和资源。根据确认任务不同,确认不同的支持使能设备和资源。

(3) 制定确认计划。包括确认条件和环境、成功准则的描述,同时需要考虑确认流程中所需的辅助产品,开始安排准备工作。确认计划编制完整后,需要对其进行评审。利益攸关方作为评审组成员与项目团队共同对确认计划进行评审。

2. 执行确认

根据确认计划和确认程序执行确认活动。

确认的输出物包括:

(1) 完成确认过程的产品,同时包括确认过程中记录的和评估的数据表,确认目标已经全部达成;

(2) 给出产品是否符合对应利益攸关方需求的结论;

(3) 给出产品是否与确认环境集成恰当的结论,利益攸关方需求是否得到恰当确认的结论。

3. 管理确认结果

确认活动完成后,首先,对确认结果和记录的数据进行分析,证实产品在预期的使用环境中可以满足客户提出的能力需求,证明确认活动严格遵循确认程序,支持设备和资源功能正常;其次,分析数据来表明产品的质量、集成性、正确性、一致性和有效性,识别并上报任何不合适的产品及产品属性;最后,将实际的确认结果和预期的结果进行对比,针对发现的不同之处进行必要的系统设计和产品实现过程更改。必要时,对建议的更正行动和解决方案进行归档,以便于问题复现。

根据对确认结果的分析编制确认报告,包括:

(1) 产品存在的缺陷/识别出的问题;

(2) 关于解决异常、偏差和需求不符合项的重新进行计划、设计和重新确认等。

5.11.4 输出

1. 确认策略

完成选定的确认行动所需的途径、进度、资源和特定考虑因素,该验证行动在使系统行为的运行覆盖范围最大化的同时使成本和风险最小化。

2. 确认约束

由确认策略引发的对系统的约束,包括成本、时间表、技术的约束。

3. 确认程序

确认工作的行动集,使用的方法、技术和工具。

4. 经确认的系统

与待确认的产品相比,确认后的产品可能与之前相同,不做任何修改,但是如果确认过程中发现产品存在问题和瑕疵,则需要根据利益攸关方需求对其进行更改和改进。

5. 确认报告

确认报告要与确认程序相呼应。

5.11.5　方法与工具

确认方法包括分析、试验、演示、检查等。所需的工具与验证类似。

分析是通过数学建模和分析性技术的手段获得有效数据,以此预测设计是否符合利益攸关方期望的。分析方法适用于原型机、工模、制造、总装或集成产品不可用阶段。分析包括建模和仿真。

5.11.6　应用实践

注意事项与经验包括如下内容:

(1) 确认流程中部分产品运行环境无法达到真实状态,会使用等效的环境进行替代,要充分理解确认时的环境情景与交付客户后真实使用环境情景之间的差异性,从而确定确认的有效性;

(2) 很多确认需要经过一定周期的运行,才能有效进行问题的积累和反馈,应建立运行后的产品问题反馈解决机制,确保确认数据能及时反馈给研制团队,进行优化。

5.12　交 付 流 程

5.12.1　目的与描述

交付过程是在运行环境以及相关的使能系统中让已经通过验证的型号发动机或系统上线服役的过程。相关的使能系统有协议中定义的运行系统、支持系统、运行者培训系统、用户培训系统等。交付过程将发动机监管和支持的职责从一个组织实体转移到另一组织实体。这包括但不限于将监管从开发团队转移给将随后运行和保障的组织,交付过程的成功结束通常标志着利益攸关方开始使用所交付对象。作为该过程的一部分,在允许受控更改所有权和/或监管之前,买方验证发动机或系统是否可以在预期运行环境中提供规定的能力。因工作过程时限较短,为避免合同双方出现纠纷,应组织详细规划。此外,为确保所有活动完成后双方都满意,应进行过程的跟踪和转移计划的监控,以支持和解决转移期间出现的所有问题。交付过程主要发生以下两种情况中:

(1) 低层级系统目标产品交付到较高层级并集成为另一个目标产品;

(2) 已部署的发动机或最终安装的系统交付给客户或用户,并在真实环境中使用。

交付过程用于系统结构中的每个层级和每个阶段。在早期阶段,技术团队交付过程的对象是文档、模型、研究报告;而在后期阶段,逐步转换为硬件或软件。交付过程的准出标准在不同的生命周期可以有不同的严苛度。此外,还因为交付过程所在产品生命周期的阶段不同,而产生交付形式、输入输出、使能系统需求等的差异。交付流程 IPO 图见图 5.12。

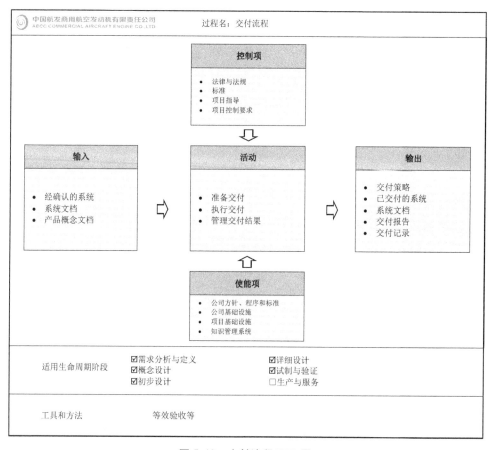

图 5.12   交付流程 IPO 图

5.12.2   输入

1. 经确认的系统

通过确认的系统。

2. 系统文档

包含需求、需求属性及其可追溯性的最终清单,包括了验证活动提出的发动机或系统需求变更。用于向相关方表明验证活动状态、结论和结果的统计报告,包括支持符合性的客观证据。同时,也应对评估不符合项或结论的置信水平进行交底。

例如,运营方/维护方员培训材料,以及对运行人员和维护人员进行相应培训的能力和文件。

3. 产品概念文档

参见 5.10.2 小节。

5.12.3　主要活动

1. 准备交付

准备交付包括:

(1) 规划发动机交付。应涵盖运行人员培训、物流支持、运输策略和问题反映/解决策略。交付策略用于指导交付过程中各项活动的计划和管理,应明确目标、实现方式、项目约束、风险管理产品保障策略等。例如,某型发动机交付时,需要协调客户购机协议技术条款获得地区管理局认可;需要安排客户代表的派驻,并协助客户代表完成地面接收第一阶段检查等交付准备工作。

(2) 确认支持保障等使能系统已经达到可交付运行状态,识别与使能方的接口,如客服、生产和交付试飞等部门。使能方的支持保障策略可以采用多种方案,如租用、购买、重复利用、自主研发等。例如,主制造商应提供客户化的维护方案,包括全寿命的构型管理和可靠性管理,健康管理等服务;提供全寿命的维修服务和工程服务,包括发动机修理、部附件修理、工程管理、生产计划、维护方案及更新、其他客户化工程手册的编制等。

2. 执行交付

执行交付包括如下工作:

(1) 对部署场站进行准备,且按既定程序部署系统。

(2) 对用户进行培训,确保用户具有运行和维护所必需的知识和技能水平。此项工作包括完整的评估和对操作人员及适用维修手册的移交。

(3) 由意向用户运行和维护发动机或系统,确认已满足对方需要。过程结束的典型标志是正式的书面声明,阐述此发动机或系统已经正确部署和验证,所有问题和行动项目已经解决,且所有关于完整的支持系统研发和移交的协议已经完全满足或仲裁。

(4) 记录发动机或系统实现后的问题,可能引起纠正措施或更改需求。当验收活动不能在运营环境中实施时,选择代表性场所。

3. 管理交付结果

管理交付结果包括:

(1) 捕获产品实现后的事故和问题,在交付过程中利用质量保证过程进行报告。

(2) 记录交付过程中的异常情况,利用项目评估和控制过程分析异常情况并确定是否采取,以及采取何种措施。

(3)保持发动机交付要件与交付策略、发动机架构、设计和发动机或系统需求的可追溯性。

(4)提供构型管理的基线信息。

5.12.4　输出

1. 交付策略

交付策略,涉及项目过程和协议过程,需要保障策略和顶层交付计划的支持,用以明确需要向发动机运行环境投入的方法、计划、资源和具体的关注事项。交付策略可以细分为三个部分,即技术交付策略、商务交付策略和客户服务保障策略。

2. 已交付的系统

已部署的发动机系统,此发动机已满足验收标准,不符合项已经存档、基于纠正措施认可,即达到交付验收状态。使能产品为保障发动机运行相关的人员、物质和设备,例如,经培训的运行人员和维护人员。

3. 系统文档

发动机部署程序或系统安装的程序。规定由具体的交付使能方执行、使用对应的部署技术方法、完成一系列部署工作活动。

4. 交付报告

向有官方提交的统计报告,以表明交付活动的状态、结论和结果。交付报告中应包含交付结论文档和所有建议纠正措施的记录,如限制、让步和保留项等。交付报告也应包括改正交付期间所发现问题的纠正计划。

5. 交付记录

即永久保存的表单,包含交付相关的数据、信息和知识。

5.12.5　方法与工具

等效验收:理想情况下,交付验收应在系统的实际运行环境下进行。当此方案不可行时,可选择能够代表/模拟实际运行环境的方式进行交付验收。

5.12.6　应用实践

注意事项和经验包括:

(1)当无法通过一个真实运行环境来进行验收交付时,可以使用一个与客户协调后认可的等效环境和条件进行验收;

(2)交付过程中,除了产品本身以及使用操作和维护类文件,还非常依赖于相关的产品质量保证、适航和构型管理的文件。

5.13　运行支持流程

5.13.1　目的与描述

商用航空发动机作为特殊的商品,除了设计和制造满足相应适航标准外,根据用途和运行环境,其运行和维修还要满足相应运行规章和客户的要求,以保证发动机交付后安全、可靠和经济运行的要求。

实施运行支持过程主要包括三个目标:

(1)确定预期运行环境对应的运行要求均已在发动机设计中考虑,通过验证表明适用的运行要求均已得到满足;

(2)建立满足运行规章和客户需求的运行支持体系;

(3)发动机投入运行后对客户提供必要运行支持,确保安全、可靠、经济运行。

运行支持流程 IPO 图见图 5.13。

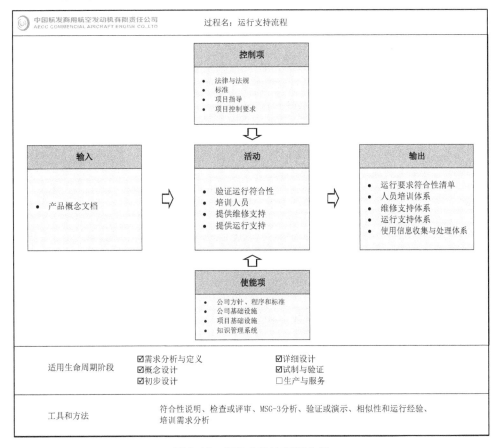

图 5.13　运行支持流程 IPO 图

5.13.2　输入

产品概念文档：参见 5.10.2 小节。

5.13.3　主要活动

1. 验证运行符合性

发动机设计必须充分考虑运行符合性目标,明确和落实设计要求,并在型号审定过程中与局方协调,作为相应的审定基础或专用条件。

运行符合性的实现需要将运行要融入功能定义与分析、需求确认、设计综合、实施及产品、确认和实施取证各个过程中实现,在运行支持过程主要关注运行符合性清单的制定。

在发动机交付运行之后,还应当基于运行规章和客户需求的变化,及时启动相应的设计改进。

2. 培训人员

作为发动机制造商的责任和义务,应当为航空运营人或所有人的各类专业人员,包括驾驶员、维修人员、运行控制人员提供必需的培训,并符合民航局相应的合格审定和客户的需求。

在发动机研制阶段的主要任务是建立满足运行规章和客户需求的人员培训体系,主要活动包括：

（1）开展培训需求分析,形成型别等级培训大纲;

（2）研制培训所需的模拟培训设备;

（3）编制培训所需的培训教材;

（4）培养培训所需的培训教员;

（5）建设培训所需的培训设施;

（6）编制培训管理规范,培训机构获得必要的资格批准。

发动机投入运行后主要任务为对客户提供培训服务,主要活动包括：

（1）为维修人员提供必要的培训,包括总体熟悉培训、航空机械 ME（Ⅰ类和Ⅱ类）培训、航空电子 AV（Ⅰ类和Ⅱ类）培训、金属和复合材料结构维修培训等;

（2）支持客户和第三方培训机构的运行,提供必要技术支持服务。

3. 提供维修支持

维修是保证发动机持续适航的基本工作,维修支持也是决定发动机可持续使用寿命的决定因素。维修支持工作不论由谁提供,都离不开制造厂家相关体系的支持,在型号投入运行的初期,还需要制造商自身直接提供。发动机制造商应当考虑能对所研制型号发动机提供全方位的维修支持服务。

在发动机研制阶段型主要任务为建立满足运行规章和客户需求的维修支持体

系,主要活动包括:

(1)开展维修工程分析,识别航线维修或定期检修能力所需的维修任务和维修资源,确定计划维修任务的维修间隔,编制维修大纲和维修计划文件;

(2)研制为客户或第三方维修机构建立航线维修或定期检修能力提供需要的专用设备、软件和工具;

(3)建立与机队规模和布局相适应的航材供应能力,包括建立最低库存、航材运输保障、AOG 订货等全面的航材供应服务体系;

(4)编制维修手册或持续适航文件,明确航线维修或定期检修的方法、技术要求或实施准则。为保证持续适航文件的完整性和可操作性,应当在首架航空器交付前完成维修程序的验证;

(5)培养同时具备相应的专业知识和相应的维修经历的维修工程师;

(6)建立为客户或第三方机构在发动机维修过程中遇到的工程技术问题提供技术支援的工程;

(7)通过自主、合作或协调供应商等方式建立各级发动机定期检修及发动机和部件维修能力。

发动机投入运行后主要任务为对客户提供维修支持服务,主要活动包括:

(1)基于客户实际运行情况编制客户化的维修方案,并根据客户实际运行可靠性数据不断优化维修程序和维修间隔;

(2)持续完善为客户或第三方维修机构建立航线维修或定期检修能力提供需要的专用设备、软件和工具,并提供所需的技术支持;

(3)持续修订完善发动机制造商提供的各类维修手册和持续适航文件,并分发至客户;

(4)为客户或第三方维修机构提供航材供应、租赁、交换、送修、物流等服务;

(5)建立为客户或第三方机构在发动机维修过程中遇到的工程技术问题提供所需技术支援,涉及的设计更改通过服务通告(SB)等客户服务文件的形式通知客户;

(6)为机型提供定期检修、发动机改装和升级和部件维修服务。

4. 提供运行支持

一种全新型号发动机首次投入商业运行时,制造商的飞行运行支持是发动机顺利投入运行的基本保证,尤其是帮助客户建立对某些运行规章要求的符合性和全面掌握机型的使用和操作。为此,制造商必须为客户提供全方位的运行支持服务。

在发动机研制阶段的主要任务为建立满足运行规章和客户需求的运行支持体系,主要活动包括:

（1）开展运行程序的任务分析，确定驾驶员的正常、非正常和应急操作程序，确定运行控制人员所需发动机签派放行的技术条件；

（2）研制为客户操作提供方便的运行支持工具，包括发动机性能分析、载重平衡控制工具、电子飞行包等；

（3）编制运行文件，明确的运行方法、程序、技术条件或实施准则，为保证运行文件的完整性和可操作性，应当在首架发动机交付前完成操作程序的验证；

（4）建立为客户在发动机运行控制过程中遇到的技术问题提供技术支援的运行和性能的支持体系；

（5）培养具备相应的运行经历，并具备适当的工程知识的运行技术工程师。

发动机投入运行后主要任务为对客户提供运行支持服务，主要活动包括：

（1）持续修订完善发动机制造商提供的各类运行文件，并分发至客户；

（2）为客户提供运行技术支持，包括特殊运行和航行新技术方面的技术支持、运行技术指导；

（3）针对制造商为客户操作提供方便的运行支持工具，包括发动机性能分析、载重平衡控制工具、电子飞行包提供运行产品支援；

（4）为客户提供发动机性能支持，包括发动机性能监控等。

使用信息收集和处理：

使用信息的收集和处理是发动机持续适航工作必不可少的重要环节，也是适航规章和运行规章都提出要求的工作。此外，基于收集客户的使用反馈信息和运行信息的大数据分析对于提升发动机运行的安全性、可靠性和经济性具有重要的作用。

在发动机研制阶段型的主要任务是建立满足运行规章和客户需求的使用信息收集和处理体系，主要活动包括：

（1）建立能够全面及时地收集、记录和处理用户反馈的信息，并且能够提供及时的快速响应体系；

（2）建立全面的运行数据分析体系，包括燃油经济性分析系统等；

（3）建立全面的维修数据分析体系，包括实时监控和健康管理系统、可靠性数据管理系统等；

（4）为每一客户准备现场服务代表。

发动机投入运行后主要任务为对客户提供使用信息收集和处理服务，主要活动包括：

（1）能够全面及时地收集、记录和处理用户反馈的信息，并且能够提供及时的快速响应；

（2）为客户提供 QAR 数据译码、燃油经济性分析等服务；

（3）为客户提供发动机状态实时监控、故障诊断、故障预测、维修决策支持、维修品质分析和可靠性管理等服务。

5.13.4　输出

1. 运行要求符合性清单

依据运行要求符合性说明编制的型号设计符合的 CCAR – 91 部、CCAR – 121 部等运行规章要求的运行要求符合性清单。

2. 人员培训体系

满足运行规章和客户需求的人员培训体系,包括培训驾驶员、维修人员、运行控制人员培训所需要的:

(1) 培训大纲;

(2) 培训设备;

(3) 培训教材;

(4) 具有资质的培训教员;

(5) 培训设施;

(6) 培训管理规范。

3. 维修支持体系

满足运行规章和客户需求的维修支持体系,包括:

(1) 维修大纲和维修计划文件;

(2) 专用的地面支援设备、维修支持软件和工具;

(3) 航材供应计划和合格的航材;

(4) 维修手册和持续适航文件;

(5) 交付后发布的服务通告(SB)等客户服务文件;

(6) 工程技术支援;

(7) 维修工程师;

(8) 各级发动机定期检修及发动机和部件维修能力。

4. 运行支持体系

满足运行规章和客户需求的运行支持体系,包括:

(1) 运行支持工具;

(2) 运行文件;

(3) 交付后发布的客户服务文件;

(4) 运行技术支援;

(5) 运行技术工程师。

5. 使用信息收集与处理体系

满足运行规章和客户需求的使用信息收集与处理体系,包括:

(1) 快速响应体系;

（2）运行数据分析体系，包括燃油经济性分析系统等；

（3）维修数据分析体系，包括实时监控和健康管理系统、可靠性数据管理系统等；

（4）现场服务代表。

5.13.5　方法与工具

运行支持过程中用到的主要方法包括：

（1）符合性说明；

（2）检查或评审；

（3）MSG-3分析；

（4）验证或演示；

（5）培训需求分析；

（6）相似性或运行经验。

在之后的章节中会讨论每一种方法。

1. 符合性说明

符合性说明是指对型号设计与运行要求间符合性的陈述和说明。

2. 检查或评审

检查或评审作为判断运行要求符合性的一种手段，主要在航空器评审部分项目的审查过程中应用。

3. MSG-3分析

MSG-3分析是一种逻辑决断方法，基于以可靠性为中心的思想，通过确定的分析和工作流程以确定计划的维修任务和维修间隔。

4. 验证或演示

验证和演示是判断运行要求符合性的一种方法，主要应用于对采用符合性说明或纸面评审无法确认符合性的情况。例如，为保证运行和持续适航文件的完整性和可操作性，发动机制造商应当在首架发动机交付前尽可能完成运行和维修程序的验证。

5. 相似性和运行经验

在确定适用运行要求或对运行要求进行分解、确定具体验证方法时，通常会使用相似性分析、类似机型运行实践或其他类似机型上的经验数据作为支撑。例如，初次确定计划维修任务的间隔以及建立故障预测模型。使用相似性分析或工程经验时需重点关注条件、边界是否一致。

6. 培训需求分析

在确定受训者需要执行任务的基础上，通过逐个回答困难性、重要性和频繁性（DIF）问题逻辑来确定需要培训才能执行的任务，并进一步分析执行任务所需的知识、技能和意识(KSA)。最后,将执行所有任务的知识、技能和意识汇总并组织培训模块,就形成了对应受训者工作和职责的训练要求。

支持工具:建立运行支持体系通常用到的工具包括培训需求分析工具、飞行模拟器研制和性能数据建模和仿真工具、培训教材开发工具、MSG-3分析和维修工程分析工具、运行及持续适航文件编制和管理工具(如 TIMS)、地面支援设备设计工具(如 CATIA)、航材预测和航材计划编制工具等。

5.13.6　应用实践

实施运行过程的经验与注意事项:

1. 建立运行要求持续跟踪机制和工作流程

随着航行新技术和航空运输的发展,中国民用航空局会持续发布新的运行要求,为避免发动机取到型号合格证后,因不满足个别运行要求而不能顺利交付运行,需要建立运行要求持续跟踪机制和工作流程,提前研究航行新技术的发展趋势,持续跟踪局方发布的新要求,确保对新要求进行评估,将适用的运行要求纳入型号设计。

2. 建立运行和持续适航文件验证工作机制和流程

作为发动机交付航线后使用和维修的依据性文件,运行和持续适航文件的正确性、可操作性将直接影响航线运行的安全、经济性以及维修性,因此建立运行和持续适航文件验证的工作机制和流程,确保飞行机组操作程序和维修操作程序等均经过机上实际验证,确保正确性,将为发动机航线持续安全运行提供重要保障。运行和持续适航文件验证工作应该在通过航空器评审获取 TC 证前完成。

5.14　报废回收流程

5.14.1　目的与描述

报废回收过程的目的是退役发动机系统,并处理所有的系统元素、危险品、废品。此过程按照法规、协议、组织约束、利益攸关方需求将系统和废品以环保的方式进行停用、拆解、拆除和清除。退役的发动机系统主要有四种回收利用模式,包括转卖租赁、客改货、报废回收、发动机墓场。此报废回收过程主要关注退役发动机的报废回收。

报废过程是一个生命周期支持过程,这是因为在前面阶段考虑到报废回收产生的需求和约束必须与定义的利益攸关方需求以及其他设计考虑相平衡。环境问题使得设计人员需要考虑对材料的再生或者回收。为了提高发动机系统的剩余价值,如发动机的客改货、发动机系统元素的重用同样需要考虑。

在报废回收过程中,需要明确定义报废回收的目的、原则、角色及职责、活动交付物,需要定义详细的报废回收活动,包括报废回收准备、报废回收执行、报废回收完成。报废回收流程 IPO 图见图 5.14。

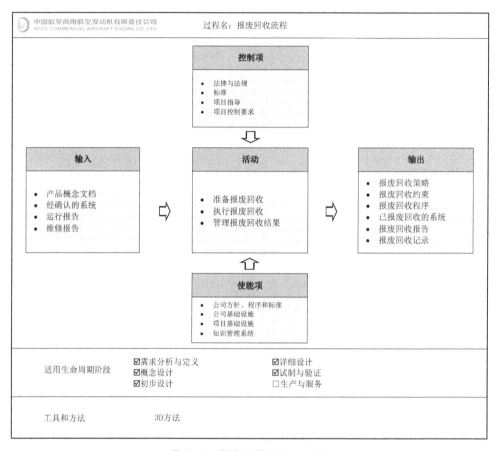

图 5.14　报废回收流程 IPO 图

5.14.2　输入

1. 产品概念文档

产品概念文档应包含以报废视角来描述的系统行为。

2. 经确认的系统

与待确认的产品相比,确认后的产品可能与之前相同,不做任何修改,但是如若确认过程中发现产品存在问题和瑕疵,则需要根据利益攸关方需求对其进行更改和改进。

3. 运行报告

运行报告包含所有运行活动的历史记录。

4. 维修报告

维修报告包含所有维修维护活动的历史记录。

5.14.3　主要活动

1. 准备报废回收

计划报废回收是要根据上文所述的输入制定报废回收的具体方案。需要开展的主要工作有：

（1）重新查阅报废回收概念文件，并确定发动机系统回收利用的模式；

（2）为最终确定报废回收的发动机系统定义报废回收策略；

（3）将与报废回收相关的约束反馈到系统的需求上；

（4）确保能够获取报废回收所需的使能系统、产品或服务；

（5）确定可重用和可重售的发动机系统元素，制定材料回收和处理危险品的方法；

（6）指明防范设施、储存地点、检查标准以及储存期。

2. 执行报废回收

执行报废回收是指根据制定的报废回收策略和程序对系统实施报废回收。主要包含以下工作。

（1）停运要终止的发动机系统，包括储存、检查、清洗等。停运的发动机系统可能重新运行，并需要维护。

（2）拆解发动机系统（元素），包括可重用系统元素的识别和处理。拆解是将发动机系统有条理地物理分隔到系统元素。这些系统元素包括系统的组成零件、部件或其他组群。对于发动机系统，拆解的设备及零件用以直接重新使用或者再次销售。

（3）拆除发动机系统（元素）。拆除是利用专业工具分解发动机系统（元素），并根据回收渠道对材料分类，如合金、橡胶、塑料等。

（4）清除所有不再需要的系统元素和废物，包括清除储存场所的材料以及将系统元素和废品进行销毁或永久储存。清除是要循环利用可回收材料（如熔炼铸锭金属等），以及处置不可回收材料（如填埋废品等）。

3. 管理报废回收结果

报废回收完成活动是要确认报废回收活动没有产生不良影响，并维护所有关于报废回收活动的文档。

5.14.4　输出

1. 报废回收策略

报废回收策略要确定报废回收所需的方法、时间表、资源以及其他具体的考量,以保证发动机系统(元素)和材料的停运、拆解、拆除、清除。

2. 报废回收约束

报废回收约束是指由报废回收策略引发的在系统上的约束,包括成本、时间表、技术的约束。

3. 报废回收程序

报废回收程序包含一整套的报废回收行动。这些行动利用特定的报废回收技术,由特定的报废回收使能系统执行。

4. 已报废回收的系统

已报废回收的发动机系统包括所有被拆解、拆除、清除的系统元素和材料。

5. 报废回收报告

报废回收报告包括报废回收活动结果文件,还可能包括重用或储存的系统元素的详细目录,以及规章或组织标准所要求的文件报告。

6. 报废回收记录

报废回收记录包括与报废回收相关的永久并可读的数据、信息、知识。

5.14.5　方法与工具

本节中主要介绍一个处理生命周期结束发动机的三步过程方法。即 3D 方法,其中,3D 分别是停运(decommsioning)、拆解(disassembly)和拆除(dismantling)的意思,来源于发动机生命周期结束的高级管理过程项目(PAMELA)。

PAMELA 项目的目的是通过对发动机的全面实验来证实发动机质量的 85% 可以被回收利用。此外,更长远的目标是为生命周期结束发动机的安全及环境责任管理建立新标准。此过程将在下面详细描述。

1) 停运- D1(decommissioning - D1)

在停运活动期间发动机将停止使用。发动机要经过检查、清洗并做去污处理。所有的操作液都要清除,之后或者再次销售并直接重复使用,或者由特定的回收渠道来处置。

执行停运活动时,首先发动机要经过检查,在此步骤中一份包含可拆解和重复使用的发动机零件的详细清单要准备妥当。这将保证发动机零件在整个报废阶段可以追踪。之后发动机要经过清洗并做去污处理。在此步骤中,油箱、系统和管道都要放空。诸如燃料、油和液压液的所有操作液都要清除。有些操作液如燃料可以直接再次销售并产生效益。如果操作液不能重新使用,那么将根据现有的规章由特定的回收渠道处置。操作液之外的危险品同样需要清除并处置。

2) 拆解- D2(disassembly - D2)

如果发动机所有人在停运活动后决定不再让发动机重新投入使用,那么发动机就进入拆解活动。

　　在计划之后,可重新使用的零件经过拆解,然后再次销售或者储存。在计划拆解期间,特定发动机型号的结构、材料和零件构成等信息需要了解。根据备件市场的需求选择出可重用和可重售的零件和设备。

　　可重用零件在发动机中的位置、技术信息、材料以及与其他零件的连接都应该了解。利用这些信息可以做出相应的拆解序列计划。在计划拆解序列期间,所选零件应当分类,并确定零件和部件组拆解的顺序。拆解序列计划应当包含拆解任务以及车间管控的时序安排。零件的类型、在发动机中的位置、适用的技术、拆解工作强度,以及在拆解任务中的关系共同决定了可能的拆解序列。

　　3) 拆除-D3(dismantling-D3)

　　在所有的可重用和可重售的零件和设备从发动机上移除后,拆除活动将开始进行。

　　首先要识别不同的回收渠道和相关要求。为了优化材料回收要拟定按特定顺序拆除发动机的计划。计划之后发动机将利用多种切削工具拆除。然后材料要按回收渠道的要求分类,如铝合金、钛、镍基高温合金、不锈钢、电子电器废弃物、配线、轮胎、塑料等。最后将已分类的材料发送至各回收渠道。这些材料或者经过回收作为原材料回到供应链,或者在填埋场处置。

　　经过熔炼,回收的金属铸锭后回到市场中(航空、机械、汽车)。所有的步骤也都遵从法规,并且考虑到生命周期设计以改善设计性能。

　　在 D3 步骤中,大部分材料可以直接回收。剩下的主要是绝缘材料和保护层。这些材料不能被回收,需要进行常规处置。

5.14.6　应用实践

　　项目团队应基于对可选报废方法的评估进行分析以制定系统、组件、废品的最终处置方案。方法应当包含对最后产物、使能系统、系统元素及材料的储存、拆除、重用、回收、再加工以及销毁。

　　报废分析应考虑到成本、报废场所、环境影响、卫生与安全问题、主管当局、装卸运输、支撑项目、适用法规等。

　　报废分析要能支撑系统设计中所使用的系统元素及材料的选择,并且在整个项目周期中应当考虑法规的变化对设计和项目的影响。

　　在整个系统生命周期中,报废策略和设计考量要根据适用法规、政策的变化进行更新。

　　ISO 14000 系列标准包含对环境管理系统以及生命周期评估的标准。

　　工业界转变到一种创造"摇篮到摇篮"周期、材料在闭环中持续循环的产品的新观念,而不再是设计"摇篮到坟墓",在生命周期结束时丢弃到填埋场的产品。将材料保持在闭环中会使材料价值最大化,又不破坏生态系统。

第6章
产品全生命周期技术管理流程集

6.1 需求管理流程

6.1.1 目的与描述

需求管理是指对需求进行管理策划、状态跟踪和变更控制。需求管理的对象是需求分析的输出物,即需求。需求管理贯穿于产品研制的全寿命周期。

需求管理与需求捕获、需求分析、需求定义及需求确认与验证活动之间以需求为核心串联,需求管理活动主要包含图 6.1 所示的需求属性定义、需求追溯、需求的状态跟踪以及变更管理活动。

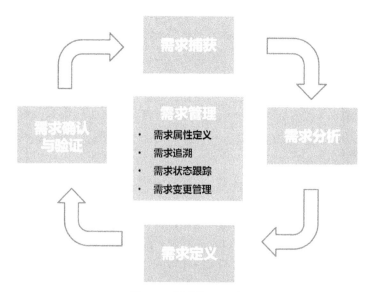

图 6.1 需求管理活动

在产品研制初期,就需要对利益攸关方的需求进行管理,建立利益攸关方需求、产品技术需求、设计架构及验证结果之间的追溯关联关系,对研制过程需求的状态进行追踪管理。

通过策划需求层级、属性、视图,达到项目需求信息规范化;通过建立需求追溯性,建立从客户需求到底层子部件需求的包含设计文档和验证文档的完整需求追踪体系,以全面支撑产品全生命周期需求的管控。

需求管理流程的输入、过程活动、输出如图6.2所示。

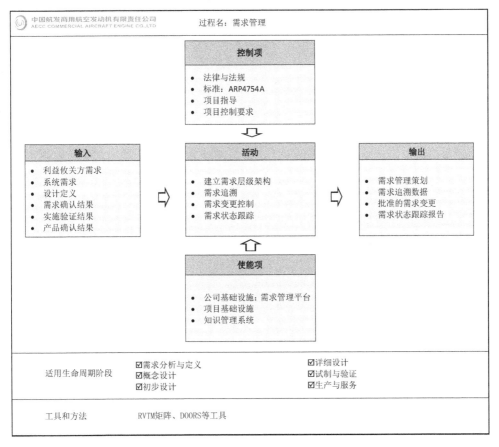

图6.2　需求管理流程 IPO 图

6.1.2　输入

1. 利益攸关方需求

由利益攸关方需求定义流程得到的利益攸关方需求文档,是需求管理的对象之一。

2. 系统需求

由需求分析流程得到的系统需求,是需求管理的对象之一。

3. 设计定义

由设计综合流程得到的设计定义是需求管理流程中跟踪需求的设计实现的要

素之一。

4. 需求确认结果

需求确认结果是需求状态跟踪中确保需求的正确性和完整性的重要输入。

5. 实验验证结果、产品确认结果

实施验证结果和产品确认结果是需求管理最终符合性证据闭环的重要依据。

6.1.3　主要活动

1. 建立需求层级架构

产品的需求层级架构是实施需求管理的基础,在项目研制早期,首先应定义项目的需求层级架构。

对于商用航空发动机这类高度集成的复杂产品,无法直接基于顶层需求完成设计,在获取顶层需求后,发动机整机层通过需求分析、分解和向下分配形成对下一层部件/子系统的需求;同样的,在部件/子系统层也需要开展需求捕获、分析等设计活动,进而构成了向下一层系统传递的底层需求,依次逐层分解直至最底层产品,形成需求的层级架构。

传统的研发主要依赖各类技术文件明确相应的要求(需求)、设计方案、验证结果等,各类技术文件之间的链接关系一般没有文字明确,再加上技术文件按章节和段落的描述,需要花费大量的时间阅读理解才能疏理清上下游之间的层次关系,存在要求(需求)的传递、确认和验证、更改以及追溯等方面存在管理和控制困难问题。通过需求层级架构策划,可以建立不同层级需求之间的逻辑关系,有效地实施产品开发的各个阶段中的需求动态管控。

需求层级架构取决于产品(系统)的系统架构。对商用航空发动机而言,一般按照系统架构分解,通常包括: L00 利益攸关方需求、L01 发动机产品级需求、L02 系统级需求、L03 部件/子系统级需求等,需求层级结构参见图 6.3。

需求层级架构将作为需求定义与分配工作的基础,对于复杂度较高的部分系统,在子系统层级仍需要向下分解,可按照不同部件或系统的实际情况定义更为详细的层级。

2. 需求追溯

通过建立不同层级之间需求的追溯关系,可以清楚掌握需求的状态以及不同层级之间需求的关系。也有助于在需求变更时评价需求变更后对其他系统产生的影响。基于需求层级架构,可以建立不同层级需求之间的逻辑关系,同时可以在每一层级需求的设计实现、验证文档与需求之间建立追溯性,有效地实施产品开发的各个阶段中的需求动态管控,检查在产品开发的各个阶段所开展的设计活动、设计结果对需求的符合性,最终保证设计结果与需求的一致性。

需求追溯通常是指建立每项需求与源需求之间的追溯关系。单条需求的定义

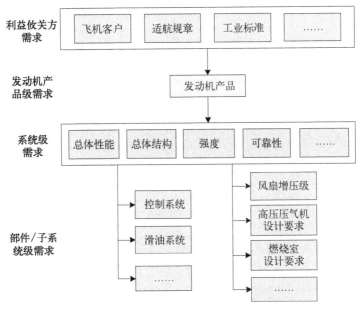

图 6.3　商用航空发动机产品需求层级架构示意

应满足需求可以被追溯。当需求分解至下一级需求时,必须建立需求与上一层级需求之间的链接关系。通过建立不同层级需求之间的追溯关系,确保上层需求被下一层级需求满足、实现。

　　一般情况下,一条上级需求可以对应多个下级需求来满足。反之,当多条上级需求由某一条下级需求对应满足时需特别关注,应检查这些上级需求是否冗余、独立,该条下级需求是否为一条简单需求(即检查该条需求的描述是否隐含多条需求)。

　　对于衍生需求,无须建立对上层级需求的追溯关系,但应在需求来源中明确描述该衍生需求的产生依据,为确认该需求的必要性提供证据。除衍生需求外,所有需求都应能够向上追溯至产品级需求或源需求(衍生依据)。

　　使用需求管理工具,如 IBM Rational DOORS,可以实现对需求的条目化追溯管理,可以通过链接向上追溯并确认需求的分配。

　　3. 需求变更

　　从早期的需求分析到后期的系统设计实现,需求变更可能发生在系统生命周期的各个阶段。在系统研制过程中,需求变更往往是不可避免的。所以,进行需求变更管理以规划和管理项目的时间和进度是非常重要的。需求变更管理的目标是通过请求变更、判断变更可实现性、评估变更影响、计划变更管理、执行变更管理等一系列活动,支持和管理变更的发生,并且保证变更的可追溯性。对需求的变更实施控制,确保需求的变更被向下传递、被设计实现及验证。

　　当需求完成确认并获得批准后,发布相应的需求文档。发布后的需求文档如需变更,应开展变更管理,评估变更的内容是否合理、识别变更的影响以及评估变更的可实现性。

　　需求变更管理的过程要求必须包含以下的步骤:

　　(1) 对需求以及需求变化进行记录;

　　(2) 建立需求的基线,做好版本控制;

　　(3) 开展需求变更控制,评估需求变更的影响;

　　(4) 跟踪变更对产品/系统的影响。

　　通常可借助于需求变更管理工具来控制需求变更,或者按构型管理要求进行变更控制。

　　4. 需求状态跟踪

　　在产品开发过程中应对需求状态进行动态管理,当某条需求状态发生变化时应及时更新需求状态矩阵,并链接相关证据,保持从需求到产品被验证过程的证据链完整。

　　需求状态跟踪是需求管理的重要内容,贯穿于整个产品开发过程,直至产品研制结束,需求最终被全部满足。需求状态跟踪内容包括了需求的确认状态、验证状态、追溯情况以及变更状态,一般可按照定期或结合里程碑形式进行统计,通过各类表单记录需求的确认状态信息、验证状态信息、追溯情况以及变更状态信息。其中,产品各阶段的需求的确认、验证状态可通过需求确认、验证矩阵来记录;需求的追溯状态应包含不同层级需求之间的追溯信息。

　　在每个阶段,开展验证和确认活动使得需求的完整性和正确性不断提高。采用需求管理工具 DOORS 系统策划需求验证与确认属性,有效地实现研制过程中对需求的确认状态与验证状态管控。为了便于对需求进行有效的管理,应策划产品或系统的具体需求属性项,通过需求属性的填写,来掌控需求的状态及信息。其中,需求属性可根据不同项目特点进行添加或删减,但一个项目需求关联的属性至少要包括需求编号、需求追溯类别、需求状态、责任人、审核人、需求承接专业、功能相关属性、功能研制保证等级(FDAL)、确认方法、确认证据、验证阶段、验证方法、验证方法说明、验证层级、验证通过准则、验证证据、需求来源。需求属性取值也可根据需要进行调整。

6.1.4　输出

1. 需求管理工作策划

项目团队需求管理工作的依据,是需求管理活动的重要输出。

2. 需求追溯数据

描述需求之间追溯关系的数据。

3. 批准的需求变更

包括需求变更的影响评估报告以及变更后的需求。

4. 需求状态跟踪报告

记录需求确认、验证、追溯以及变更状态的报告。

6.1.5　方法与工具

1. 需求管理策划要求

需求管理策划是产品/系统开发过程所有需求管理工作开展的顶层依据。在项目研制之初,应结合项目特点开展需求管理策划。需求管理策划一般应包含以下要素:

（1）需求管理的目标;

（2）需求管理的组织和职责;

（3）需求管理的工具或平台;

（4）需求的层级架构;

（5）需求定义的要求;

（6）需求分解/分配与追溯要求;

（7）需求状态跟踪及报告要求;

（8）需求变更控制要求。

同时,应依据项目顶层文件,对标各研制阶段的工作目标,策划各个研制阶段需求管理工作的范围和内容。

2. 需求管理工具要求

为了便于开展需求管理,通常借助 IT 工具管控需求及需求在产品研发过程的演变状态。需求管理工具也有多种,应用较广泛的包括 IBM Rational DOORS、TC 系统自带的需求管理模块、Microsoft EXCEL 等。采用的需求管理工具应与需求定义、需求分析、需求变更管理、需求状态跟踪以及与其他软件的兼容性等方面具有良好的综合性能。一般需求管理工具应具有以下主要特点:

（1）有基本的编辑功能,能支持非文字化的图、表、方程、逻辑符号等的定义和存储;

（2）基于数据库的需求管理,确保需求总是最新且有效的;

（3）具有类似 Word 的文档视图,易于查看;

（4）方便建立某项需求和其他需求之间的关联关系;

（5）图形化的需求跟踪矩阵,或者将各层需求展现在一张表内,直观高效;

（6）需求变化时,以可疑链接来提示需求的影响范围;

（7）通过定义各类属性管理需求状态;

（8）记录各条需求的所有变更历史;

（9）内嵌需求变更检验系统；

（10）便于与其他工具集成，如可以自动生成标准化的需求文档。

3. 需求管理组织机构

为了能够有组织地开展项目的需求管理工作，通过建立专门的需求管理组织机构（即建立项目的需求管理团队），使所有设计团队在一个平台上进行需求捕获、需求分析和需求定义工作。应从以下几个方面策划需求管理的组织机构：

（1）明确需求管理组织形式。应根据需求的层级，针对各层级需求设置相应的需求管理团队，负责编写和维护本层级需求。策划时可以根据项目的实际情况灵活设置需求管理团队，例如，每一层级需求的需求管理团队可以是一个或者多个，也可以对于不同层级需求设置同一个需求管理团队；

（2）明确各需求管理团队中的角色。根据需求管理活动的需要，通常每个需求管理团队包含的角色主要有：需求管理员、需求责任人、需求审核人、需求批准人和需求验证人员；

（3）明确需求管理各角色的主要职责和权限。

6.1.6　应用实践

2017 年以来，在商用航空发动机产品研制中，首次推广需求管理在型号项目中应用，整机级、部件/系统级均开始使用 DOORS 开展需求条目化工作。需求追溯性建立为需求管理中的一项重要工作，体现出在需求的逐层分解中，上层需求被下一层级需求满足、实现程度。经统计，2017 年底整机级分配至部件/系统需求与部件/系统向上游需求建立链接的比值（即需求追溯率）较低，约 70%。

为了提升需求追溯率，2018 年由需求管理牵头部门组织优化需求追溯关系，联合各设计部门中从事需求管理工作的核心成员，组建了一支跨专业需求管理联合项目团队。主要工作思路是：收集不同层级各设计专业在需求追溯建立过程中发现的问题，在原先需求管理体系策划基础上，通过优化需求确认视图，增加"需求承接专业"属性，以达到在需求确认属性定义过程中体现上游专业开展需求分配工作，下游专业基于 DOORS 系统可筛选出本专业应承接的需求，进行需求确认后再向上游建立链接，通过双向互动，解决了需求追溯率较低的问题，实现需求追溯精细化管理。

6.2　构型管理流程

构型管理过程的目的、必要性、方法和工具，以及在商用航空发动机研制过程中适用阶段、输入/输出、过程活动等如图 6.4 所示。

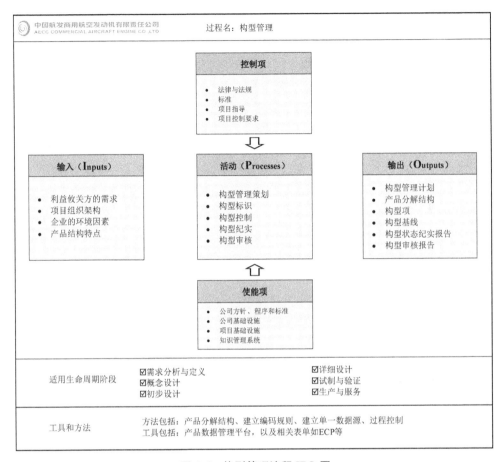

图 6.4 构型管理流程 IPO 图

6.2.1 目的与描述

根据 EIA649 构型管理标准中的定义：构型管理是一个技术和管理过程，通过应用恰当的流程、资源和工具，建立和保持产品构型信息和产品本身之间的一致。

构型管理的必要性：首先，构型管理是商用航空发动机能够获得市场准入证的基本要求。民用航空产品质量体系必须符合 AS9100/ISO10007 的相关要求，标准中明确提出了企业必须建立自己的构型管理体系的要求。同时，从适航的角度，AP‐21‐AA‐2011‐03‐R4 附录 E 等适航规章中也明确要求申请人应建立型号设计/更改过程中需遵循的程序、更改控制体系、记录系统等顶层要求。随着民用航空产品安全性要求越来越高，适航当局、飞机方、航空公司等利益攸关方愈发趋向于要求航空发动机制造商严格按照 ARP4754A 等要求建立研发体系，APR4754A 对于构型管理体系也提出了更为系统和具体的最佳实践。

其次,抛开外部要求,从内驱的角度,因为航空发动机本身具有复杂性和强耦合性,所以只有做好构型管理才能使项目成功。具体来讲,由于发动机研发技术难度高、不确定性强,研制过程中通常还会频繁地发生更改。而且设计、制造、试验等各个环节均存在广泛的"主制造商-供应商"协同关系。这种产品研制特点客观上也需要建立一套完整、适宜的构型管理体系,确保产品最终能够满足利益攸关方需求,降低研制风险。

最后,根据企业的实践经验,随意不严谨或者不完整、不成体系的构型管理往往会给研发人员带来巨大的"梳理构型状态"的压力。由于赶短期进度的压力,存在侥幸心理,大量的临时单据(如技术通知单、临时更改单)等被用来定义构型、定义构型更改,这一现状大大提高了构型管理的成本和风险。也导致在各阶段评审前,特别是产品定型或者提交适航审查前,研发人员往往需要花费几个月的时间从堆积如山的文件中"梳理"构型,搞清楚试验件的构型是什么、搞清楚交付产品的构型是什么,并进一步搞清楚两者之间的差异是什么,以此来证明交付的发动机对包括适航要求在内的所有产品需求的符合性。这也成为发动机研发过程中一个特别的"风景"。最终对项目进度、质量,甚至项目成功带来了非常大的风险。

反过来讲,好的构型管理则可以使企业获得如下收益:

(1) 保证产品的可生产性和可重复性;

(2) 提高产品的维修性;

(3) 延长产品的生命周期;

(4) 减少设计缺陷;

(5) 控制项目成本/进度/技术完整性;

(6) 实现产品双向互换性;

(7) 避免项目失败。

因此,诸多航空制造企业均将构型管理作为企业的战略核心能力。

综上,建立构型管理相关流程和标准是确保商用航空发动机项目成功、顺利进入市场不可或缺的重要工作。

构型管理如何开展:构型管理流程是通过构型管理策划、构型标识、构型控制、构型纪实和构型审核五大构型管理活动,用技术和行政的手段,规范产品研制流程,确保在产品研制的全生命周期内其功能特性、物理特性与产品的需求、设计和使用信息之间的一致,从而确保满足各利益攸关方的需求(包括适航、飞机和客户等),如图 6.5 所示。

根据 EIA649 的定义,构型管理策划是构型管理其他活动的基础,定义了企业在产品发动机全寿命周期中,如何实施构型管理活动,以确保产品构型信息和产品之间的一致性。

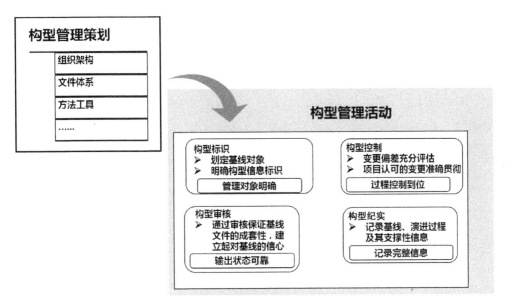

图 6.5　构型管理过程活动

构型标识活动是依据构型管理策划,在适当的时机,对产品构型信息以及产品实物进行唯一、有效、追溯关系明确的标识。其中构型信息的标识包括编号、版本、成熟度状态等的标识,实物的标识主要包括实物的标印等,以确保产品实物及其构型信息随时可以被准确、高效地追溯。

构型控制是依据构型管理策划,在适当的时机,对构型的变更进行必要的影响评估、并对更改实施方案进行必要的论证、批准,并进行有效的监控的过程。其目的是使构型更改可以被有效地控制,并持续维持构型信息的准确和完整,以及构型信息与产品的一致性。

构型纪实在开展构型管理活动时获取产品信息和产品构型信息,通过报告的形式支持项目。由构型纪实信息产生的指标可用于评估和改善构型管理流程的效用。

构型审核是通过功能和物理审核确认产品和产品构型信息的一致性,同时也确保构型管理体系的有效性。

6.2.2　输入

1. 利益攸关方的需求

依据商用航空发动机适航取证的要求,要综合考虑并符合适航当局对申请人提出的产品初始适航和持续适航对构型管理的要求,体现在项目的构型管理计划和实施过程中。同时构型管理的方针政策来源于公司的战略,且构型管理是公司质量管理体系的组成部分,因此应符合质量选用的行业标准要求。

2. 项目组织架构

项目管理是构型管理的源头,虽然构型管理的组织架构与项目组织架构不一样,但是同样项目的组织架构也是构型管理组织架构的源头。

3. 企业的环境因素

项目研制可获取的资源、可用和可创造的基础资源,决定了项目实施构型管理的环境,决定了项目采用的构型管理工具和方法。同时公司的程序文件和标准也是构型管理策划的基础和行动指南。

4. 产品结构特点

构型管理是服务于产品的,产品的复杂程度、研制周期、安全等级等都在一定程度上影响构型管理的策划。

6.2.3　主要活动

1. 构型管理策划

构型管理策划(CMP, configuration management planning)是项目顶层研制策划的一部分(见图 6.6),是开展构型管理工作的顶层要求,通常包含以下几方面内容:

(1) 构型管理组织架构及职责分工;

(2) 构型管理各项工作所依据的规则(流程与标准等);

(3) 构型管理需落实的项目顶层需求;

(4) 研制过程各个阶段构型管理主要策略及管理活动;

(5) 项目构型管理规则相对于外部标准、顶层需求的符合性声明;

(6) 项目构型管理规则培训工作安排。

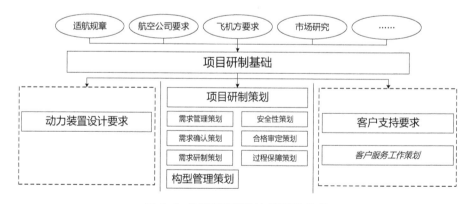

图 6.6　构型管理策划与项目的关系

2. 构型管理组织架构

构型管理组织是实施项目构型管理活动的责任主体。构型管理的各项活动依据其对项目技术、进度、成本等各方面影响的大小,需不同层级的管理组织审批,因此通常可以定义不同层级的构型管理组织。同时考虑到构型管理活动的复杂性以及日常事务工作较多,因此可以设置相应的办公室,辅助决策机构开展事务性工作。构型管理组织架构在产品研发的不同阶段视情按需建立。典型的发动机研发项目构型管理组织架构参见图 6.7。主要包括以下组成单位。

(1) 构型管理组织最高领导及决策机构(configuration management board, CMB),负责批准可能影响公司层级的构型管理规则以及变更申请。

(2) 负责辅助 CMB 日常管理和工作协调的相应的管理办公室(configuration management office, CMO),具体工作包括组织起草公司级构型管理规则,组织协调 CMB 会议等。

(3) 项目级构型控制委员会(configuration control board, CCB),其由构型管理委员会(CMB)批准建立,是项目构型管理的主要决策机构。负责批准可能影响项目级但无须 CMB 审批的构型管理规则以及变更申请。

(4) 负责辅助 CCB 日常管理和工作协调的相应的管理办公室(configuration control office,CCO),具体工作包括组织起草项目构型管理顶层管理文件,组织协调 CCB 会议等。

(5) 各专业对应的构型控制小组(configuration control team, CCT),负责批准项目中无须 CCB 审批的更改。

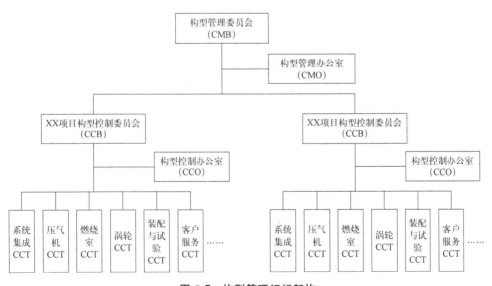

图 6.7　构型管理组织架构

3. 构型管理文件体系

为了保证公司各个项目的构型管理规则的相对统一,减小管理成本,应当首先建立公司统一的构型管理文件体系,着眼于各项目的普适性,形成公司级的构型管理文件体系。公司级的构型管理体系应覆盖构型管理的五大活动,贯彻产品研制的全生命周期。

4. 项目的构型管理计划

构型管理策划活动在每个项目上的重要输出为项目的构型管理计划,项目的构型管理计划中应当纳入所有适用的流程、标准文件编号和版次,声明其适用于本项目的构型管理工作;对于偏离公司级构型管理文件体系要求的,必须明确偏离的具体内容。同时依据项目的研制特点,制定各研制阶段的构型管理活动,包括构型项的定义、基线类别与建立发布的对应时机、构型纪实要素、构型更改控制流程、构型审核的主题与时机等。

1) 构型管理环境

项目的构型管理计划中应描述项目的构型管理环境,包括相关的程序、工具、方法、标准、组织责任及接口等。

2) 构型管理规则符合性声明

完成项目构型管理策划后,应对标项目顶层需求,声明构型管理的流程、标准,以及项目专用的构型管理规则相对于需求的符合性。对于直接引用公司构型体系文件的,可以直接引用标准的符合性声明,作为向局方、客户提供的支撑材料。

3) 构型管理计划的完整性检查

可按照表 6.1 对构型管理计划的完整性进行检查。

表 6.1 构型管理计划完整性检查清单表

序 号	检 查 内 容	检查结果
1	是否包括适用范围的要求	是
2	是否包含对规范性引用文件的要求	是
3	是否包含术语定义的要求	是
4	是否包含项目情况简介	是
5	是否包含对构型管理组织的要求	是
6	是否包含对构型管理文件的要求	是
7	是否包含对特殊过程的要求	是
8	是否包含对构型标识的要求	是
9	是否包含对构型控制的要求	是
10	是否包含对构型纪实的要求	是
11	是否包含对构型审核的要求	是
12	是否包含对电子软、硬件的构型管理要求	是

续　表

序　号	检 查 内 容	检查结果
13	是否包含偏离流程要求	是
14	是否包含对供应商的构型管理要求	是
15	是否包含对工具的要求	是
16	是否包含对符合性说明的要求	是

5. 构型标识

构型标识的目标主要是明确管理对象(构型项);识别构型信息及相关的附属信息,并以相应的文档发布;建立产品架构对各类构型信息进行合理的结构化组织,并在适当的时机建立基线以管控其更改。构型标识涉及管理对象的具体呈现方式,标识的合理性对后续的管控效率甚至成败有着决定性的作用,因此是一个企业能否做好构型管理的核心要素。必须站在全生命周期的视角制定标识规则,确保规则的可执行性和全局效率最优。

1) 定义构型项

定义构型项最主要的目的是将复杂产品的工作分层级进行管控,明确各个组织的构型管理范围;构型管理的其他活动,包括接口控制、基线、更改、审核等,均是围绕构型项开展的。构型项应按照层级自上而下逐层定义,并给予相应的层级标识。构型项的层级定义,可在具体项目研制过程中,根据项目实际情况(如任务包定义、供应商选择等)按需进行拆分、组合、调整层级等。如表 6.2 所示。

表 6.2　常见的构型项层级

层级代号	层 级 名 称	包 含 内 容
1	产品级	动力装置
2	部件系统级	风扇增压级、高压压气机,燃烧室、高压涡轮、低压涡轮,机械系统,控制及健康管理系统,外部结构等
3	子部件系统级	细分的子部件、子系统
4	关键件	需特别关注的零部件、成附件等

2) 识别产品构型信息

产品构型信息包括三大类,分别是产品定义信息、产品使用信息,以及产品定义信息的附属信息(含使用信息的相关元素)。产品定义信息是描述产品的性能、功能和物理特性的信息,包括需求信息(设计要求、接口规范等)和设计信息(如图纸、零组件模型、软件代码等);产品实用信息是使用者所需的程序和技术信息,用于运行操作、维护和处置产品;产品定义信息的附属信息如分发、制造和试验工艺等,具体关系详见图 6.8。

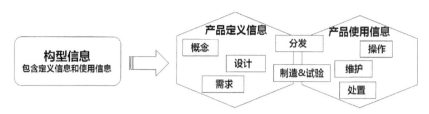

图 6.8 产品构型信息

3) 标识产品和产品构型信息

标识产品和产品构型信息的目的是对识别到的产品和产品构型信息给予唯一的标识符,包括更改标识规则,使得不同产品之间、产品不同构型之间能够相互区分。如果发生产品构型变更,则变更相应的标识符,使得更改具有可追溯性。

4) 建立产品结构

产品结构是通过树状的形式将产品构型数据关联管理,形成结构化的视图,是目前构型数据管理模式的通用做法。通过产品结构可以准确获取各类构型信息,并根据产品结构实现各种构型信息之间的关联管理,确保在项目研制周期内能够快速调用与构型及构型管理活动相关的各类信息及其统计数据。

5) 建立构型基线

基线被用来向利益攸关方提供针对某一时间点或某一阶段的准确、一致的技术状态,作为利益攸关方开展或持续工作的依据。基线管理方案与产品研制流程、周期及复杂性息息相关,基线管理应充分考虑管理对象的实际需求,保证构型管理工作的适宜性。

构型文件的批准发布即代表该文件所定义的构型信息建立了基线;当产品某一阶段所需要的构型文件全部发布,其完整性、一致性经过批准确认后,即代表产品在该阶段建立了基线。构型基线具有的特性是:① 产品属性在特定时间点上的快照;② 用已批准和发放的构型文件标识;③ 作为构型管理更改的基础;④ 作为评估项目成本、进度、资源和风险的基础。

基线的建立通常意味着更改控制权的转移,构型基线的更改一般不再仅仅由该构型信息的创建者批准,而是由创建者申请,由构型管理要求规定的组织或个人按照规定的流程进行批准和发布。

通常情况下,应根据产品设计的周期与复杂程度,将基线进行分类,应用于产品生命周期的不同阶段。按照基线的"门禁"管理作用,建立各类基线的时机应满足产品研制的实际需求,保证构型管理工作有效。结合 AECC 产品生命周期模型,一般建立 4 条正式产品级构型基线:功能基线、分配基线、设计基线和产品基线。

6. 构型变更管理

构型变更管理用于管理对产品产生影响的更改建议和管理所发现的基线的偏

差,包括变更请求的提出、评估、协调、批准、执行和验证的全过程。确保构型基线的更改能够被恰当地标识、记录、批准或不批准以及恰当地合并和验证。构型变更管理包含构型更改控制和偏差控制。

1)构型更改控制

构型更改控制过程主要包括:更改申请、更改评估和审批和更改实施与确认,详见图6.9。

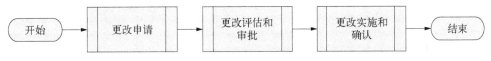

图6.9　构型更改控制过程

2)更改申请

在产品研制的全生命周期,构型更改是不可避免的,构型更改的原因可分为以下内容。

(1)设计错误:导致按产品图样无法制造或制成后不能使用的设计性错误;

(2)改进设计:为提高产品技术性能,改进使用维护性的设计更改。如延寿、减重、改进结构形式、选用新材料、提高可制造性、降低成本等;

(3)完善设计:不涉及实质内容的更改,对生产无影响,如补充视图、补注尺寸、勘误等;

(4)关联更改:为相互协调而进行的更改;

(5)客户要求:为满足用户提出新的要求所作出的设计更改;

(6)生产工艺更改:指产品在量产过程中,其制造工艺以及用于产品制造的工具、夹具、检具、设备及原材料等的变化。包含以下几种情况:

a)产品制造的工艺流程变化;

b)产品制造的工艺方法变化;

c)用于产品制造的原、辅材料变化;

d)用于产品制造使用的设备变化;

e)符合产品图纸的情况下,为提高产品质量,减少加工余量,消除加工干涉问题等所进行的模具修正变化;

f)用于产品制造的设备、工具、夹具、检具变化。

(7)其他:除上述更改原因之外的其他原因。

更改申请是定义和记录更改申请的过程,主要目的是记录更改原因、分析问题影响、确定更改的必要性等。关于更改原因中所解决的问题,有一部分问题是在研制阶段的设计评审、测试,以及投入运营阶段发现的、且当时并不能明确更改负责人时,采用问题报告(problem report)方式,提出问题并进行决策和追踪管理,再转化为更改申请(CR)。

3) 更改评估和审批

更改评估和审批是定义和记录更改建议和评估的过程,主要目的是提出详细的更改方案,组织受影响方进行更改影响评估、确定更改分类和更改审批。

根据更改的内容及其影响因素,将构型文件的更改分为三类:Ⅰ类、Ⅱ类和Ⅲ类,参考相关规范和适航要求,也可将更改分为大改(Ⅰ类)和小改(Ⅱ、Ⅲ类)。

Ⅰ类更改:影响到以下一个或多个因素的更改都视为Ⅰ类更改。

(1) 影响到公司和参研单位等签订的合同。

(2) 影响到项目重要节点。

(3) 影响较大的成本费用。

(4) 影响技术风险的等级(由设计方法、材料或工艺的改变带来的)。

(5) 影响适航审定过程中的符合性验证计划(CP)、审定基础、符合性验证方法、符合性试验项目清单、验证计划等;影响到已确定的制造符合性检查项目,包括项目清单变化,以及制造符合性检查属性的变化;影响到已完成的制造符合性检查工作的有效性,导致可能需要重新进行制造符合性检查或者补充制造符合性检查;影响到已完成的适航验证试验的有效性,导致可能需要重新进行验证试验或者补充验证试验。

(6) 影响到功能基线、分配基线的中文件中内容(即与功能基线、分配基线文件中的要求不一致或超出文件的限制范围)。

(7) 影响到已交付发动机的操作或运行维护手册等技术出版物,或者需要对已交付产品进行处置,如产品召回、安装改装件、磨损、在维护期间更换等。

Ⅱ类更改是指Ⅰ类和Ⅲ类更改之外的所有构型更改。

Ⅲ类更改是指不涉及产品功能特性和物理特性的更改,如订正文字错误、增加视图、标注格式、明确技术要求等非构型信息的更改或补充。

所有构型文件的更改必须经过项目构型管理组织(如构型控制委员会 CCB/构型控制小组 CCT)确认,以保证其构型更改的影响评估是在技术、进度、成本等方面进行了充分的分析评估,确保将所有潜在的影响和后果都识别出来。更改评估应至少包含以下方面的影响:

(1) 构型文件、实物制品(在制品、制成品、交付品)的影响;

(2) 装配工艺、工装、设备的影响;

(3) 测试方案、工艺、试验设备的影响;

(4) 项目进度、成本、采购;

(5) 符合性结论的有效性范围;

(6) 备件、技术出版物、训练设备等;

(7) 客户、适航要求。

4）更改实施和确认

更改实施和确认是监督检查所有更改贯彻执行和关闭情况的过程。对更改的实施进行跟踪和确认,确保对产品和产品构型信息根据已批准的更改建议进行落实。

针对适航取证后和产品交付后的阶段,建立贯彻在役发动机的更改流程,包括对服务通告 SB、技术出版物更改的审批发放和管理等。

5）偏差控制

偏差控制包括偏离和超差两种形式,均是经批准的对所规定的需求的背离,与工程更改不同,偏差不要求改变产品的定义信息,而是针对实物状态的明确的控制方式,所以产品的偏离和超差不改变现行的构型基线的信息。

偏离是指产品开始制造前获得的一种具体的书面授权,规定该产品的某个具体编号的零组件在某个特定的时间阶段内,可以偏离该产品现行已批准构型文件中的某项要求。

超差是指产品在制造期间或检验验收过程中,发现由于各种原因导致产品某些方面不符合已批准的构型文件的要求,但不需修理或用经批准的方法进行修理后仍可使用。

偏差控制的流程与构型更改控制的流程基本相同,均包含偏差申请、评估和审批、实施和验证的过程。

交付给客户的产品,必要时偏差批准前须经客户同意。发动机交付时,所有的偏差应该都是经过相应批准的,并有偏差控制清单,可能还涉及费用的谈判。

7.　构型纪实

构型纪实活动从需求产生开始,贯穿产品的需求定义、设计、制造、运行、维护的整个研制过程。构型纪实不是一项独立开展的构型管理活动,它对构型管理提出通用性要求,并在构型标识、构型控制、构型审核活动过程中贯彻执行。

构型纪实应具有构型的实时记录、查询和报告的能力,它应能为所有的项目活动(包括项目管理、系统工程、设计、制造、维修、信息平台等)提供可靠的构型数据源,主要具有以下功能:

(1) 确保在试验件研制过程的各个阶段,能够随时获取、关联、存储、维护其构型信息;

(2) 确保可以获取实时的、准确的试验件构型相关信息,如更改(内容、评估、决策)、偏离和不合格等;

(3) 确保产品完整构型信息以有组织、有索引的形式存储,易于获取;

(4) 确保产品的当前构型的定义是准确的且历史构型可追溯(包括实物的标识以及与之相关的图样、模型、技术文件等构型信息的标识);

(5) 确保使用者能够获取所需的构型信息,确保构型信息能为相关的分析、评估、比较和确认工作提供数据,并可生成相关报告;

（6）确保构型信息准确地与其适用的版本、构型文件进行关联；

（7）构型纪实系统能够提供必要的量化信息（如更改处理周期时间、更改原因分类比例、更改申请驳回率和驳回原因等）以改进构型管理过程。

构型纪实是创建和组织实施构型管理工作所必需的过程，一般应包含以下活动：

（1）记录各有关构型项的标识号及当前已批准的构型文件；

（2）记录和报告所有更改建议的提出及其审批状况；

（3）记录和报告已批准更改的执行状况；

（4）记录和报告影响构型项的所有偏离和让步的状况；

（5）记录和报告构型审核的状况，包括已识别的不符合项及其最终处理结果；

（6）提供每个构型项的初始构型文件更改的记录及软件文档所有修订版/版本的说明。

由于民机产品研制生命周期的时间跨度较长，应建立有效的、持久的数据源，维护产品构型下次能洗，用于进行构型数据的存档（archiving）和检索（retrieval），按照适航要求，应制定程序来确保所保存资料的完整性。这些程序应包括：

（1）确保不做未经批准的更改；

（2）选取合适的存储媒介，使再生错误或衰退减少到最低；

（3）以一定的频率使用和/或更新存档的数据，该频率应与存储媒介的存储寿命相协调；

（4）分开保存档案的副本。在发生灾难的情况下，可以将资料丧失的风险降到最低。

在研制阶段和最终阶段，进行系统提交的时候，应伴随提供系统的构型索引，构型索引记录了系统构型中所有零组件的构型信息，除此之外，构型索引还包括维持系统安全的约束和限制，一个典型系统的构型索引包含以下信息：

（1）每个系统内部构型项的标识；

（2）相关构型项的构型信息标识；

（3）构型项之间关联关系；

（4）与其他系统的所需接口；

（5）安全性相关的操作与维护的程序和约束。

8. 构型验证与审核

构型验证与审核是构型管理五大活动之一，通过对构型文件、产品和记录的检查，以及对程序、流程和操作系统的评估，来检验产品是否达到了所要求的特征（功能特性和物理特性），并且产品的设计已被准确地记录在文件中。构型审核作为技术状态检查的一种形式，其主要目的是在产品的研制过程中，确保在不同阶段构型信息对标输入要求的完整性、一致性和符合性。

构型审核的目的包括以下内容：

（1）确保产品设计符合批准的性能和功能；

（2）确认产品构型信息的完整性；

（3）验证产品与产品构型信息的一致性；

（4）确认建立了适当的程序使构型处于持续可控状态；

（5）确保产品定义信息受控；

（6）确保有一个受控的构型，为运行、维护、培训和备件提供基础。

构型审核一般分为功能审核（FCA）、物理审核（PCA）和管理体系审核。功能构型审核的主要目的是审核定义文件与设计要求文件的完整性和符合性。其审核主题针对产品的设计要求、接口、图纸、软件代码/清单审查，通过审查验证结果来说明构型项对标设计要求、接口、图纸、软件代码等功能和性能要求的完整性和符合性。物理构型审核的主要目的是审核定义文件与实物之间的完整性和一致性。其通过审查实物状态信息及工艺记录来说明对标设计定义信息（接口、图纸等）的完整性和一致性。构型管理体系审核，确保构型管理体系是有效的，形成制度化的流程，同时检查过程记录，确保实际过程是按照流程要求执行的。

局方开展型号合格审定的过程是一种第三方构型审核方式。

6.2.4　输出

1. 构型管理计划

构型管理计划是项目开展构型管理工作的依据，其明确了在产品研制不同阶段构型管理活动的流程及要求原则，以保障项目构型管理活动的有序开展，实现构型管理活动的目标即确保产品研制全生命周期内产品构型信息与产品本身之间的一致性。

2. 产品分解结构

产品分解结构是定义产品及其组成之间相互关系的分层级视图，包括产品的架构设计及相关联的各类产品数据。通过不同的视角组织形成不同的分解结构，如功能分解结构、物理分解结构等，以满足不同利益攸关方的使用需求。

3. 构型项

在产品研制过程中，按照构型项的划分原则形成构型项清单，构型项的划分伴随着产品研制的不断深入而不断地细化，其目的是作为构型管理活动的基本单元。

4. 构型基线

构型基线是构型管理活动的重要输出，是在产品寿命周期内的某一特定时刻，经过完整性、一致性确认的产品构型信息，是更改控制、构型审核等构型管理工作的基础。

5. 构型状态纪实报告

构型状态纪实报告是记录构型标识、构型控制和构型审核过程中的有关信息和数据,是追溯构型管理活动的主要依据。

6. 构型审核报告

构型审核报告是构型审核活动的主要输出,是项目技术评审决策的依据之一。

6.2.5 方法与工具

1. 单一产品数据源

单一产品数据源是以 BOM 为核心组织所有构型数据的管理机制,将产品研制过程中产生的需求、设计、实物、工艺、生产、验证、客服、维修等数据按照不同的产品架构组织形成相应视图,以达到保障产品构型数据的唯一性、完整性、实时性、有效性和可追溯性。单一产品数据源,不仅可以解决产品整个寿命周期的管理问题,还可以解决设计、生产、制造、试验过程中所出现的具体问题,如串换件管理、履历管理、故检管理等问题。

2. 构型评估和决策会议

针对更改、偏差等的影响进行评估,并召开决策会议,如构型控制委员会(CCB)会议,进行综合的权衡决策。

3. 技术评审和过程审核

在产品研制生命周期内,构型审核结合技术评审、符合性确认、过程质量审核等,实现对产品与产品构型信息的正确性、完整性、一致性、可追溯性的控制。

4. 构型管理相关的工具

民机研制的复杂性、数据和信息量巨大、异地设计制造研发的现状,应有相适应的产品数据管理和协调研制的数据平台。数据平台应以需求为牵引,从产品全生命周期构型数据流转角度,覆盖构型管理的过程。目前较知名的数据管理平台有达索公司的 Enovia、西门子公司的 Teamcenter、PTC 的新一代 Windchill 等。

5. 过程管理工具

过程管理工具主要指构型管理活动过程中应该使用的单据,包括但不限于以下内容:

(1) 问题报告;

(2) 构型更改申请;

(3) 工程更改建议;

(4) 更改分类标准;

(5) 换版换号判断准则;

(6) 偏离/超差单;

（7）服务通告 SB；

（8）构型审核检查单。

6.2.6　应用实践

构型管理工作是系统研制工作的基础和保障,构型管理的活动和系统研制活动是一个有机的整体。基于产品研制的全生命周期的构型管理模型详见图 6.10。

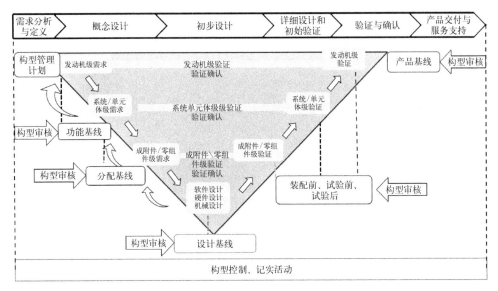

图 6.10　构型管理模型

1. 构型管理计划

构型管理计划是每个项目构型管理活动开展的依据,编制构型管理计划是构型管理策划的重要输出。

2. 基线

构型基线是构型标识的重要手段,基线在产品研制过程中起到"门禁"作用,结合产品研制生命周期输出的构型信息,基线可以分为不同类别,不同基线包含不同的构型文件,见表 6.3。

表 6.3　各类构型基线主要文件

序号	构型文件名称	文件类型	构型基线类别				
			功能	分配	设计	产品	运维
1	研制总要求	JY	●				
2	整机验证要求	JY	●				
3	整机设计要求	JY	●				

序号	构型文件名称	文件类型	构型基线类别				
			功能	分配	设计	产品	运维
4	可靠性、安全性、维修性、测试性设计要求	JY	●				
5	整机试验测试要求	JY	●				
6	接口控制文档（产品同飞机间）	JK/图样	●				
7	部件、子系统设计要求	JY		●			
8	部件、子系统验证要求	JY		●			
9	接口控制文档（部件/子系统间）	JK		●			
10	接口协调图	图样		●			
11	成附件产品规范	JT			●	●	
12	工程图（零件图、组件图、单元体图、总装配图及系统图）	图样			●	●	
13	辅助图样（产品外形图、产品安装图、原理图、电路图、布线图）	图样			●	●	
14	技术标准（图样直接引用的标准）	—			●	●	
15	技术条件（图样直接引用的技术文件）	JT			●	●	
16	型号目录	ML			●	●	
17	零组件明细表	MX			●	●	
18	软件清单（安装至产品上的软件）	ML			●	●	
19	标准件目录	ML			●	●	
20	软件源代码	—			●	●	
21	软件测试和验证报告	TBD				●	
22	产品试验分析报告	TBD				●	
23	产品仿真分析报告	TBD				●	
24	产品工艺文件指影响产品实现特性的工艺规范、工艺规程等工艺文件	—				●	
25	产品出厂验收规范	TBD				●	
26	产品交付信息	TBD					●
27	问题/故障报告	TBD					●
28	发动机维修手册	TBD					●
29	发动机图解零件目录	TBD					●

续　表

序号	构型文件名称	文件类型	构型基线类别				
			功能	分配	设计	产品	运维
30	发动机工具和设备手册	TBD					●
31	标准施工手册	TBD					●
32	动力装置总成手册	TBD					●
33	结构修理手册	TBD					●
34	部件修理手册	TBD					●
35	消耗品手册	TBD					●
36	无损检测手册	TBD					●
37	服务通告	TBD					●

3. 构型项控制

根据 SAE ARP4754A 的要求,对构型项的生命周期数据的管理分成Ⅰ类系统控制类别(SC1)和Ⅱ类系统控制类别(SC2)两类,同样概念也可以在 DO-178B 和 DO-254 中(CC1 和 CC2)发现,针对这两类不同类型的数据,施加的构型管理活动是有区别的,具体区别如表 6.4 所示。

表 6.4　不同控制类别数据构型管理活动

构型管理活动	SC1	SC2
构型标识	Y	Y
构型基线建立	Y	
问题报告	Y	
变更控制——完整性保证	Y	Y
变更控制——追踪	Y	
构型索引生成	Y	Y
存档和读取	Y	Y

可以看出,SC1 类数据要实施所有的构型管理活动,SC2 类数据不需要纳入基线,针对更改无须严格的控制流程和记录,只需要控制变更来源即可。因此 SC1 类数据的构型管理控制力度要大于 SC2 类数据,而判断一个产品数据是否属于 SC1 和 SC2,主要原则包括:FDAL 等级,FDAL 等级越高,产品的数据中 SC1 类的比例就越大;数据类型上的区别,SC1 类一般是产品研制主线上的产品数据,如需求、架构、实现、安全性数据等,SC2 一般是辅助功能,如计划文件、协调文件、验证和确认相关文件等,如表 6.5 所示。

表 6.5　构型管理过程裁剪要求

过 程 描 述	对应 FDAL 适应性过程是否可裁剪?(是/否)				
活　动	A	B	C	D	E
构型管理策划	否	否	否	否	否
构型标识	否	否	否	否	可裁剪
构型更改控制	否	否	否	否	否
构型状态纪实	否	否	否	否	否
构型审核	否	否	否	否	可裁剪

4. ECP 模板

构型更改控制是构型管理的核心,构型更改单应记录更改申请、更改评估和协调、更改贯彻和验证的所有信息,构型更改单可参见表 6.6。

表 6.6　构型更改单

AECC CAE	关于 XXXXXXXXXXX 更改建议			密级: XX	
编号	ECP - C1A - 0J - 0001			共 X 页	第 X 页
更改申请					
紧急程度	□特急　□紧急　□一般　□其他	更改类别	□Ⅰ(□A　□B　□C)　□Ⅱ　□Ⅲ		
更改输入	应填写相关的会议纪要、现场问题协调单、技术归零报告等文件的编号				
更改原因	描述更改提出原因,可带附件; 当"更改输入"一栏中有引用的 ECP 时,本栏具体内容可见所引用的 ECP				
	关键词:　从更改原因中总结出关键词,便于后期归类总结,不少于 3 个				
更改方案	定义详细的更改方案,包括受影响的文件编号、版本及其相关联的未发布 ECP(若有)、更改前后内容的对比、在制品上贯彻要求(仅用于图纸更改)				
技术论证	描述可支撑更改可行性的技术论证,必要时可引述已归档的分析报告编号或添加附件				
项目进度影响	评估内容	是/否	详 细 描 述		
	对设计计划有影响		影响情况,调整措施及分析或文件编号		
	对试制计划有影响		影响情况,调整措施及分析或文件编号		
	对试验计划有影响		影响情况,调整措施及分析或文件编号		
	其他计划影响		影响情况,调整措施及分析或文件编号		
项目成本影响	评估内容	是/否	详 细 描 述		
	对设计成本有影响		影响情况,调整措施及分析或文件编号		
	对试制成本有影响		影响情况,调整措施及分析或文件编号		
	对试验成本有影响		影响情况,调整措施及分析或文件编号		
	其他成本影响		影响情况,调整措施及分析或文件编号		

续　表

编制	XX		发起时间	

CCO 受理更改

CCO 综合审查并初步判断分类

CCT 主任审核 (I 类)	XX		审核时间	
CCO 选择受影 响方				

受影响方更改评估

受影响方 1 更改方案	针对更改提出方提出的更改建议,明确该更改方案需要本专业进行的适应性更改(文件编号、版本)。可在本部分详细描述具体更改内容,或见本表格后面"更改内容说明"部分,或后续见补充 ECP 编号 XX
技术论证	技术论证结论,必要时需要描述具体信息(已归档的分析报告、计算报告编号或附件 XX)

受影响图纸/文件清单

图纸/文件编号	图纸/文件名称	有效版次	已批准未贯彻的 ECP		生效范围	更改计划
			编号	名称		

更改内容说明(每一个受影响文件 都要填写一份本表格,明确更改前后的变化)

图纸/文件编号	受影响图纸/文件编号	
图纸/文件名称	受影响图纸/文件名称	
制品处理意见	在制品	受影响制品及处置方式
	制成品	受影响制品及处置方式
	已交付产品	受影响制品及处置方式

更改前:　　　　　　　　　　　　　　　　　更改后:

项目进度影响	评估内容	是/否	详 细 描 述
	对设计计划有影响		影响情况,调整措施及分析或文件编号
	对试制计划有影响		影响情况,调整措施及分析或文件编号
	对试验计划有影响		影响情况,调整措施及分析或文件编号
	其他计划影响		影响情况,调整措施及分析或文件编号

续　表

项目成本影响	评估内容	是/否	详　细　描　述
	对设计成本有影响		影响情况,调整措施及分析或文件编号
	对试制成本有影响		影响情况,调整措施及分析或文件编号
	对试验成本有影响		影响情况,调整措施及分析或文件编号
	其他成本影响		影响情况,调整措施及分析或文件编号

CCT 技术主管 1: XX	意见	处理时间
CCT 技术主管 2: XX	意见	处理时间
……	意见	处理时间
CCT 项目主管: XX	意见	处理时间
CCT 财务主管: XX	意见	处理时间
CCT 构型主管: XX	意见	处理时间
CCT 主任批准: XX	意见	处理时间
CCO 项目构型主管: XX	意见	处理时间
CCO 主任审核: XX	意见	处理时间
CCB 主任批准: XX	意见	处理时间

5. 构型审核

在产品研制的不同阶段,确定不同的构型审核主题及方式,与技术评审和基线建立挂钩,作为技术评审及基线建立的依据。构型审核的过程一般包括审核申请、审核组织、审核执行、审核问题整改等,具体审核过程以设计基线审核和装配前审核为例:① 设计基线的审核流程见图6.11、功能审核检查单见图6.12;② 装配前实物审核流程见图6.13、物理审核检查单见图6.14。

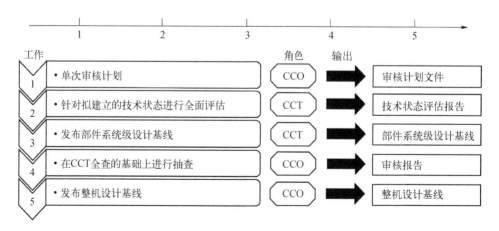

图 6.11　设计基线审核过程

审核对象	条目化需求		需求验证计划		结论及证据链	
	需求编号	燃烧室需求	初步设计阶段		设计基线审核结果	备注说明
			验证方法	验证说明		
××-×台燃烧室设计基线	×-××-××	LT0起飞状态燃烧效率应大于等于99.90%	MC2	计算分析	符合设计要求,详见《GJ-××概念设计阶段燃烧室方案设计报告》	
	×-××-××	LT0爬升状态燃烧效率应大于等于99.90%	MC2	计算分析	符合设计要求,详见《GJ-××概念设计阶段燃烧室方案设计报告》	
	×-××-××	LT0进场状态燃烧效率应大于等于99.40%	MC2	计算分析	符合设计要求,详见《GJ-××概念设计阶段燃烧室方案设计报告》	

图 6.12　功能审核检查单

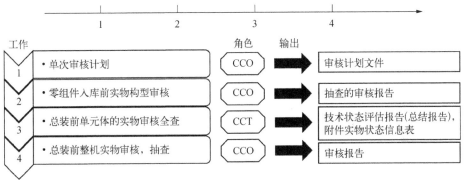

图 6.13　装配前实物审核过程

设计构型标识				设计状态	实物标识	同意实物与图纸不符的佐证文件		
零组件号	零组件名称	数量	版次	批次号/序列号	技术通知单编号	不合格品审理单单号	偏离审理单单号	材料代用审理单单号
72××××	Ps31接嘴	1	C	S1000/1981-85	/	/	/	DL-××××
72××××	火焰筒组件	1	B	408190501	72××××	NCR-××××	/	/
72××××	火焰筒外环组件	1	C	408190501	72××××; 72××××	/	/	/
72××××	火焰筒外环发散壁组件	1	C	408190401	72××××; 72××××	/	/	/
72××××	火焰筒外环发散壁	1	B	408190101-1	/	/	/	/
72××××	浮动套发散壁安装座	6	C	S1000/1981-44	/	/	/	/
72××××	火焰筒外环冲击壁	1	C	408190101-2	72××××; 72××××	/	/	/

图 6.14　物理审核检查单

6. 构型纪实

构型纪实的内容作为构型追溯的依据,在产品研制不同时期,构型纪实的要素应包含哪些构型信息,详见附录 A 常用模板。

6.3 评审管理流程

6.3.1 目的与描述

评审是一系列结构化的检查会,它主要检查一个项目团队完成的工作是否与项目或产品计划相一致。一个项目团队从项目开始到结束,有必要定期与利益攸关方分享项目计划、进度和风险。在项目经费使用和项目推进过程中,评审可以帮助项目团队分担风险、做出决定。评审流程 IPO 图见图 6.15。

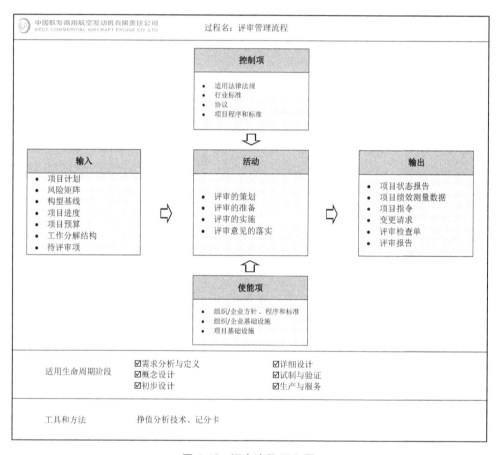

图 6.15 评审流程 IPO 图

评审管理流程的价值在于:

(1) 规范评审的过程,包括评审策划、评审实施以及评审意见的关闭与跟踪;

(2) 提供了决策点,以及促进项目成员和评审组达成一致意见的沟通机制,保证项目朝着正确的方向推进;

（3）给项目团队和领导团队提供了确认和/或更正项目范围和目标的机会；

（4）让项目团队和领导团队从现有经费、技术成熟度、资源约束、风险、预期盈利等方面，评估项目的可行性。

6.3.2　输入

评审管理流程的主要输入如下：

1. 项目计划

项目计划是用于执行和管控一个项目所要求的所有活动，其要素包括任务的描述、任务的节点、完成任务的资源以及任务的责任人，用于作为项目需求、进度、成本等方面进行评审时的比较基线。

2. 风险矩阵

风险矩阵是风险管理流程输出的对于项目风险的全面描述、评估与排序，包括中高风险的应对措施及其实施与监控计划。

3. 构型基线

构型基线在项目实施中确定，是用来控制设计更改的基准。通常包括三种：功能基线、分配基线和产品基线。

4. 项目进度

项目进度作为进度控制与评价的基线。

5. 项目预算

项目预算作为成本控制与评价的基线。

6. 工作分解结构

工作分解结构定义了项目范围，以按期交付项目为目标，将项目要素进行分组，每下降一层代表了对项目工作更加详细的定义，最底层可以分解至工作项，是最小的"可交付单元"。

7. 待评审项

待评审项为其他用于评审的各类资料，如报告、软件、数据、程序等。

6.3.3　主要活动

1. 评审的策划

项目团队首先需要确定需要开展哪类评审，再决定具体需要开展的评审以及评审的频率。

评审策划过程包括：

（1）确定评审类别；

（2）确定评审团队；

（3）建立评审日程；

（4）固化评审计划；

（5）评审计划达成一致；

（6）监控评审计划的变更。

2. 评审的准备

评审的准备工作包括：

（1）按照既定评审计划在评审前组建评审组，明确日期、地点；

（2）项目团队根据评审类型和检查清单准备被评审材料；

（3）提前将材料提交给评审组审阅。

评审准备的充分性可以促进评审如期如质并在相互支持的氛围下进行。

3. 评审的实施

评审一般包含2类，商务评审与技术评审，商务评审关注点包括：能否满足客户需求？时间、成本、风险状态如何？预期收益值如何？是否需要追加经费投入？技术评审的关注点包括技术实施方案的可行性、技术的成熟度、制造的成熟度、制造供应链的准确情况等。

在评审过程中，主要的评价、确认内容包括：

（1）确定实际成本和按照预算的预计成本、实际时间和按照进度的预计时间及项目质量的偏离程度；

（2）评价项目活动的效率和效果；

（3）评价项目基础设施的合理性和可用性；

（4）评价项目的风险控制状态；

（5）按照建立的基线和里程碑评价项目进度；

（6）确定项目进入下一里程碑的准备状态；

（7）综合分析，提出评审意见。

4. 评审意见的落实

评审结束后，定义行动项责任人，责任人与评审组沟通，制定行动项落实计划、完成时间及标准；按时落实和关闭评审意见；若评审意见短期内无法完成，要在后续的评审中持续关注意见落实的进展。

6.3.4　输出

1. 项目状态报告

定期产生的项目工作的良好运行状态和成熟度等方面的信息。

2. 项目绩效测量数据

提供用于测量项目绩效的数据。

3. 项目指令

因项目计划偏离而要求的基于行动的内部项目指令，如果合适，将这些新项目指令传递给项目团队和客户。如果评估与决策门有关,则做出继续进行或不继续进行的决策。

4. 变更请求

对已经建立的正式基线的变更请求。

5. 评审报告

评审的结论及评审意见。

6. 评审检查单

一系列的评审单,评审单要清晰、完整、准确。

6.3.5 方法与工具

1. 挣值分析技术

挣值分析技术是通过分析项目目标实施和目标期望之间的差异而判断项目实施成本、进度绩效的方法,将预算、成本、进度三者有机地结合在一起,分析项目成本与进度控制的情况。

常见度量指标:BCWS、ACWP、BCWP。

BCWS(budgeted cost for work scheduled)表示计划工作的预算成本,反映单位时间内计划成本。BCWS=计划工作量×预算定额;

ACWP(actual cost for work performed)表示已完成工作量的实际成本,反映单位时间内实际消耗成本。ACWP=已完成工作量×实际单位成本;

BCWP(budgeted cost for work performed)表示已完成工作量的预算费用,反映单位时间内实际完成工作量的预算费用。BCWP=已完成工作量×预算定额。

常见评价指标:CV、SV、CPI、SPI。

CV(cost variance)即费用偏差,是 BCWP 和 ACWP 之间的差异值。

SV(schedule variance)即进度偏差,是 BCWP 和 BCWS 之间的差异值。

CPI(cost performed index)即成本绩效指标,是指 BCWP 与 ACWP 之间的比值 BCWP/ACWP。若 CPI=1,表示实际成本等于预算成本;若 CPI>1,表示实际成本小于计划成本,项目有结余;若 CPI<1,表示实际成本大于计划成本项目超支。

SPI(schedule performed index)即进度绩效指标,是指 BCWP 与 BCWS 之间的比值 BCWP/BCWS。若 SPI=1,表示实际进度等于计划进度;若 SPI>1,表示实际进度比计划进度快,进度提前;若 SPI<1,表示实际进度比计划进度慢,进度延误。

2. 记分卡

记分卡是一种用来追踪一段时间内重要的项目指标完成情况的工具,也是沟通、展示项目状态的工具。记分卡的形式可以是一个图表、表格或者多个图表、表格的组合。重要的事件都会标注在记分卡上。

记分卡上显示的项目指标必须是可量化并且对项目成败有重要影响的。典型的记分卡要显示出一段时间内实际的和预期的项目表现,以及项目最终的目标。记分卡可以用来显示两个方面的项目表现:项目执行情况和产品指标达成。项目执行记分卡(简称项目记分卡)用来显示项目健康程度。产品性能记分卡(简称产品记分卡)一般是作为项目执行记分卡的子集,显示产品的预测性能和实际性能,并与产品的设计要求进行对照。

记分卡是一个快速显示信息的工具,它的好处还体现在:

(1) 让使用者一眼就能评价出项目的表现;

(2) 呈现出团队和项目在达成既定目标上的表现;

(3) 帮助使用者决定是否需要更改目标或者重新定义项目团队的方向。

6.3.6　应用实践

1. 评审类型

在商用航空发动机产品研制过程中,考虑到产品的复杂性,制定了 2 类评审:项目评审和产品评审。项目评审属于商务评审的范畴,该评审较少地关注技术层面的需求,更多关注成本、进度以及项目对商务目标的影响。产品评审主要关注技术的需求如何被满足、技术实施路径的风险以及技术的可制造性。一般产品评审的结论应支撑项目评审的过程。

2. 项目评审

评审涉及的问题包括:能否满足需求? 时间、成本、风险水平如何? 预期收益值如何? 是否需要追加经费投入?

项目评审的频率及要求,取决于评审数量、项目大小、复杂度和风险,可以分为3 类特殊的项目评审:

(1) 临时项目评审(一般在阶段门评审之间);

(2) 阶段门评审;

(3) 阶段门后的总结评审;

其中,临时项目评审通常安排在阶段门评审之间,评审目的可以由项目团队定义,例如,为了解决资源的冲突,项目团队可以把临时项目评审的目标定义为寻求资源或做出资源配置的决策。

阶段门评审是非常关键的项目评审,评审的目的包括:

(1) 评估项目进展、风险、可行性;

(2) 决定是否继续进行此项目;

(3) 评审项目管理的要素是否完整、是否策划到位。

阶段门后的总结评审是针对已开展过的关键阶段门评审,检查评审意见的落

实情况,其目的是:

(1) 强化项目成员对项目现状的正确认识;

(2) 在项目评审过程中发现的重要整改项,需要相关人员高度重视;

(3) 评估风险应对计划在项目中的落实情况;

(4) 评估和改进评审流程在项目中的应用。

3. 产品评审

产品评审关注技术层面,评估技术的可行性以及设计方法和制造的成熟度。

产品评审的结果会对项目的成本、计划、风险等产生一定程度的影响,在项目评审过程中,项目团队需要将产品评审结果呈现给项目评审组,支撑项目评审。

4. 评审策划关键环节

通常项目团队对评审有两种态度:一种是聚焦在工作上,到一定阶段再进行审查,这种评审方式可能导致项目团队做一些没有被上层领导批准的不必要的工作;另一种是响应评审的每个要求,导致评审过度,这种做法也会使得项目团队在准备和执行评审上花费过多的时间,本该用在项目上的时间和精力就少了。

为了避免以上两种情况发生,项目团队和领导团队采用结构化的方式来定义评审过程,主要体现在评审策划上。

项目团队要确定是否需要进行项目和产品评审?需要进行哪些项目和产品评审?评审的频率如何?评审的范围是什么?项目团队可以选择多种评审的组合,例如,技术的可制造性评审,可以同时对产品技术方案以及供应商的能力进行评估。评审策划需要领导团队批准,评审策划获得批准后,项目团队应按照评审策划开展评审活动。

表 6.7 和表 6.8 提供了策划评审的关键环节以及评审中可以使用的评审类型。项目团队和领导团队可以在编制项目的评审计划中使用。

表 6.7　评审策划的关键环节

评审策划过程指导	
策划的关键环节	定　　义
关键环节一	明确需要的项目评审 明确需要的产品评审
关键环节二	列出特殊项目评审 临时项目评审 阶段门项目评审 阶段门后的总结评审 列出特殊产品评审 产品概念和定义评审 产品设计评审 产品批准评审 产品供应链建立和批准的评审

表 6.8　可选择的评审类型

评审的描述	
评　　审	描　　述
临时项目评审	项目评审过程面向时间来度量的项目和产品 工作范围 六西格玛 流程绩效 ……
阶段门评审	决策评审聚焦项目可行性 评估项目可行性,包括产品可行性,工作范围 决定是否继续进行项目 评估项目管理的完整性
阶段门后的总结评审	检查评审意见的落实情况及风险计划的实施情况
产品概念和定义评审	产品评审用来评估方法,可行性,成熟度: 产品需求 产品概念 产品定义
产品设计评审	产品评审用来评估技术方案的可行性,技术、制造的成熟度: 产品详细设计 产品概念和产品定义
产品批准评审	产品评审用来评估技术方案的可行性,技术、制造的成熟度: 批准产品需求和技术实施路径
产品供应链建立和批准评审	产品评审用来评估技术方案的可行性,技术、制造的成熟度: 评估整体供应链资源的能力、可行性、生产能力,成本;批准制造要求和工艺

5. 常见误区

除评审不足和过度评审的误区外,项目团队和领导团队在评审过程中也存在其他问题,如:

(1) 把每个评审作为孤立的会议,各个评审之间没有集成。一个例子就是在项目评审(如阶段门评审)中没有包含产品评审中遗留的问题;

(2) 没有提供一个鼓励交流、坦白观点的环境;

(3) 没有利用好评审会(如使用"未解决的条目"来捕获想法,聚焦评审的关注点),不仅浪费了时间还可能导致后续的评审没有人愿意参与。

6.4　接口管理流程

6.4.1　目的与描述

1. 目的

接口管理是为了识别、定义和持续维护系统之间和系统内部的接口需求和接口设计,从而确保系统组件集成后能够满足预定的系统目标。

2. 描述

接口的定义、管理和控制对产品的成功至关重要。接口管理过程如图 6.16 所示,适用于产品内部的物理和功能接口。通过产品研发过程的接口管理,来确保推进系统以及系统之间能够协调工作。

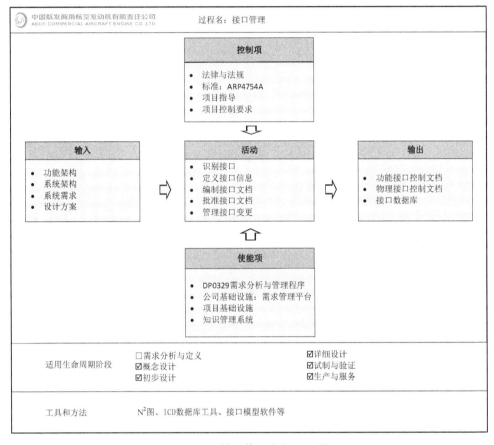

图 6.16　接口管理流程 IPO 图

通过由设计团队编制接口控制文档,来明确定义产品系统/子系统之间的接口,并在接口数据库(interface database,IDB)中对接口进行跟踪管理。

接口控制文档根据产生的活动、用途的不同,主要可以分为功能性接口控制文档(functional interface control document,FICD)和物理性接口控制文档(physical interface control document,PICD):

FICD 是在功能分析过程中产生,描述功能之间的接口关系,是为了满足上层功能性需求,形成的功能架构中不同子功能之间的接口要求;

PICD 是在设计综合过程中产生,描述实现方案中不同物理实体之间的接口关系,是设计方案中接口需求分配到物理实体上后,物理实体之间物理接口实现的详细定义。

6.4.2　输入

1. 功能架构

功能架构包括各个层级的功能定义、功能之间的逻辑关系(包括功能分解形成的纵向层级关系和同一层级若干功能之间的横向逻辑关系),以及进行功能分析时定义的运行场景。

2. 系统架构

通过对发动机产品进行架构设计,定义产品的系统和子系统划分,应包括各系统和子系统的功能/物理边界。

3. 系统需求

通过需求分析得到的系统和子系统的设计需求。

4. 设计方案

通过设计综合流程得到系统和子系统的设计方案,包括系统和子系统的物理架构、组成部分、各个部件的功能、各个组成的相互关系,以及使用的限制条件等。

6.4.3　主要活动

1. 识别接口

可采用自上而下和自下而上的方法来识别接口:

(1) 自上而下的方法包括在发动机 3D 模型或剖面图中识别物理接口,以及在功能交互图中识别功能接口;

(2) 自下而上的方法是由产品的系统、子系统或组件级设计人员识别接口。

对于功能接口,通常以下几种情况需要识别功能接口:

(1) 两个系统功能之间存在交互信息;

(2) 两个子系统功能之间存在交互信息;

(3) 子系统对系统提出需求。

2. 定义接口信息

接口数据库(IDB)用于集中管理发动机产品的所有接口,存储所识别的接口及接口信息,在产品研制期间对其进行动态维护。

IDB 通常包含以下接口信息。

(1) 接口类型: 双边接口信息/单边接口信息。

(2) 接口主责方: 接口文档的责任主体,负责接口文档的编制、发布及变更。

(3) 接口协作方: 协助接口主责方完成接口文档的编制、发布及变更。

(4) 接口文档名称: 用于存储该接口的接口文档名称。

（5）接口文档编号。

（6）接口文档版本。

（7）接口文档发布日期。

（8）接口状态：

a）A 代表接口信息已识别并经接口信息相关方同意接口信息的存储方式；

b）B 代表已发布接口文档；

c）C 代表构型稳定后接口完全冻结。

将所识别的接口存储在接口数据库中,同时在 IDB 中定义每条接口的接口信息。

1）识别接口类型

功能接口通常分为"双边接口"和"单边接口"两种接口类型。双边接口为两个系统在公共的系统边界上交互的信息,影响两个系统设计,双方必须达成一致。单边接口信息,通常的使用场景为系统功能的实现需要另外一个系统提供设计解决方案。

2）确定接口主责方和接口协作方

接口主责方负责接口文档的编制、发布和变更,接口协作方则协助接口主责方完成接口文档的编制、发布和变更。通常单边接口的主责方为数据的提供方,协作方为最终使用信息的产品系统或子系统；双边接口的主责方和协作方则由相关系统协商确定。

3）确定接口的存储位置

对于每个接口,需确定接口的存储位置,即接口文档。其中,功能接口主要有三种存储方式：

（1）将接口需求直接定义在设计定义文档中；

（2）编制接口控制文档（interface control document, ICD）来存储双边接口；

（3）编制单边 ICD 文档,即接口定义文档（interface definition document, IDD）来存储单边接口。

4）跟踪接口状态

接口状态可分为以下三种：

（1）若接口信息已识别,并且其存储方式已经相关系统同意,则将接口状态标记为"A"；

（2）若存储接口信息的接口文档（ICD/IDD/设计定义文档）已发布,则标记为"B"；

（3）产品构型稳定后,若接口已完全冻结,则标记为"C"。

3. 编制接口文档

根据 IDB 中记录的接口的存储位置,进行接口文档的编制。接口文档由接口主责方负责编制,协作方协助主责方提供相关信息,以及对接口文档的内容进行确认。

对于单边功能接口,IDD 的信息需与使用方进行迭代确认,确保信息是充分的。

对于双边功能接口,ICD 由接口主责方负责编制,并与接口信息相关方达成一致,功能接口需求的撰写同样需遵循需求的撰写规范要求,建议采用需求管理的方式进行管理。

定义在设计定义文档中的功能接口信息,应与接口信息相关方进行迭代和确认来确保功能接口需求的正确性。

对于物理接口,需要编制物理性接口控制文件(PICD),来描述两个系统元素的物理实体上的接口关系,用于定义和控制一个系统元素影响另一个系统元素的特性特征、尺寸及公差,物理接口一般包括影响功能中另一个匹配设备接口的物理参数,包括连接结构的数量和类型、电气参数、机械特性、安装位置关系以及环境限制等,具体形式有电气接口控制文件 EICD 和机械接口控制文件 MICD 等。

4. 批准接口文档

由接口主责方在产品数据管理平台上发起 ICD/IDD 文档的审签流程,并应经接口的利益攸关方以及接口信息的归口管理方会签同意后,接口文档在产品数据管理平台上正式发布并建立基线。

如果对接口信息有冲突或分歧,则由接口信息的归口管理方收集并提交总师系统协商解决。同时,接口信息的归口管理方应跟踪接口控制文档的审批状态。

5. 管理接口变更

当设计需求或设计方案发生变更时,需要对相应的接口进行更改,并且将这些更改修订到接口文档中。

发布后的接口文档(ICD/IDD)如需对接口信息进行变更,应提出变更申请,并经接口信息相关方同意后才能变更。

对于已纳入构型基线的接口文档,应按构型管理要求执行。同时更新接口数据库。

6.4.4　输出

1. 接口数据库

应包含所识别的接口及接口的信息,如接口类型、接口主责方与协作方、接口文档名称、接口文档编号、接口文档版本及接口状态等信息;

2. 功能/物理接口控制文档

FICD 和 PICD 接口控制文档,包括基线及更改过程中产生的各版本。

6.4.5　方法与工具

1. N^2 图

N^2 图可以确保功能分析中定义的所有功能均能在这些功能接口中反映出来，且可以识别设计综合过程中所有物理实体之间的关系。

2. ICD 数据库工具

接口数据库具有数据共享、数据独立、数据集中控制、数据一致和可维护性、故障恢复等特性，比较适合作为 ICD 管理的一种方法。用数据库进行 ICD 管理，可以方便地实现 ICD 数据的查找、连接、更新、基线管理、签审等工作，确保 ICD 数据的独立性、一致性和唯一性。

3. 接口模型软件

目前，已经有一些商业软件公司编制了一些用于接口管理的软件，不仅能够模拟功能接口和物理接口，还能够将这两类接口通过物理系统进行连接对应，使得接口管理的工作更加可视化，逻辑关系也更加清晰，接口数据集的模型化是以后的发展方向。

6.4.6　应用实践

在项目接口管理过程中，应成立专门的接口管理小组来负责接口管理的工作，例如，由负责集成管理的系统工程师联合各设计专业的工程师共同开展接口识别与定义工作，并形成接口控制文档的编制计划。

对发动机产品，通常分为发动机与飞机之间的接口控制文档以及发动机内部的接口控制文档。其中，与飞机之间的接口控制文档通常在与飞机的联合设计期间共同定义，需经发动机方、飞机方以及相关第三方供应商共同签署发布。

在接口设计与验证过程中，系统工程师应确保系统或子系统的每个接口应被设计实现。当需要更改接口时，应该由构型管理小组评估这些更改对其他接口元素的可能影响，并将其传递给受影响的设计团队。

6.5　过程保证流程

6.5.1　目的与描述

过程保证（process assurance）的目的是确保产品研发按照产品研发计划开展，并形成有效的过程证据以支持对过程的审核和确认。

依据 SAE ARP4754A 民用飞机与系统开发指南，过程保证工作的目标包括：

（1）对飞机、系统和软硬件研制的所有方面，确保必要的计划得以制定和维护；

（2）确保研制工作和过程是按照它们的计划来开展的；

（3）提供证据以表明工作和过程是严格按照计划来进行的。

通常,过程保证和研制过程之间应具有一定的独立性。过程保证的实施,可以在一定程度给适航当局提供安全保证和信心,同时对于复杂系统的研发,局方也会提出要求,需依据 SAE ARP4754A 开展产品研发并实施过程保证。

过程保证流程 IPO 图见图 6.17。

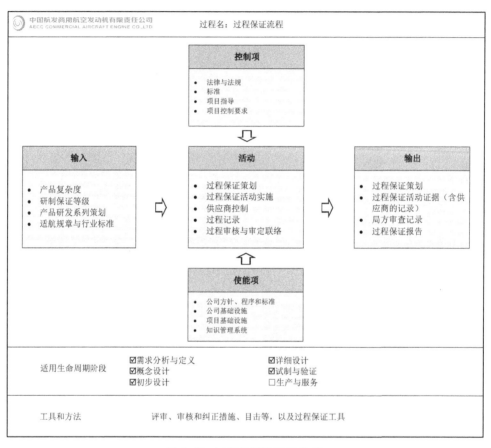

图 6.17 过程保证流程 IPO 图

6.5.2 输入

1. *产品复杂度*

本文中所描述的过程保证源自 SAE ARP4754A《民用飞机与系统开发指南》。SAE ARP4754A 提供的系统研制保证方法和指南可基于系统简单或是复杂采用不同的应用策略,因此过程保证的实施策略也应基于产品复杂度。产品复杂度的定义方法可以参考 FAA 发布的技术报告 TC-17/26 中关于"设计复杂度"和"验证复杂度"的定义和计算方法。

2. 研制保证等级

研制保证等级用于度量研制过程中采用的严格程度,它可将整机/系统功能和项目(item)研制过程中产生的错误限制到可接受的水平以保证安全性。研制保证等级的分配是基于失效状态的分类,所以安全性分析过程和研制保证过程会被结合使用,以确认失效状态和严重等级。这些失效状态和严重等级用以确定研制所要求的严酷度。

3. 产品研发系列策划

过程保证的目的是确保产品研发按照产品研发策划开展,因此过程保证实施对象所涉及的系统研发策划、系统安全性项目策划、需求管理策划、构型管理策划、需求确认策划、验证策划、项目合格审定策划等文件是过程保证活动开展的依据。

4. 适航规章与行业标准

过程保证所依据的准则包括《民机研制过程标准》(SAE ARP4754A)、《系统安全性评估标准》(SAE ARP4761)、CCAR21、CCAR25、CCAR33 部,以及相关的专用条件、运行标准等。

6.5.3　主要活动

1. 过程保证策划

在开展正式的过程保证活动之前,为了能够规范、有效地开展过程保证工作,需要由过程保证策划人员依据所研制产品或系统的具体情况,编制过程保证策划文件,对过程保证活动进行合理的策划。一个完整的过程保证策划通常需包括:

(1)明确过程保证活动的目标和范围,使得策划的过程保证活动可以围绕目标、并在指定的范围内开展。

(2)明确过程保证活动的组织机构及职责,确定过程保证团队所具备的权限,以及与其他相关组织的接口及关系。同时还需保证监督的独立性要求。

(3)确定过程保证活动的要求,包括:所依照的标准,如过程或过程保证相关的国际标准、行业标准、企业内部标准等;所遵循的程序,如公司内部过程保证相关的程序文件及附带的检查表单、模板等;所运用的工具,如用于过程保证的信息化工具等;所使用的方法,包括过程保证的主要方法及手段,以及必要的工作步骤等。

(4)定义过程保证活动。至少包含:产品生命周期内的过程审计、会议(如评审会、技术交流会等)、试验目击、配合局方完成过程保证符合性证据的提交、开展问题报告及更改控制、跟踪不符合项、处理偏离等。

(5)明确过程保证活动的重要里程碑,如阶段性的审计或评审会议时间、重大试验目击时间、向局方递交相关过程保证证据的计划等。

(6)明确过程保证记录活动,提供独立的、客观的过程保证证据以表明:系统开发及集成过程符合经批准的策划及标准,满足了生命周期过程的转段准则,已开展了所需的评审。策划中应明确过程保证记录活动所依据的准则或标准。通常而言,过程保证记录活动按构型管理策划,按过程开展。

2. 过程保证活动实施

贯穿系统生命周期的过程保证活动包括阶段相关活动和阶段独立活动两类。

阶段相关活动可能包括:策划阶段的过程保证活动和策划应用的持续评估活动。这些过程的转段评审结果作为过程保证的记录,以转段标准检查单的形式保存在文档管理系统中。在策划阶段,过程保证工程师应制定过程保证策划,该策划中定义的过程保证活动应满足由局方、客户需求和(或)指定项目所提出的特定的要求。同时,过程保证工程师应介入到策划评审,以保证策划关联的过程、规程和标准是适当、清晰、明确以及可被审核的。在策划阶段最后,过程保证工程师应确认策划中定义的转段准则是完整且正确的。过程保证团队负责编写系统过程保证策划,同时确保其他系统策划的编写、评审和维护。策划评审是对一系列的系统策划进行评审和认可的方法。过程保证团队应持续确保开发活动和过程按照经批准的系统策划进行,并确保有证据表明系统策划的实施满足要求。策划应用的持续评估活动可以通过评审、审核或其他评估等多种方式完成。

阶段独立的活动包括数据项评审、变更请求、数据项发布、构型管理、支持局方及飞机方审核、纠正措施跟踪和报告等。过程保证工程师在这些活动中所参与的程度,将取决于系统研制保证等级和客户的特定需求。

3. 供应商控制

系统供应商应编制符合 SAE ARP4754A 的子系统过程保证策划;软硬件供应商应编制符合 RTCA DO-254 的硬件过程保证策划,以及 RTCA DO-178C 的机载软件质量保证策划。OEM 应负责对供应商技术、过程保证和适航活动进行监管。其中,OEM 过程保证团队负责监督供应商研发体系和过程保证策划的实施。系统研制策划中应详细说明供应商的接口和监管方法。

4. 过程记录

过程保证工程师应该维护本策划中描述活动的所有记录。这些记录包括评审、审核、纠正措施、过程保证检查单、试验目击和会议纪要。过程记录用于证明所策划的过程保证活动已完成。

5. 过程审核与审定联络

在局方已完成了策划阶段评审后,应按照构型管理策划中定义的问题报告过程或其他等同的过程来处理对策划的偏离和更改。对于影响与 SAE ARP4754A 目标符合性的策划的偏离或更改,需及时与局方进行沟通。

6.5.4　输出

1. 过程保证策划

过程保证策划定义系统研制生命周期各阶段的过程保证活动、过程保证方法和过程保证记录,同时应包含组织架构描述、供应商的过程保证监管或审计活动、重要阶段里程碑评审、偏离的评估和处理以及与局方的协调和联络等。

2. 过程保证活动证据(含供应商的记录)

过程保证证据用于提供独立、客观的过程保证记录,应结合研制保证等级、构型管理策划明确过程保证记录的种类和构型控制类别。过程保证活动证据包括过程保证人员参与的评审报告、过程保证审核或审计报告、供应商过程保证监管或审计报告等形式。

3. 局方审查记录

局方在开展研制保证审查活动(如在 ARP4754A 策划阶段、设计阶段、验证阶段和最终阶段开展的阶段评审等)中产生的审查报告和记录。

4. 过程保证报告

根据过程保证活动中产生的证据和记录,总结形成的报告。过程保证报告可包括评审或审核对象、地点、填写完成的检查单、发现的不符合项或建议项结果和数量、评审或审核结论等。

6.5.5　方法与工具

整个项目的生命周期,过程保证工程师采用各种方法来确保项目活动符合规定要求和/或标准。这些方法包括评审、审核和纠正措施、目击。过程保证工程师监控项目对研发策划及过程要求的符合性。当过程保证工程师采用了其中的任何方法,则应保持过程保证记录以便于证明项目符合性。

(1) 评审

过程保证工程师应参与项目计划文档的评审,重点关注这些计划的范围和内容是否与飞机功能、系统、设备和软/硬件研制的研制保证等级一致,并确保这些计划满足 SAE ARP4754A 和企业内部相关规定的要求。除此之外,过程保证工程师还可根据需要参加其他项目交付物的评审。过程保证工程师应参与项目的工程设计评审,并监督这些评审活动的开展,确保工程设计评审规范、完整、有效。

评审是检查或审查生命周期数据、项目进度和记录以及产生的其他证据是否符合 SAE ARP4754A 的目标的一项活动。评审可能由文件审阅、问询项目人员、目击活动、抽样数据和听取汇报等方式组合构成。评审方式包括桌面评审和现场评审。

在符合性评审中,过程保证工程师需要完成下列条目中详细规定的活动:

a) 生命周期过程是完整的,完成的记录被保留。

b) 从整机需求、系统需求、安全性相关需求产生的生命周期数据与需求之间有可追溯性的记录。

c) 生命周期数据需要遵循系统研制策划,且按照构型管理策划进行控制。

d) 问题报告遵循构型管理策划的要求,这些报告已被评估,且它们的状态已记录。

e) 所有偏离已被记录,进行影响评估、分发和被解决。

f) 任何由之前转段的评审/审核中延续的问题报告都需要经过重新评估以确定其状态。

（2）审核及纠正

审核是主要的过程保证方法,通常使用检查单对文档或过程进行审核,一般包括项目计划的审核、问题报告审核、开发阶段的进入准则和退出准则审核等。过程保证工程师应按照过程保证策划中定义的审核时机和次数的要求,审核各阶段进展情况以及各阶段的生命周期数据。应采用抽样的方式审核问题报告、设计更改、评审记录和偏离处理等,审核中发现的不符合项由过程保证工程师记录在审核报告中并追踪。过程保证工程师可以针对可能影响产品质量的过程,开展随机评审。对过程控制维持不够好的情况,其审查监督的频率都可能会增加。提高后的审核水平,将持续到该区域的过程控制得到保证为止。审核结束后,安排后续审查,验证所有行动项或审查中产生的缺陷已经闭环。

纠正措施系统是过程保证审核过程的一部分。如果在审核过程中发现了不符合项或缺陷,需要发布一个纠正措施。过程保证工程师确保过程保证活动中的纠正措施会被跟踪至结束。根据接收到纠正措施响应,过程保证工程师验证响应,以确保已经采取了规定的纠正措施。

（3）目击

过程保证工程师以现场参与的方式对重要的系统过程活动进行目击见证,重点关注人员、操作步骤、工具等,以确认开发过程活动与计划所定义内容的相符。现场目击的时机由过程保证工程师根据过程保证计划的定义,结合项目进展的情况确定,无须与开发人员提前商定。现场目击需关注的内容通过事先定义的检查单确定,目击的记录作为过程保证的证据在构型管理库中保存,根据现场目击时发现的问题,提出问题报告,并跟踪处理情况。

（4）过程保证工具

过程保证所需要用的工具主要用于存储过程保证记录,需要能够实现对如下功能的管理,包括:授权管理、问题报告分析管理、更改控制分析管理、评审分析管理、需求跟踪管理等。

6.5.6 应用实践

1. 策划阶段的过程保证活动

策划阶段的过程保证活动如表6.9所示。

表6.9 策划阶段的过程保证活动

活 动 要 求	输 入	目 的	输 出
在撰写系统策划之前,参与并支持研发体系的制定、更新和裁剪	项目具体需求	确保在项目研制的早期定义合适的研发体系;需要确保研发体系符合 SAE ARP4754A 要求和公司要求(如有偏差需得到评估和批准)	(1)经评审后的下列系统策划: 系统审定策划; 系统研制策划; 系统安全性项目策划; 系统确认和验证策划; 系统构型管理策划; 系统过程保证策划 (2)系统策划评审报告/记录
确保适用于策划的系统设计体系已定义	系统审定策划 系统研制策划 系统安全性策划 系统确认和验证策划 系统构型管理策划 系统过程保证策划	系统策划中应明确相应的研发体系	
确保所有策划都是可用的,且由利益攸关方进行评审;确保相应的评审记录得到了保存	系统审定策划 系统研制策划 系统安全性策划 系统确认和验证策划 系统构型管理策划 系统过程保证策划 评审报告/记录	确保在研制的早期捕获最佳方案。在系统策划评审之前,所有利益攸关方必须有机会审查策划,发现并解决问题	
确保执行了充分且有效的系统评审,以定义系统功能分类及系统研制保证等级	评审报告/记录	系统研制保证等级的明确是过程保证活动定义的依据	
确保策划中任何偏离研发体系要求的部分都被识别,并被有关的利益攸关方接受	评审报告/记录	策划活动可能会偏离研发体系的要求,但是偏离的部分必须被识别,并确定可被代替的其他符合性方法	
组织系统策划评审	系统审定策划 系统研制策划 系统安全性项目策划 系统确认和验证策划 系统构型管理策划 系统过程保证策划证据文件 评审报告/记录	其目的是: 建立认可整套策划文件的记录; 确保在策划文件之间的一致性	
确保系统策划在系统研制生命周期期间的持续适用性	评审后的策划及相应的变更	如果有需要,策划需要定期评审,以确保持续满足 ARP4754A 的要求	

2. 策划应用的持续评估活动

策划应用的持续评估活动见表 6.10。

表 6.10　策划应用的持续评估活动

活 动 要 求	输　入	目　的	输　出
确保系统研制活动符合系统研制策划	系统研制策划 阶段评审和会议	为符合定义的过程提供置信度	
确保系统研制策划中定义的输出物是完整的且符合要求	系统研制策划 输出物	确保输出物符合相关要求	
确保在安全性策划中描述的安全性活动的符合性	系统安全性项目策划 阶段评审和会议	为符合定义的安全性分析过程提供置信度	
确保在安全性策划中定义的安全性分析输出物是完整的且符合要求	系统安全性项目策划 安全性输出物	确保输出物符合相关要求	
确保构型管理策划中构型管理活动的符合性	系统构型管理策划 构型项	为符合定义的过程提供置信度	(1) 在每次检查、审核等相关活动后,生成系统过程保证报告,包括执行的过程保证活动、结果及纠正措施等
确保在构型管理策划中定义的构型管理输出物是完整的且符合要求	系统构型管理策划 系统构型索引文件	确保输出物符合相关要求	(2) 过程保证状态,包括:过程保证活动、结果及输出的记录、确认和验证过程记录、检查单的结果、偏差声明、纠正措施等
确保在系统确认/验证策划中定义的确认/验证活动的符合性	系统确认/验证策划 阶段评审和会议	为符合定义的过程提供置信度	
确保在系统确认/验证策划中定义的数据是完整的且符合要求	系统确认/验证策划 确认/验证数据	确保输出物符合相关要求	
确保按系统确认和验证策划中定义的方法进行确认和验证覆盖率分析	确认/验证矩阵 系统确认/验证策划	确保确认/验证矩阵符合相关要求	
向系统设计部门报告任何偏离系统策划的情况,并批准相应的纠正措施	系统策划 过程保证活动记录	任何偏差都应予以纠正,或者通过相应的纠正措施进行更改	

3. 系统过程保证中的阶段独立活动

1) 数据项评审

过程保证工程师应被邀请到所有的同行评审或桌面评审中,并按一定的抽样比例(如 10%)参与评审,以评估评审过程的有效性。这个评估确保必要的评审已被实施并依据相应的评审指导书或过程进行管理。

2) 变更控制活动

变更控制活动的目的是提供一个贯穿于系统开发和验证生命周期的记录、评估、解决和批准变更的方法。过程保证工程师应审核变更活动、状态和证据,以确保变更符合指定的过程,并且变更请求得到适当的处置。

3）数据发布活动

在数据发布时,过程保证工程师应参与发布评审,以确保提交发布的构型数据项的完整性得到保持,并确保符合发布的标准。过程保证工程师可参与数据项发布过程或审核数据项发布记录。过程保证工程师应在发布表单上批准签名,表明发布过程已经全部完成。

4）构型管理活动

构型管理识别和控制系统构型数据项及相关文档。构型管理对数据项和相关文档的发布更改,提供系统的、可跟踪的和可恢复的控制。过程保证工程师应审核系统研制过程的构型管理活动,以确保数据项按构型管理策划和相应研发体系的要求进行构型控制。

5）支持局方及飞机方审核

过程保证工程师应参与并支持局方及飞机方对其过程、程序和与过程相关活动的评审及审查。

6）纠正措施跟踪和报告

应针对过程保证活动中发现的问题制定相应的纠正措施,并对其持续跟踪直至关闭。未能及时落实的纠正措施应视情报告给项目经理。

6.6 风险管理流程

6.6.1 目的与描述

风险管理(risk management)是一个系统性的工作,它不仅要降低损失发生的可能及大小,同时要增大获利的可能及获利的大小。风险的基本特征如下。

（1）风险与机遇并存性：在特定条件和激励下,两者可互相转化。风险管理的终极目的是将所有风险转化为机遇。

（2）普遍性：风险是不以人的主观意志为转移的一种客观存在,在产品生命周期内无处不在、无时不有,并会在一定的条件下由潜在的可能性变为现实。

（3）不确定性：对具体项目来说,某一风险的发生是偶然的、随机的和难预测的。

（4）多变性：随着项目的推进,新风险会不断产生,已被识别的风险也会不断变化。尤其对于大型复杂项目而言,由于导致风险的成因复杂多样,并且往往交织在一起,风险的多变性更加明显。

在航空发动机型号研制项目中,风险可定义为在规定的费用、进度和技术的约束条件下,对不能实现整个项目目标的可能性的一种度量,它决定于两个因素：① 不能实现具体目标的概率；② 因不能实现该目标所导致的后果。用数学公式表示为：$R = f(P, C)$,其中,R 表示风险；P 表示不利事件发生的概率；C 表示该事件发生的后果。

项目的风险管理是一个全员性、系统性、动态性和综合性的管理过程。对风险实行有力的监控和管理的前提是要建立全面风险管理的意识。项目风险管理贯穿于整个项目周期,是一个系统性、连续性的过程,包括在项目启动前、在项目实施中,以及在项目变更批准(设计、制造、计划、经费、人员、供应商等)前都要开展风险管理。风险管理的工作主要包含风险识别、风险评估、风险应对以及风险监控等四个方面的工作,是一个环环相扣的闭环过程。

风险管理流程的总目标是通过识别、分析、处理和持续监测风险来保证项目在最小的成本投入、最短的研制周期内为客户提供满意的产品。风险管理流程 IPO 图见图 6.18。

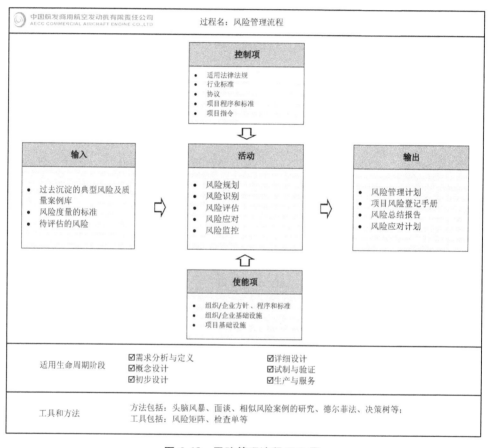

图 6.18　风险管理流程 IPO 图

6.6.2　输入

1. 过去沉淀的典型风险及质量案例库

包括在过去的项目实施中遇到的各类风险、在排故中沉淀的经验以及风险应对的经验等;

2. 风险度量的标准

风险度量标准对开展风险管理尤为重要,它统一了组织内部及利益攸关方就同一个风险的度量标准。该标准在发布前应在组织内部以及与利益攸关方就风险的度量标准达成一致意见。

3. 待评估的风险

待评估的风险是初步识别出来的、未经专门评估和分析的风险。

6.6.3　主要活动

风险管理流程包括风险规划、风险识别、风险评估、风险应对以及风险的监控。风险管理流程贯穿整个项目生命周期,通过识别项目的潜在风险,提前策划风险应对方案,采取有效的应对措施来防范或者规避潜在的不利事件的发生。具体活动包括以下内容。

1. 风险规划

1)制定风险管理策略

风险管理策略应包含风险管理的目标、实施风险管理的组织及组织的职责、风险管理的计划、交付物以及风险应对的要求。其中风险应对的要求应定义不同风险的应对策略及管理要求。

2)规定风险管理活动

规定风险识别、评价、应对、跟踪的具体要求及决策机制。可以结合历史数据给出潜在的风险项供项目团队参考。

2. 风险识别

可根据项目的工作分解结构(WBS),对每条任务逐一进行考察,可以从技术、资源、成本、时间等方面评估,尽可能全面地识别项目的潜在风险项。风险的识别不能仅仅根据少数领导或者专家的经验进行判断,全员都要思考、分析,才能保证风险识别的完整性。对识别出的风险项:

(1)定义和记录风险的阈值,表明在特定的条件等级下,该风险是可被接受的;

(2)正确地描述风险,明确其属于哪类风险;

(3)根据利益攸关方的期望定期向利益攸关方汇报风险状态。

3. 风险评价

风险评价的目的是要回答风险的影响及发生的概率,从而确定风险的等级。为了能准确地评估出风险的等级,需要充分地搜集相关信息,分析风险产生的原因,确定风险可能造成的影响及发生的可能性。根据风险等级度量标准来确定风险级别。对风险的评价是个动态的过程,风险等级会随着项目的进展发生变化。因此风险评价的结果也具有时效性,它反映的是项目当前的状态。风险评价的步骤是:

(1)分析风险产生的原因;

(2)根据风险产生的原因,判断风险发生的概率;

（3）评估风险发生对项目产生的影响；

（4）根据风险发生的概率及影响，按照风险等级度量标准确定风险等级；

（5）依照风险管理计划，定义和记录风险的应对策略和管控要求。

4. 风险应对

根据不同风险的应对策略，制定具体的风险应对方案，具体包括：

（1）应根据风险等级度量标准对识别出的风险按照从高到低排序，优先考虑高风险项的风险应对措施；

（2）根据风险应对策略，定义应对风险的方案；

（3）若当前的风险等级已超出利益攸关方可接受风险等级时，需要更系统地制定风险应对措施，落实风险应对措施并持续监控风险的变化，根据风险的变化及时做好风险预案；

（4）风险应对方案应获得批准；

（5）对批准的风险应对方案，制定实施计划并落实责任人；

（6）实施风险应对计划，以确保风险等级在利益攸关方可接受的范围内；

5. 风险监控

风险监控的目的一方面是要确定风险应对计划的有效性，另一方面是确认当前风险的状态等级（如确认上一阶段识别的低风险项是否仍然是低风险项）。

风险监控记录可以是项目的基线、技术报告、风险台账、计划执行情况报告、技术评审结论等，在进行风险监控过程中，要建立风险信息化平台，及时通报项目的风险信息，确保各级管理者能及时做出决策。风险监控需要注意的事项有：

（1）持续性地监控所有风险，当风险状态发生变化时，需要按照风险管理流程重新评估风险的等级并按照要求制定风险预案；

（2）实施并检查风险度量标准是否能让项目的风险浮出水面，若识别出较多或较少的风险项，需要重新审视风险度量标准是否合理；

（3）应结合对内、外部环境的持续分析，提前预测未来可能发生的风险，及时策划风险应对方案；

（4）应定期编制风险总结报告，作为评审的资料。

6.6.4　输出

1. 风险管理计划

对风险管理工作的整体策划，包括风险管理的范围、风险管理的工作策划、实施风险管理的组织架构、职责与角色、实施风险管理的方法与工具等内容。

2. 项目风险登记册

通过项目风险登记册可以全面、直观的了解项目的风险情况，在项目风险登记册中通常会包括风险项描述、风险影响、风险类别、风险原因、风险等级、责任人、是否有应对措施、应对措施是否执行、风险趋势等信息。

3. 风险总结报告

对项目风险的总结,可作为阶段评审的资料。该报告应围绕某个阶段特定的目标对项目的实施情况进行总结,包括识别的风险项、风险影响、风险的等级、风险产生的原因、已落实风险应对措施的条目数、未落实风险应对措施的条目、项目风险的总体趋势以及下一阶段风险管理的重点任务等。

4. 风险应对计划

为降低风险所制定的工作计划,包括风险项描述、风险等级、风险的应对措施、措施完成的标准、风险责任人、计划开始时间与完成时间等。

6.6.5　方法与工具

(1) 检查单法。

(2) 头脑风暴法:专家或者项目参与者利用自身的经验和知识,借鉴其他类似项目的工程经验、数据和报告等信息,能够为当前项目风险识别提供有价值的信息。通过与不同人员进行面谈或者以会议研讨的方式来识别项目风险,有助于找出那些在常规计划中未被识别的风险。

(3) 面谈法。

(4) 德尔菲法:一种匿名反馈函询方法。通常做法是,选定适当数量的专家组成小组,要求每位专家对所提出的议题进行匿名分析,收集各专家的意见;然后将返回的专家意见加以整理、归纳和综合,再匿名反馈给各位专家,所有专家都会收到一份全组专家的综合分析结果,并在此基础上进行重新分析。如此反复,进行多次迭代和反馈,直到专家意见趋于稳定。德尔菲法可以充分发挥集体智慧,同时又能有效避免群体思维,从而得到较适用的解决方案;

(5) 类似风险案例研究:基于类似项目已发生过的风险事件案例分析,研究当前项目是否存在类似的风险。风险事件案例主要来源于两方面,一是在对过去类似项目中所发生的风险事件、发生原因、所造成的后果以及相应的风险应对措施进行分析后所形成的典型案例,二是将当前项目中已发生的风险事件进行案例化;

(6) FMECA(故障模式、影响及危害性分析)、FMEA 和故障树。这些是安全性和可靠性分析的方法,目前也被广泛用于风险识别过程中。针对产品或过程中所有可能的故障模式,通过对故障模式的分析,确定每种故障模式对产品和过程工作的影响,找出单点故障,并按故障模式的严酷度及其发生概率确定其重要程度。

6.6.6　应用实践

1. 商用航空发动机产品研制项目中的典型风险

不同类型的项目有不同的风险,相同类型的项目由于其所处的外部环境、客户与项目团队以及所采用的技术方案的不同,其项目风险也是各不相同。总的来说,航空发动机产品型号在研发过程中的风险基本可分为以下四类:

1) 设计/加工/试验

项目采用的设计方案是项目风险的重要来源之一。一般来说,项目中采用新技术或技术创新是提高产品市场竞争力的重要手段,但这样也会带来一些问题,许多新的技术由于未经过充分的验证,它的不确定性会给项目的实施造成重要的影响。另外,加工与试验方面,由于对加工、试验资源的需求捕获不全、策划不到位,导致加工与试验能力无法满足项目要求,也是常见的风险之一。

2) 项目的管理风险

项目管理风险涉及项目过程管理的方方面面,如项目计划管理、项目范围管理、实施过程的合规性管理(包括对流程、规范、标准、工具的正确使用)、供应商管理、知识产权管理、客户关系管理等。

3) 组织风险

组织风险中的一个重要的风险就是组织决策时所确定的项目范围、时间与经费之间的不匹配。项目范围、时间与费用是项目的三个要素,它们之间相互制约。三要素不匹配必然导致项目执行的困难,从而产生风险。同时,项目资源不足或资源冲突方面的风险同样不容忽视,如人员到岗时间、人员知识与技能不足、技术储备不足等。组织中的文化氛围、制度同样会导致一些风险的产生,如团队合作和人员激励不当导致人员流失等。

另外,出于竞争的考虑,在项目立项时给客户承诺的超出能力的产品性能指标、质量指标等,也是项目风险的来源之一。

4) 项目外部风险

项目外部风险主要是指项目的政策、自然环境、经济环境的变化,包括与项目相关的规章或标准的变化;组织中雇佣关系的变化,如组织机构的变革;自然灾害等。这类风险对项目的实施和项目性质都会产生很大的影响。

完成风险的识别工作后,要从风险对质量(包括设计指标、制造、客户)、进度、成本可能造成不利影响来定义风险的影响程度,根据风险发生的可能性以及风险影响的程度,评估风险的综合影响等级。合理地制定风险度量标准是非常关键的,它是开展风险管理活动的基础。该标准在发布前应在组织内部以及与利益攸关方达成共识。

针对识别的风险,处理手段通常有四种:风险规避、风险转移、风险缓解、风险接受。

(1) 风险规避(avoidance):在考虑到某项风险所导致的影响很大时,可通过调整项目要求、修改设计方案或者技术途径等方式,如采用的某项新技术风险不可控时,可取消该项技术,采用已成熟技术来主动规避该项风险。需要注意,在制定风险规避措施时,需要评估实施风险规避措施后可能产生的新的风险,包括成本、进度、技术等方面。风险规避往往意味着会牺牲产品的技术指标,选取风险较低的方案,因此要慎重地决策。

(2) 风险转移(transference):对风险源进行重新分配,例如,调整不同系统之间的重量分配指标,重新分配硬件和软件性能要求,以消除当前系统中所暴露出来的风险,或者是在产品的主承制商和供应商之间重新分配任务,通过任务外包的形式将风险转移给第三方。

(3) 风险缓解(mitigation):制定有关风险应对措施,以降低风险发生的可能性,或者降低风险发生的后果。通过实施风险的应对措施来降低风险,需要配置相应的资源,并需要额外的时间。因此,不可避免地需要对实施风险应对计划所要投入的资源和其所带来的效益进行权衡分析,常见的风险应对措施包括备份方案、早期样机验证等。

(4) 风险接受(acceptance):接受风险,不采取特别的措施来控制这些风险。风险接受并不是意味着这些风险可以被忽视,而是做好计划,在研制过程中对这些风险进行监控但不采取主动行为。但是,需要预留相应的进度和成本余量,以便在风险发生时可以安排必要的应对工作。如果风险无法接受,则必须进行决策,来分配额外的资源,或者接受较低水平技术性能,或者取消该项工作。

2. 实施风险管理的组织

在风险应对策略确定后,需要制定具体的风险应对方案及计划,确保风险在给定的项目约束条件和项目目标可接受范围内是可控的。风险应对计划应包括风险应对的活动(what)、完成时间(when)、计划责任人(who),以及实施该计划的资源需求(how)。

项目风险的管理组织是为实现风险管理目标而建立的组织,涉及组织架构、管理体制和责任主体。没有一个健全、合理和稳定的风险管理组织机构,项目风险管理活动就不能有效地进行。

项目风险的管理组织具体如何设立、采取何种方式、需要多大的规模,取决于多种因素,其中决定性的因素是项目风险在时间上和空间上的分布特点。由于项目风险存在于项目实施的各个阶段和项目管理的方方面面,因此风险管理的职能也应当全面地覆盖。同时,针对不同类别的风险也应当明确相应的责任主体,否则项目的风险管理就会落空。以需求分析与定义阶段为例,该研制阶段的典型风险有客户需求定义不清或不准确、技术储备不足、供应商网络拓展不足、外部环境的风险以及人力资源不足的风险。针对这些风险,按照组织职责,定义风险识别、风险评估、风险应对以及风险监控活动的实施主体、责任主体。

3. 落实风险管理的方法

1) 阶段门的管理

由于发动机的研制周期长,研制任务错综复杂,商发公司将整个研制过程划分为若干个阶段,通过阶段门评审的方式实现对研制任务的集成管理与过程控制。

结合阶段门的目标与主要工作要求,将阶段门评审的交付物按照研发活动的类别分为产品研制需求、产品营销、产品取证、产品设计、产品验证、项目管理、客户服务、供应商管理等类别,归纳成 11 个关键交付物,并定义 11 个交付物在不同阶段门应满足的要求,形成检查清单,从而实现对产品研发活动、工程管理活动的全要素集成与控制。

2）关键路径的识别与管理

识别并管理项目的关键路径是控制项目进度风险的有力手段。通过估算每项任务的持续时间并建立任务之间的逻辑关系,形成项目的任务网络图。在任务网络图中持续时间最长的任务链就是项目的关键路径。项目关键路径的识别与管理对项目进度风险管理的意义在于:关键路线上任何一项活动时间的延误都会使得项目总工期延长;缩短项目总工期的唯一方法就是缩短关键路径。因此,可以认为关键路径的识别为项目进度风险的管理提供了抓手。

3）关键环节的识别与管理

关键环节的识别与管理也是保证项目进度的手段。此外,它也是管理项目资源风险、成本风险的有力手段。通常,关键路径上每个任务项都是关键环节,因为它决定了项目的最长交付时间。同时,也可以从以下几个方面来识别任务项的关键度,包括任务的资源约束、任务的复杂度、任务的不确定性、任务持续时间的比例、任务在整个网络中所处的位置。其中,任务的资源约束是指该任务所需要的资源是否接近可供资源的上限,若接近上限说明资源对它的约束力强,任务可能出现延期;任务的复杂度可以从该任务的前置任务的数量上分析,通常前置任务项越多说明该任务的复杂性越高,这类任务容易受到前置任务进度的影响,在制定进度计划时应当考虑预留缓存的时间;任务的不确定性可以通过计算任务的期望完成时间与任务的可能完成时间的时间差来判断,时间差越大说明任务的不确定性越高,越容易出现延期;任务的持续时间是该任务项在整个路径上所占时间的比例,比例越高的任务一旦延期,造成的影响也越大;位置系数是指该任务项是否作为瓶颈资源的前置输入,例如,我们把试验件的试制资源作为瓶颈资源,那么试验件图纸的设计工作就是关键资源使用的前置输入,这类任务项也需要给予关注,因为它会影响瓶颈资源的使用率。

4）关键技术的识别与管理

关键技术的识别与管理是管理项目技术风险的有力手段。关键技术是指项目在规定的时间内、规定的费用下完成项目规定的各项性能指标所必需依赖的技术成熟度较低的技术,一般具有可物化(即技术有物理载体可以试验验证的)、有明确的技术指标、高风险性、重要性等特征。关键技术的识别与管理工作包括技术分解、关键技术识别、技术成熟度评价等三个方面。通过对关键技术的识别与管理可以及时发现产品项目中的技术短板,以便采取有效的应对措施。

6.7　取证管理流程

6.7.1　目的与描述

根据《中华人民共和国民用航空法》第三十四条规定:"设计民用航空器及其发动机、螺旋桨和民用航空器上设备,应当向国务院民用航空主管部门申请领取型号合格证书。经审查合格的,发给型号合格证书。"《中华人民共和国民用航空器适航管理条例》第四条规定:"民用航空器(含航空发动机和螺旋桨)的适航管理由中国民用航空局负责。"第五条规定:"民用航空器的适航管理,必须执行规定的适航标准和程序。"第六条规定:"任何单位或者个人设计民用航空器,应当持航空工业部对该设计项目的审核批准文件,向民航局申请型号合格证。民航局接受型号合格证申请后,应当按照规定进行型号合格审定;审定合格的,颁发型号合格证。"上述法律法规从法律层面上界定了国产民用航空器、发动机、螺旋桨(以下简称民用航空产品)必须取得型号合格证。在《民用航空产品和零部件合格审定规定》(CCAR-21-R4)中详细规定了型号合格证申请人的资格,申请时应提交的材料,审查适用规章的确定原则、审查的期限、颁发型号合格证的条件以及型号合格证持证人所拥有的权利等内容。

因此,商用航空发动机需开展适航取证管理工作,其目的包括:

(1)民用航空产品符合审定基础,获得型号合格证;

(2)民用航空产品满足局方规定的运行要求,达到运行条件;

(3)申请人的《设计保证手册》获得局方批准。

取证管理流程 IPO 图见图 6.19。

6.7.2　输入

1. 产品取证和投入运行的顶层规划

根据民用航空产品的市场定位和预期的使用环境,对型号取证的项目规划和阶段策划等工作进行梳理,从而制定的型号合格取证工作策划和实施方案。

2. 产品研发的方案文件和验证文件

根据产品研制总要求,建立的产品研发方案,包括总体研发方案、系统/部件研发方案、子系统研发方案等。

3. 产品研发涉及的体系流程文件

为实现产品研发方案,将设计流程固化,形成指导具体设计工作的体系流程文件,如企业标准、设计流程、设计规范、设计工作指导书等。

4. 产品取证所涉及局方的法规政策

型号取证过程中,申请人需要参考或满足的法规文件、政策文件,如《民用航空产

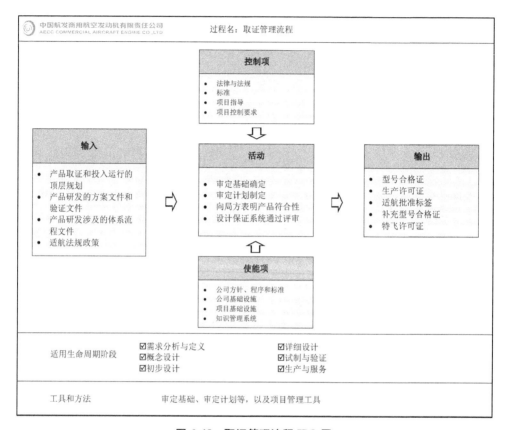

图 6.19　取证管理流程 IPO 图

品和零部件合格审定规定》《航空发动机适航规定》《航空器型号合格审定程序》等。

6.7.3　主要活动

1. 确定审定基础与审定计划

确定民用航空产品需要满足的适航要求,并根据适航要求,制定审定计划,说明将采用何种符合性验证方法来满足适航要求。

2. 向局方表明符合性

根据已批准的审定计划,开展相应的适航符合性验证工作,包括计算分析、安全性分析、台架试验、整机试验、飞行试验等,证明民用航空产品的设计满足审定基础的要求。

3. 设计保证系统通过局方评审

向中国民用航空局表明,申请人具备与所申请证件和航空产品类型相符的设计能力,能够确保航空产品及零部件的设计及设计更改符合审定基础的要求并处于安全可用状态。

4. 供应商的符合性管控

对供应商实现技术需求、产品实现、产品验证、符合性资料编写审核等全过程控制。根据民航局适航司制定的《航空器型号合格审定程序》(AP‑21‑AA‑2011‑03‑R4)，型号取证项目工作分为：概念设计阶段、需求确定阶段、符合性计划制定阶段、计划实施阶段和证后阶段等共五个阶段。一个典型的型号合格审定过程见图6.20。

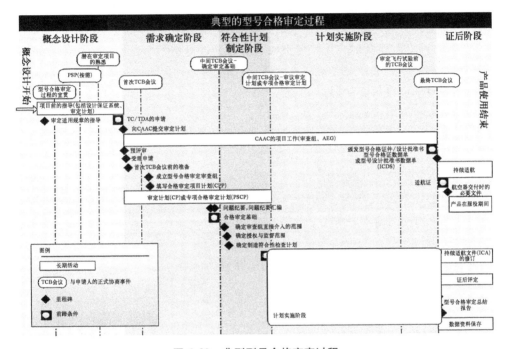

图 6. 20　典型型号合格审定过程

1) 第一阶段：概念设计

概念设计阶段是指意向申请人对潜在的型号项目尚未向中国民用航空局提出型号合格证申请的阶段。中国民用航空局鼓励意向申请人在型号项目尚处于概念设计时就与审查方书面联系，审查方收到联系函后即启动本阶段。

本阶段的目的是使审查方尽早介入潜在的审定项目，对某些重要领域和规章相关要求符合性的问题与意向申请人达成共识，为后续审查活动的顺利开展奠定基础。

本阶段有以下主要工作事项：

(1) 安全保障合作计划的签署或修订；

(2) 了解适用的适航规章；

(3) 熟悉潜在审定项目；

(4) 讨论审定计划；

（5）设计保证系统的交流。

本阶段的产出物：

（1）安全保障合格计划；

（2）审定计划（草案）。

2）第二阶段：需求确定

需求确定阶段是指意向申请人向审查方提出了型号合格证的申请，审查方对申请进行受理并确定适用的审定基础阶段。本阶段的工作旨在明确产品定义和有关的风险，确定需要满足的具体规章要求和符合性方法，识别重大问题，对于审查方和申请人均同意按专项合格审定计划（PSCP）进行管理的型号取证项目，双方编制初步的专项合格审定计划。

本阶段有以下主要工作事项：

（1）型号合格证的申请；

（2）接受预评审；

（3）首次 TCB 会议前的准备；

（4）参加首次 TCB 会议；

（5）编制审定项目计划；

（6）按需编制专项合格审定计划草案；

（7）参加中间 TCB 会议——确定审定基础。

本阶段产出物：

（1）型号合格证申请书及申请附加文件；

（2）设计保证手册初版；

（3）专项合格审定计划（PSCP）草案或审定计划（CP）草案；

（4）审定基础 G-1；

（5）首次 TCB 和中间 TCB（按需）会议纪要。

3）第三阶段：符合性计划制定

本阶段的目的是完成审定计划（CP）和审定项目计划（CPP），或专项合格审定计划（PSCP）。对于申请人和审查方均同意采用专项合格审定计划（PSCP）方式进行管理的项目，专项合格审定计划（PSCP）作为审查组和申请人双方使用的一个工具，管理合格审定项目。

本阶段有以下主要工作事项：

（1）确定审查组直接介入的范围；

（2）确定授权与监督范围；

（3）制定制造符合性检查计划；

（4）提交审定计划或签署专项合格审定计划；

（5）TCB 审议审定计划或专项合格审定计划。

本阶段产出物：

（1）批准的审定计划或签署的专项合格审定计划；

（2）委任代表的授权文书；

（3）制造符合性检查计划；

（4）项目进度表；

（5）TCB 会议纪要；

（6）确定型号研制所需的各系统供应商。

4）第四阶段：计划实施

计划实施阶段是审查方和申请人执行经批准的审定计划和审定项目计划或经双方共同签署的专项合格审定计划的阶段。申请人和审查方应密切合作，对已经批准的审定计划或签署的专项合格审定计划进行管理和完善，确保计划中的所有要求得以满足。

本阶段主要工作事项如下：

（1）工程验证试验；

（2）工程符合性检查；

（3）分析；

（4）申请人的研发试验；

（5）申请人提交符合性验证资料；

（6）申请人的试验数据和报告；

（7）申请人提交符合性报告；

（8）参加审定飞行试验（或整机试验）前的 TCB 会议；

（9）获得型号检查核准书；

（10）完成审定飞行试验（或整机试验）的制造符合性检查；

（11）完成审定飞行试验（或整机试验）；

（12）完成运行及维护的评估；

（13）完成持续适航文件审批；

（14）完成功能和可靠性飞行试验；

（15）完成《航空器飞行手册》或发动机、螺旋桨《安装手册》《使用手册》的批准；

（16）完成《设计保证手册》的批准，设计保证系统得到认可；

（17）最终 TCB 会议前的准备；

（18）参加最终 TCB 会议；

（19）获得型号合格证。

本阶段产出物：

（1）产品图纸、工艺规范、技术要求、技术规范等型号设计文件；

（2）分析、计算、类比说明、安全性分析等技术报告；

（3）试验、试飞任务书,大纲,报告;

（4）产品构型定义文件;

（5）符合性报告;

（6）《航空器飞行手册》,发动机、螺旋桨《安装手册》《使用手册》;

（7）持续适航文件;

（8）型号合格证数据单草案;

（9）《设计保证手册》及程序文件。

5）第五阶段：证后阶段

本阶段是在颁发型号合格证或型号设计批准书之后,完成项目的型号合格审定收尾工作,并开展证后管理工作。

本阶段主要工作事项：

（1）持续适航;

（2）设计保证系统、手册及其更改的控制与管理;

（3）持续适航文件的修订;

（4）资料保存;

（5）航空器交付时的必要文件。

本阶段产出物：

（1）型号取证资料;

（2）持续适航文件;

（3）持续适航管理计划;

（4）设计保证文件的修订。

除了根据规章程序需开展的型号合格取证工作外,对于型号取证的管理工作还需从项目管理的角度确定型号合格审定阶段和项目研发阶段的对应关系,根据通用的产品研发生命周期阶段,提出表 6.11 中建议的对应关系。

表 6.11　项目研发各阶段与型号合格审定阶段对应关系表

型号合格审定阶段	概念设计阶段	要求确定阶段	符合性计划制定阶段	计划实施阶段	证后阶段
项目研发阶段	需求定义阶段 概念设计阶段	初步设计阶段	详细设计阶段 验证确认阶段		运行维护 阶段

针对型号取证项目,我们在做工作分解结构 WBS 时,可考虑整个项目在某些方面的特点或差异,将项目分为几个不同的子项目,如审定基础确定、符合性验证计划批准作为取证项目下的子项目;应在各层次上保持项目内容的完整性,不能遗漏任何必要的组成部分,即必须涵盖型号取证项目的所有任务;分解后的任务应该是可管理的、可定量检查的、可分配任务的、独立的,如分解到编制哪些具体的符合性报告,完成哪些具体的符合性验证试验;分解时可参考 2 点原则：① 上层工作按

照流程分解;② 下层工作按照内容分解。图 6.21 给出了型号取证项目工作分解结构 WBS 参考示意图。

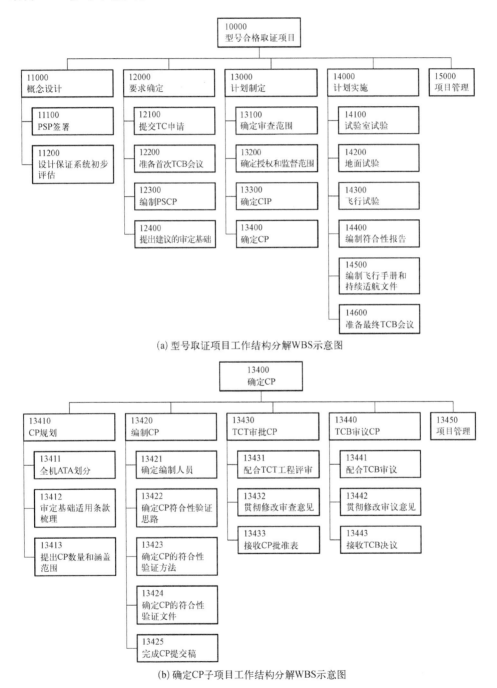

(a) 型号取证项目工作结构分解WBS示意图

(b) 确定CP子项目工作结构分解WBS示意图

图 6.21　取证项目工作结构分解

6.7.4 输出

1. 型号合格证

型号合格证,是中国民用航空局根据中国民用航空规章《民用航空产品和零部件合格审定规定》颁发的、用以证明民用航空产品的设计符合相应适航规章和环境保护要求的证件。

2. 生产许可证

生产许可证,是中国民用航空局中国民用航空规章《民用航空产品和零部件合格审定规定》颁发的、用以表明允许按照经批准的设计和经批准的质量系统生产民用航空产品或者零部件的证件。

3. 适航批准标签

适航批准标签,是制造符合性检查代表或委任生产检验代表签发的、用于证实试验产品已经过制造符合性检查,符合型号资料的标签。

4. 补充型号合格证

补充型号合格证,是中国民用航空局根据中国民用航空规章《民用航空产品和零部件合格审定规定》颁发的、用以证明民用航空产品的更改设计符合相应适航规章和环境保护要求的证件。

5. 特飞许可证

特许飞行证,是民用航空器在尚未取得有效适航证情况下,或者在目前可能不符合有关适航要求但在一定限制条件下能安全飞行的情况下,由中国民用航空局颁发的、用于特殊飞行的证件。

商用航空发动机型号取证管理活动的输出,详见 5.7.3 小节中各阶段产出物。

6.7.5 方法与工具

1. 审定基础

型号合格审定基础(type certification basis)是经型号合格审定委员会(Type Certification Board,简称 TCB)确定的、对某一民用航空产品进行型号合格审定所依据的标准。型号合格审定基础包括适用的适航规章、环境保护要求及专用条件、豁免和等效安全结论。它是整个型号取证管理的目标依据,整个取证工作围绕审定基础的验证开展。

2. 审定计划

审定计划(certification plan,简称 CP)是申请人制定的关于采用何种符合性验证方法来表明产品符合审定基础的计划。审查方也将基于此制定审查活动计划,双方共同将整个研制过程中的取证活动分解成便于管理的任务,后续将基于审定计划或专项合格审定计划开展符合性验证工作。

3. 项目管理工具

型号取证项目开展管理时可采用一些项目管理工具,如工作分解结构 WBS、网络图、甘特图等。例如,在审定计划的基础上进一步分解工作计划时采用 WBS 的方式,如图 6.21 所示。

6.7.6　应用实践

1. 适用的适航规章

对于商用航空发动机,需要满足的民用航空规章包括: ① 管理规章 CCAR - 21《民用航空产品和零部件合格审定规定》、CCAR - 183《民用航空器适航委任代表和委任单位代表的规定》; ② 技术规章 CCAR - 33《航空发动机适航规定》、CCAR - 34《涡轮发动机飞机燃油排泄和排气排出物规定》,以及 CCAR - 25《运输类飞机适航标准》和 CCAR - 36《航空器型号和适航合格审定噪声规定》的部分内容; ③ 运营规章 CCAR - 91《一般运行和飞行规则》、CCAR - 121《大型飞机公共航空运输承运人运行合格审定规则》; ④ 维修规章 CCAR - 145《民用航空器维修单位合格审定规定》、CCAR - 43《维修和改装一般规则》。

商用航空发动机的型号合格审定基础通常包括 33 部《航空发动机适航规定》、34 部《涡轮发动机飞机燃油排泄和排气排出物规定》,结合当前发动机型号设计特征,通常还涉及复合材料风扇叶片、转子完整性、过冷大水滴、混合相和冰晶及扬雪、降雪结冰等方面的专用条件。

2. 审定计划

对于衍生型和新研的商用航空发动机,其审定计划的制定策略是不同的。对于衍生型发动机,通常多采用类比、分析、整机试验的符合性方法。对于新研的发动机,则采用分析、部件试验、整机试验的符合性方法,且需特别关注材料级、组件级的验证,以及可靠性数据的累积。

6.8　度量管理流程

6.8.1　目的与描述

度量是周期性的评估过程,用于监测产品项目进度和工作质量。其主要目的是检测工作成果是否达到了预期效果,所考虑的评估对象是否可以涵盖产品质量情况、工作表现情况、进度控制情况、预算与成本控制情况、资源使用情况、风险管理情况等方面。度量管理流程 IPO 图见图 6.22。

度量的主要工作是围绕项目目标对项目实施的数据进行分析,对当前的工作质量进行度量,给出后续建议。通过度量流程,决策者可以得到对于改进项目和技术的重要信息,从而针对性实施改善工作,提高项目质量。

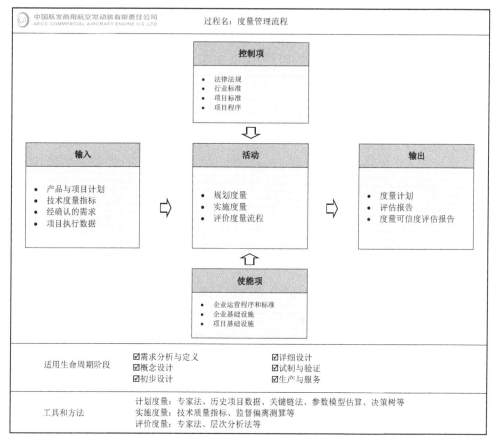

图 6.22 度量管理流程 IPO 图

6.8.2 输入

1. 产品与项目计划

产品与项目计划为在执行项目之前所做的项目计划。在此计划中,包含项目总目标和阶段目标(需求)、决定项目进展的关键指标、管理方法与计划、成本与预算控制方法与计划、进度控制计划、资源使用计划和风险管理方法与计划。产品与项目计划是确定度量需求、完成度量计划的基础。

2. 技术度量指标

技术度量指标为所确定的用于度量技术完成度的指标。本章所采用的度量指标包括有效性度量指标(MOE)、性能度量指标(MOP)、技术性能度量指标(TPM)。

(1)有效性度量指标(MOE):在特定运行环境中,所评价的任务达成预期目的的程度。MOE 是项目生命周期中所完成的任务是否达成各阶段客户对于产品性能及适用性期望的关键指标。

（2）性能度量指标（MOP）：测量系统是否达到 MOE 运行环境的性能和设计需求。MOP 通常从 MOE 中导出。

（3）技术性能度量指标（TPM）：测量 MOP 中所涉及系统的系统关键元素达到系统技术需求的程度。TPM 关注与项目进度、成本和风险相关的关键元素参数，可以用于评估设计进展、技术风险、性能与需求的一致性。

3. 经确认的需求

经确认的需求是依照项目计划确定的参与度量的项目任务与产品的阶段性需求。包括技术需求（MOE 需求、MOP 需求、TPM 需求）和项目阶段计划（含预算计划、进度计划、资源分配计划、风险管理计划）。

4. 项目执行数据

项目执行数据为度量管理过程要求提供的项目执行数据。包括 MOE 数据、MOP 数据、TPM 数据、项目实施数据（含预算执行情况、进度完成情况、资源分配情况、风险情况）。

6.8.3　主要活动

1. 规划度量

在计划阶段，面向项目生命周期各个阶段，建立度量策略，确定需要的度量要求、由要求衍生出来的度量指标、度量方法。这个阶段最重要的内容是明确各个阶段项目需要达到的绩效水平，包括时间、资源使用情况和性能水平等，即度量的对象。同时，也需要规定度量的规则，包括用于度量的报告、度量的频率、数据评估的方式、复审权限和方式等。在此阶段，需要关注的内容包括：

（1）使用被大部分人认同的评价指标；

（2）项目生命周期所有阶段的评价指标使用统一格式。

2. 实施度量

在执行阶段，需要按照度量计划收集执行的数据、处理和分析数据，形成评估报告。评估报告应当包含数据分析结果、对项目进展的评价和对后续工作的建议。其中，对后续工作建议应当特别指出那些值得被高度注意的具有潜在漏洞与预警特征的度量指标数据及其趋势，提出针对该不良指标数据应当立即采取的纠正/弥补措施。其中，"具有潜在漏洞预警特征的度量指标数据"是指若其按照当前的趋势继续发展，将会导致不利的后果。在此阶段，需要关注的内容包括：

（1）使用统一的报告格式；

（2）建议按月收集指标数据，重要数据可以按更短的周期收集；

（3）保留历史数据，给出的数据最好也包括趋势数据。

（4）尽量使用定量分析方法。

3．评价度量流程

度量评价阶段评估度量过程的有效性,确保评价结果和对后续的工作建议是可信的。在此阶段,需要评价指标数据的有效性、度量流程的有效性和一致性。此外,也可以对度量流程的合理性进行评估,必要时提出改进建议。

6.8.4　输出

1．度量计划

在度量计划阶段,依照项目计划、需求和指标来定义度量计划。

2．评估报告

度量评估报告应包含所收集的数据、数据分析、该阶段的项目工作评估结果以及后续的工作建议。

3．度量可信度评估报告

度量可信度评估报告是对度量过程有效性的评价,报告中可以包含任何对现有度量流程的改进建议。

6.8.5　方法与工具

1．计划度量

计划度量时应当注意合理计划各阶段需求,常用 WBS 作为辅助划分工作量、进度、预算、资源分配等的工具。项目各部分需求和计划制定可参考的方法如下所示。

(1) 产品质量需求预估:专家法、历史项目数据、自下而上估算法等方法。

(2) 项目进度计划:关键链法、基于原则的元启发式方法。

(3) 资源分配:专家法、模糊综合评价法等方法。

(4) 财务预算:专家法、参数模型估算、历史数据对比等方法。

(5) 风险评估:决策树、期望值法等方法。

2．实施度量

实现度量阶段更重要的是数据分析和绩效评估方法。以下列举部分常用方法。

(1) 质量度量:使用 MOE、MOP、TPM 等指标度量质量满意度,使用缺陷度量测量质量缺陷度。缺陷度量即检测项目所度量的阶段中出现的工作重大错误次数及影响级。

(2) 进度度量:使用百分比表示进度偏离,即计划的进度时间与实际进度时间之差除以计划的进度时间。进度偏离值越高,即代表项目此阶段进度控制越差。

(3) 资源分配度量:使用资源分配偏差度表示资源分配执行情况。针对每一个资源进行分配偏差分析,并分析该偏差是否对项目质量、进度、成本、风险产生影响。

(4) 财务度量:使用百分比表示预算执行度,即本阶段各方面花费的成本与本阶段相对应的预算之比。预算执行度常与质量度量结果和进度度量结果一起进行综合考虑,评估项目资金使用表现。

3. 评价度量流程

鉴于该阶段的主要工作是评价流程本身的有效性,常采用专家法或层次分析法进行评估。

6.8.6　应用实践

商发公司对其产品研发过程的任务完成情况进行度量,并使用记分卡对度量过程进行可视化追踪。记分卡是一种度量流程实施工具,以图表或表格为表现形式,记载实际和预测的一段时间内项目工作在某指标上的表现,以及该指标的目标。其内容分为两个部分,其一为项目记分卡,显示项目健康程度,包括对成本、风险总结、计划活动等的追踪;其二为产品记分卡,显示产品的预测性能和需求,追踪该产品在项目各阶段实现的实际性能。

首先确定度量对象,包括项目要求、节点、成本、精益六西格玛以及项目要素管理的表现。其次使用交付过程的追踪记分卡记录项目在不同阶段的完成情况并作出评价,给出后续工作的实施建议,包括对重要测量指标的关注等。最后,针对记分卡本身进行有效性评估,评价标准包括:① 记分表格清晰,记分卡上的信息可被轻松地理解且无歧义;② 记分表格更新频率是合理的且明确的;③ 记分卡可以反映出项目各项重要指标的变化情况。

综上,商发公司利用记分卡确定度量标准——追踪项目推进情况——评估度量过程的有效性,实现对产品研发各阶段的任务完成情况的度量,监控项目的进度和质量。

6.9　质量保证流程

6.9.1　目的与描述

质量是实现客户和其他利益攸关方需要的产品、系统或流程的一系列固有特性,包括产品质量和服务质量。相对的,质量管理是确定质量的目标和方针,通过质量策划、控制和改进使产品/服务满足客户预期的功能、性能和需求的管理过程。质量保证即为使客户确信某产品/服务能满足质量要求而实施的有计划的、系统性的活动。与质量管理相似,质量保证流程主要包括根据质量管理计划进行质量保证策划、实施质量监测与评估、进行质量改进等。质量保证通过在项目生命周期中对产品/服务的实现过程进行控制,完成对产品质量和保证措施的策划、实施、检查和改善,从而保证产品/服务能够满足最终客户的要求。质量保证流程 IPO 图见图 6.23。

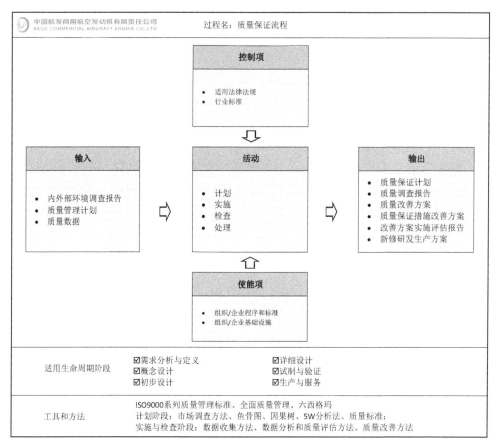

图 6.23   质量保证流程 IPO 图

与质量管理流程相似,质量保证也采用 PDCA 循环,即计划(plan)—实施(do)—检查(check)—处置(action)四个工作阶段循环进行。在一次 PDCA 循环过程中不能完全解决的问题会转入下一个 PDCA 循环中处理,在每次循环中都会加入新的内容,如此反复更新,促进工作改进。

6.9.2   输入

1. 内外部环境调查报告

包括市场调查报告、政策和环境(如相关)调查报告、产品上次质量满意度情况。此报告作为计划阶段的输入,是制定质量保证计划的依据。

2. 质量管理计划

包括质量管理目标、方针、流程、方法。计划阶段依据质量管理计划确定质量标准,制定质量保证计划。质量保证计划是实施和检查阶段的输入之一,质量保证计划应当特别强调研发和生产过程中产品的各项参数要符合何种质量需求、以何种方式把控研发和生产过程,如果执行过程有偏差应如何处理。

3. 质量数据

包括流程审计、测试评估、产品差异报告、产品合格水平监测、事故报告以及产品变更的数据,质量数据是实施阶段的输入,用于评估产品质量是否满足质量要求。检查阶段也会用部分质量数据对改善方案的执行效果进行评估。

6.9.3　主要活动

1. 计划

根据客户需求、实际情况和质量管理计划制定质量保证计划。包括质量保证目标、方针、流程和方法。同时也要制定针对产品研发和生产的计划和策略。建议的计划活动如下:

(1)调查企业当前面临的内部和外部环境,分析质量保证管理存在的不足之处;

(2)找出上述缺陷出现的原因和影响因素;

(3)对当前国家相关政策、市场情况、目标客户偏好进行调查研究,在此基础上针对分析出的原因制定新的质量管理计划;

(4)针对新的质量管理计划和已分析出的活动缺陷原因制定新的质量保证计划。

2. 实施

按照制定的质量保证计划监控产品研发生产活动,评估产品质量,提出质量改善方案。在此过程中也要评估质量保证措施的有效性和效率,如果质量保证措施有问题,需要提出质量保证措施改善方案。在这个阶段,要特别注意将制定的新计划向员工普及,以便提出和执行符合本循环要求的改善方案。

3. 检查

执行质量改善方案和质量保证措施改善方案,检查方案的可实施性和执行情况。寻找方案中存在的问题,结合以往经验分析研究方案执行效果。对于未达到预期效果的工作环节及时予以调整。

4. 处理

如果经过实施和检查阶段可以达到预期效果,则进行制度化和标准化处置,将改善方案纳入研发生产方案重复实施;如果执行效果不佳,则需要寻找原因采取其他措施;如果不能顺利解决,将该问题纳入下一个循环中作为待解决的重点问题。

6.9.4　输出

1. 质量保证计划

质量保证计划是计划阶段的输出。依据输入的内外部环境调查报告,分析管理缺陷原因和新修改的质量管理计划而制定,同时也是后续质量保证流程活动的文件依据。

2. 质量调查报告

质量调查报告是实施阶段的输出。依据采集得到的产品研发生产质量数据,经过数据分析与评估,得出的评估报告。是后续质量改善方案的制定依据之一。

3. 质量改善方案

质量改善方案是实施阶段的输出。依据质量管理计划和质量调查报告,针对已发现的研发生产流程、产品质量缺陷和需求,考虑执行环境限制制定而成。

4. 质量保证措施改善方案

质量保证措施改善方案是实施阶段的输出,依据质量数据趋势或质量保证措施有效性调查结果得出。

5. 改善方案实施评估报告

改善方案实施评估报告是检查阶段的输出。依据所收集到的实施改善方案前后的质量数据变化,进行数据分析和评估得出的评估报告。此报告评估了改善方案的有效性与效率,是处理阶段的输入。

6. 新修研发生产方案

新修研发生产方案是处理阶段的输出。该输出只在改善方案有效时存在。用于将改善方案常规化实施,持续性提高产品与服务的质量。

6.9.5　方法与工具

对于可用于质量保证流程设计的涵盖全阶段的质量管理方法,包括 ISO 9000 系列质量管理标准、全面质量管理(TQM)和六西格玛等。以下对这三种方法作简要介绍。

(1) ISO 9000 系列包括 ISO 9000 质量管理体系、ISO 9001 质量管理体系、ISO 9004 质量管理体系。ISO 9000 和 ISO 9001 作为检测企业质量管理水平的标准而出现,而 ISO 9004 提供一系列自检工具,是用于帮助提升企业管理能力,达到优良质量管理标准的指南。

(2) 全面质量管理(TQM)是被广泛使用的质量管理理论。TQM 认为企业的质量管理应当以经济大环境为基础,借助市场研究、产品策划、完善产品生产和服务质量等方式,基于用户需求来提升企业产品质量及相关服务项目,并逐渐将其构成一个完善的产品质量管理机制。本章所述质量保证便是基于全面质量管理思想设置的工作流程。

(3) 六西格玛是一种统计评估方法,核心是追求零缺陷生产,防范产品责任风险,降低成本,提高生产率和市场占有率,提高顾客满意度和忠诚度。其中心工作是帮助企业集中于开发和提供近乎完美产品和服务的一个高度规范化的过程,而后测量一个指定的过程偏离完美有多远。从测量出的过程缺陷（完美偏离度）入手提高管理水平,消除缺陷使流程达到完美。

除了以上几种总体管理方法和理论外,各阶段质量保证也存在相对应的方法帮助提升管理效率。以下简述计划、实施、检查三阶段涉及的建议方法。处理阶段由于只涉及将质量改善方案纳入生产研发计划中或舍弃缺陷计划,不需要特别指出所需要的方法。

1. 计划阶段涉及的方法与工具

此阶段主要涉及市场调查方法、问题分析方法和用于评估质量的质量标准。

（1）市场调查方法:用于撰写市场和政策调查报告。常用的调查方法有文案调研(问卷、公开信息搜索)、实地调研(询问、观察、实验)、竞争对手调研。

（2）现存质量保证管理问题分析方法:鱼骨图、因果树、5W 分析法。

（3）质量标准:质量标准是除了客户特殊需求以外,判定产品是否达到普通标准的主要依据。包括国际标准、国家标准、行业标准和企业标准。

2. 实施与检查阶段涉及的方法与工具

此阶段主要涉及数据收集方法、数据分析和质量评估方法、质量改善方法。

（1）数据收集方法:根据质量管理计划收集所需数据,对测试数据等产品数据可以借助数据自动传输工具、ERP 等实现数据的自动传输与存储,提高工作效率。

（2）数据分析和质量评估方法:主要采用数理统计方法,如直方图、控制图、分层图、矩阵图、矩阵数据分析等。

（3）质量改善方法:主要涉及分析质量不达标的原因并给出对应改善措施,可使用因果树、关联图等分析原因;使用头脑风暴等方法增加解决办法数量,从中择优设计质量改善措施,提升改善措施的有效性和效率。

6.9.6　应用实践

以商发公司的质量保证过程为例。产品研发过程包括从提出产品构思到生产的全过程,在此过程中需要不断进行设计质量评估与改善,从而控制产品的质量。根据研发项目的生命周期划分项目阶段,分为五个阶段,研发活动和质量管理活动在这五阶段中实施,如图 6.24 所示。

通过质量保证流程定期检验项目实施进程,收集并分析产品研发和生产过程中的质量数据,不断改进保证措施与研发方式,保证质量指标在可控范围内。研发过程中的每个指标都要严格进行检查和评价,如果和预期目标有差距,就要及时做出适当调整,如对原实施方案或者实施计划进行适当的调整,以达到预期目标。

在产品研发过程中的质量保证过程分为两步:第一步,制定合理的措施和标准,通过记分卡对实施过程进行测量,通过对比和分析判断质量保证措施与标准是

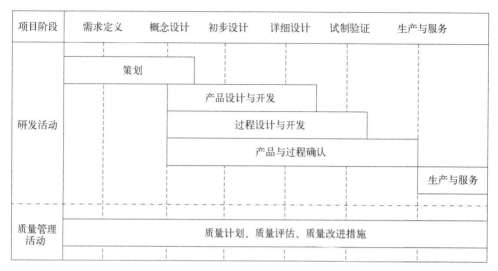

图 6.24 产品研发过程活动及质量管理活动

否有效,如果措施和标准有效,则继续巩固,否则进行修改与完善;第二步,实施 PDCA 循环,若与一次 PDCA 循环解决不了所有问题,则进行第二次 PDCA 循环。不断循环迭代,控制产品质量,最终使项目输出产品能够获得客户的满意。

第7章
企业运营使能流程集

7.1 项目群管理流程

7.1.1 目的与描述

"项目群"与"项目"是两个彼此关联又存在显著差异的概念。在商用航空发动机研发中,项目群管理的目的是基于公司产品系列化发展战略目标,启动并持续开展必要且适当的若干项目、子项目及活动。项目群的生命周期从系列化产品中的第一个项目立项开始,在最后一个产品退役时结束。项目群管理是指对项目群进行统一协调和管理,以实现项目群整体效益最大化,其作用是只针对单个项目进行管理所无法替代的。

对若干个相互关联的项目按项目群集中管理,能够更方便地促进彼此信息与成果共享,协调彼此之间依赖关系,解决资源冲突问题,共享对外沟通渠道,进而降低单项目运行风险。项目群管理流程的 IPO 图见图 7.1。

项目群注重对系列项目的集成管理,主要包括启动项目群、运行项目群、评价项目群 3 个主要活动。

(1)启动项目群是指根据公司战略安排识别若干候选项目,分配资源并启动实施,同步建立相关项目群管理规则、机构,明确项目群内多项目协同策略。

(2)运行项目群是指项目群管理机构根据程序要求对项目群运行进行日常管理,进行日常运行数据收集和绩效评价,并视情作出调整。

(3)评价项目群是定期对照公司战略,对项目群状况进行全面评价,为公司管理层作出持续开展、重新定向、终止项目群活动等战略运营决策提供输入信息。

7.1.2 输入

1. 产品研制地图

产品研制地图是公司在充分理解市场的基础上,根据自身发展战略目标,对公司产品系列化、谱系化发展战略进行全面评价分析后形成的产品发展战略地图,初步提出各系列化产品发展的使命、愿景。该图一是要反映公司全部拟发展的产品

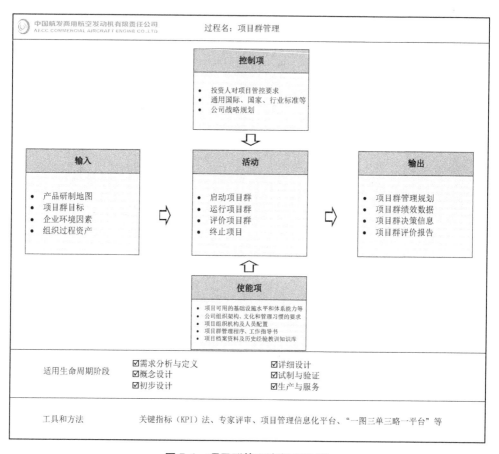

图 7.1　项目群管理流程 IPO 图

目录,二是要反映这些产品系列之间以及同系列产品之间的发展顺序、衍生关系,从而全面反映公司产品系列化发展的实施过程。

2. 项目群目标

项目群目标主要体现项目群在全生命周期内的客户满意度与盈亏目标,更加注重宏观性、长期性。通过对项目群内各项目目标的动态管控和调整,以确保项目群综合目标的实现与效益最大化。

3. 企业环境因素

应考虑与企业环境因素相关、影响项目群管理过程的内容包括但不限于:

(1) 通用国际、国家、行业标准等的要求;

(2) 全球及国际宏观经济发展状况与行业发展趋势;

(3) 公司战略规划与产品发展战略;

(4) 公司项目管理信息化系统的要求;

(5) 项目可用的基础设施水平和体系能力等内外部条件;

（6）公司组织架构、文化和管理习惯的要求；

（7）项目组织机构及人员配置；

（8）沟通渠道；

（9）市场条件。

4．组织过程资产

应考虑的与组织过程资产相关、影响项目群管理过程的内容包括但不限于：

（1）项目群管理程序、工作指导书；

（2）项目档案资料（历史上形成的项目群管理资料）及历史经验教训知识库。

7.1.3　主要活动

1．启动项目群

根据公司战略与产品研制路线图，识别若干候选项目，应用组合分析法对多个候选项目进行排序，以选定优先启动的项目，进而建立项目群管理规划，以下几个问题是项目群管理规划的输入：

（1）项目群的使命是什么？

（2）项目群的愿景是什么？

（3）项目群的目标是什么？

（4）项目群的战略是什么？

这些问题的答案一般来自公司产品规划与产品研制路线图，如果不是第一次进行规划，只需进行更新；如果第一次进行完整规划或刚进入该领域，可使用 MM 方法论进行规划活动，初始状态可以相对较粗，在规划过程中逐步回答这些问题，并与公司经营层取得一致。

在本阶段，需要建立项目群管理办公室或其他协调组织，明确项目群沟通决策等管理机制，这一阶段应关注以下内容：

（1）识别并评估项目群内各项目规划，以确保与项目群及组织战略目标一致；

（2）明确项目群及各项目范围，识别预期的项目结果；

（3）合理分配资金、人力、基础设施等资源；

（4）识别项目群之间、项目群内部各项目之间的协同机会与衍生关系；

（5）明确对项目群内各项目的授权事项。

2．运行项目群

按照项目群管理机制，项目群管理机构依托项目管理信息化平台等手段定期收集项目群关键绩效指标，及时识别风险与机遇，支撑项目群管理者就调整资源配置、应对潜在风险等作出决策。

应建立合理的项目群沟通机制，确保项目群之间、项目群内各项目之间信息沟通的通达性、准确性和及时性,沟通形式包括但不限于例会、简报、信息化平台推送等,以便项目群管理团队成员及时感知关键信息并作出决策。

应建立项目群投资者、公司经营管理层与项目管理人员进行沟通的有效机制,以确保项目群整体运行结果不偏离公司整体战略方向。

3. 评价项目群

原则上每年至少都需要对项目群运行情况开展一次战略评价,为公司战略管理活动与重大经营决策提供输入。评估内容包括但不限于:

(1) 项目群运行现状与过去一个周期实施情况;

(2) 项目群及各项目与既定目标差距及可达性;

(3) 项目群及各项目与市场客户需求及竞争机型差距;

(4) 项目群及各项目实现商业目标的风险及应对举措;

(5) 项目群发展机会及与公司战略、资源能力匹配程度;

(6) 对公司产品战略制定、经营管理的建议。

4. 终止项目

公司经营层可根据项目群评价结果及其他突发情况决策终止项目群中某个或多个项目,当项目群内所有项目均终止时,项目群即终止。

7.1.4 输出

1. 项目群管理规划

项目群管理规划定义了项目群总体发展规划与管理运行机制、机构设置等信息,包括但不限于项目群范围、商业与客户目标、实施策略、组织结构、决策与授权机制、沟通机制、基础设施配置和调整机制、风险与机遇管理机制、利益攸关方管理机制等。

2. 项目群绩效数据

项目群绩效数据是在项目群日常运行过程中,从每个执行活动中通过信息化或人工手段收集到的各类原始测量结果,包括但不限于进度、成本、质量、技术结果等关键绩效指标。项目群管理机构应建立常态化绩效数据收集与分析机制。

3. 项目群决策信息

项目群决策信息是指对项目群管理过程中所有决策内容及决策过程信息的记录,这部分信息最好通过信息化平台进行集中管理。

4. 项目群评价报告

对标公司战略,全面评估项目群实施状态、与竞争对手差距、市场需求匹配程度等,挖掘存在的风险并提出改进措施,同时对上一年度提出的改进措施执行情况进行回顾。

7.1.5　方法与工具

1. 关键指标(KPI)法

KPI 法是通过对公司内部流程输入、输出端关键参数进行取样和分析,进而衡量流程绩效的一种量化绩效评价方式,合理科学的 KPI 考核体系是项目与组织绩效管理的基础。

2. 专家评审

在制定项目群管理规划与评价过程中,可以邀请专家以评审形式对项目群管理规划内容进行审查。专家来源包括但不限于公司内部专家、顾问,外部利益攸关方,行业协会等。

3. 项目管理信息化系统

项目管理信息化系统一般应至少包含计划编制与管理、工作授权、决策记录、资源分配、信息收集与发布、绩效考核等功能。

4. "一图三单三略一平台"

"一图三单三略一平台",即研制路线图;关键技术清单、关键环节清单、关键资源清单;产品实现策略、产品取证策略、产品经营策略;支撑产品系列化发展的核心机平台。以"一图三单三略一平台"作为项目群管理规划的核心内容,从操作角度详细阐明了项目群的战略实施步骤,对技术、基础设施、体系能力的特殊需求,产品实现与获取商业回报的根本模式,以及如何与其他项目群进行协同交互的载体形式。

7.1.6　应用实践

按照行业主流的项目群分类方法,商发公司的项目群包括以 CJ1000A 为代表的窄体客机发动机项目群、以 CJ2000A 为代表的宽体客机发动机项目群和以 CJ500A 为代表的支线客机发动机项目群。公司组建 0 级 IPT 团队,负责统筹各产品项目群的策划、管理、集成与验证,从总体角度规划项目和系统,协调和解决接口或周边交互关系,并对项目的重大节点、重大变化和重大问题等进行协调和决策。

商发公司以"一图三单三略一平台"为抓手,全面规范项目群与项目技术管理,在窄体客机发动机项目群中率先进行了探索与实践,并逐步向宽体客机发动机项目群进行推广。形成了涵盖两大项目群中各项目整机集成和部件系统研制的"一图三单三略",同步谋划建立支撑公司产品系列化发展的系列核心机平台,以带动各项目团队形成主动思考和规划研制路线、集智攻克关键技术难点、谋划解决瓶颈资源的良好氛围,以图表形式呈现了产品实施路径与未来的商业模式。其中以燃烧室为代表的项目研制团队,总结出一套从产品研制需求出发、到技术验证平台规划、到研制阶段目标规划、到制造和验证活动安排的研制路线图制定的方法论,以及基于研制路线图识别关键技术、资源和环节的方法论。

7.2 项目策划管理流程

7.2.1 目的与描述

项目策划管理是指对所有项目活动进行整合策划和统一管理,确保所有项目活动在统筹协调框架下进行,并对项目涉及的内外部干系人进行协调和管理,以确保项目目标的实现。项目策划管理流程 IPO 图见图 7.2。

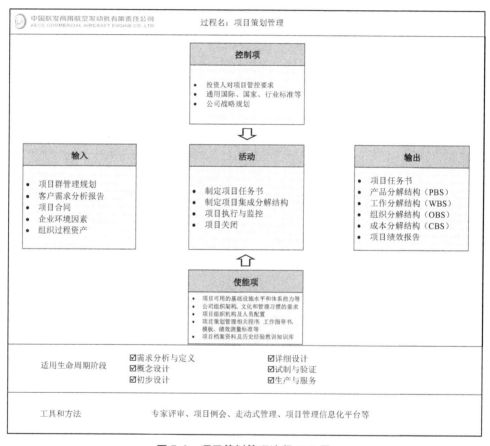

图 7.2 项目策划管理流程 IPO 图

项目策划管理的活动主要包括制定项目任务书、制定项目集成分解结构、项目执行与监控、项目关闭 4 个主要的活动。

制定项目任务书是通过分析项目的背景、目的以及市场需求和客户期望,明确项目总体目标、总体预算、里程碑、控制要求和成功标准等的过程。

制定项目集成分解结构是指明确项目集成架构,并在此基础上编制、协同和整合项目进度、经费、质量、人力资源等各方面计划,制定一个连贯一致的集成计划的过程。

项目执行与监控是对项目绩效数据进行收集和度量,推动持续改进,确保按计划完成项目目标的过程。

项目关闭是正式移交项目成果和项目经验给相关项目干系人,接受项目投资者验收,确保相关项目干系人及客户得到所需交付的过程。

7.2.2　输入

1. 项目群管理规划

项目群管理规划定义了项目群总体发展规划与管理运行机制等信息。

2. 客户需求分析报告

客户需求分析报告是依据对航空市场和客户需求的综合分析所提出的指导性文件。

3. 项目合同

如果公司与一方或多方以项目合作形式展开,则项目合同为项目策划输入之一。

4. 企业环境因素

应考虑与企业环境因素相关、影响项目进度计划管理过程的内容包括但不限于:

(1) 通用国际、国家、行业标准等的要求;

(2) 公司战略规划;

(3) 项目的供应商资源状况;

(4) 项目可用的基础设施水平和体系能力等内外部条件;

(5) 公司组织架构、文化和管理习惯的要求;

(6) 公司对项目组织机构及人员配置的要求;

(7) 沟通渠道;

(8) 市场条件。

5. 组织过程资产

应考虑的与组织过程资产相关、影响项目进度计划管理过程的内容包括但不限于:

(1) 项目策划管理相关程序、工作指导书、模板、绩效测量标准等;

(2) 项目档案资料,包括历史信息与经验教训知识库。

7.2.3　主要活动

1. 制定项目任务书

项目任务书由项目负责人牵头组织编制,其形式可以是项目立项论证报告、可行性研究报告和合同性文件等,内容通常应包括:范围描述、实施途径、关键里程碑、可交付成果、验收标准等,可概括为 4W+2H:

(1) Why,项目的价值与目标,向投资人展示该项目最终交付的产品是否能够满足目标市场与客户需求,是否能够为投资人及公司带来价值。

（2）What，项目与产品整体构想，产品最终要做成什么样？包括描述产品的物理形态和功能、性能、四性、成本、质量、运输等规格，从而形成清晰的产品概念，并评估其对目标客户需求的符合性及市场竞争力。

（3）When，项目零级网络计划及里程碑，提出合适可交付符合客户需求的产品。

（4）Who，项目组织模式，并提出对项目参与各组织及人员能力的总体要求。

（5）How，产品可实现性，提出产品研制路线图，以及所需的关键技术、关键资源、关键环节，梳理项目风险并提出应对措施。

（6）How much，需要投入的经费概算。

项目任务书可以明确指出哪些工作不属于项目范围，并且可随着项目工作进展进行必要的更新和增补。项目任务书由项目投资人签署或批复后生效。

2. 制定项目集成分解结构

对于发动机研制项目，可以通过不同的视角组织形成不同的分解结构，并在此基础上编制、协同和整合项目进度、经费、质量、人力资源等各方面计划，制定一个连贯一致的集成计划，如图7.3所示。根据所包含数据类型、应用场景及使用方的不同，通常有以下几种组织方式：

（1）产品分解结构（PBS）：产品分解结构是将整个发动机分解成不能再分的原件，是对项目实体对象分解。

（2）工作分解结构（WBS）：将项目可交付成果和项目工作分解成更小更容易管理的组件。主要作用是对所要交付的内容提供一个结构化的视图。

（3）组织分解结构（OBS）：组织分解，解决谁将负责具体的工作包，组织分解结构分配团队单位到各个项目层次并定义职责。

（4）成本分解结构（CBS）：成本分解结构就是将成本分解为适合满足项目控制需求的成本类型，与WBS建立联系。

首先，商用航空发动机产品可以通过产品的集成项目框架，根据实际组成结构编制PBS，还可以通过定制PBS标准模板来生成具体项目的PBS；其次，通过分析研制流程，根据产品实际研制流程建立通用步骤或标准活动，以形成WBS标准模板；然后，以PBS为基础，按照通用步骤或标准活动，对PBS与WBS标准模板之间的映射关系进行分析，并通过PBS构建具体项目的WBS。最后，根据项目WBS任务安排，针对每项工作任务配备人工、设备、外委合同等成本资源信息，并结合公司项目矩阵式管理模式，按压气机、燃烧室、涡轮等单元体配备项目管理工作团队，生成具体项目的CBS与OBS。

1）PBS构建

PBS的构建，体现了对项目对象的具体认识，这种认识的主要来源是对于客户需求的理解，其结果是对复杂产品的系统分解，由复杂系统分解为子系统，直至分解为系统元素。具体到发动机产品，JASC Code ATA－100为这种分解定义了通行

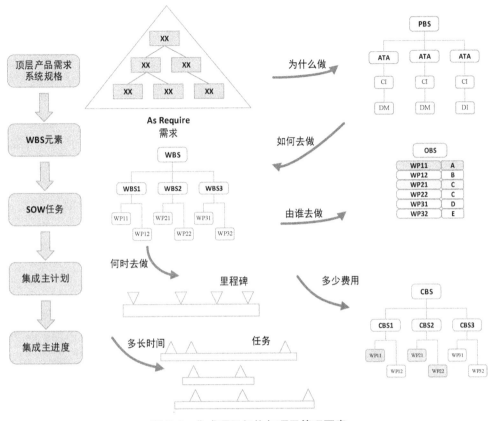

图 7.3 集成项目架构与项目管理要素

的规则。发动机产品也遵循同样的原则,建立起自己的 PBS。

2)WBS 构建

完成 PBS 的构建之后,项目对象已经按照对客户需求的理解进行了结构分解,成为可被独立实施并集成验证元素,后续就要解决如何去执行的问题,即完成 WBS 构建。

发动机产品 WBS 的构建,以实现项目为目标,可交付成果为导向。主要分解原则如下所示。

(1)分解过程将项目工作逐层划分为更详细、更易于管理的组成部分,直到达到颗粒度不宜再细分的工作包层次。分解划分的每个层级的工作组成部分均被视为具有独立属性的 WBS 单元。

(2)位于工作分解结构每条分支最底层的项目工作组成部分,通常具备下列特征的工作 WBS 单元可称为工作包:① 从任务分派与实现的角度上讲,不宜进一步分解下去;② 能够有效地估算出任务的成本、时间及可交付成果;③ 能够指定明确的责任主体及负责人;④ 有明确的结束标志,能够相对独立地被完成;⑤ 能够被整体外包或发派。

（3）每个 WBS 单元应该至少包括以下元素，用于描述工作分解结构中各层级 WBS 单元：① WBS 编码；② 工作目标；③ 责任主体；④ 工作描述；⑤ 标志性可交付成果。

（4）WBS 层级分解原则：① 按项目实施所涉及的业务类型及业务实施过程分解；② 按项目研制所涉及的产品分解结构分解；③ 按项目研制所涉及的产品功能实现或专业分工分解。

（5）100%分解原则：工作分解结构应将项目涉及的全部业务活动都列入适用范畴，应保证其指导的工作分解活动没有遗漏任何工作，同时也没有增加额外的工作。每个工作任务的下一层分解任务必须百分之百地表示上一层工作任务的全部内容。

（6）不交叉原则：工作分解结构应能保证分解出来的各项工作任务不重复，且彼此之间没有重叠的部分。

（7）根据发动机产品研制的特点，在 WBS 中除了体现产品结构相关的分支外，还应加入技术攻关、项目管理相关的分支。

3) OBS 构建

OBS 的构建主要是为了解决 WBS 建立以后的人力资源分配问题，通过 OBS 的建立，可以明确在矩阵式管理的组织中，以集成产品开发团队形式组织复杂产品开发的人力资源、职责、任务、权力、绩效考核等事项的逻辑关系。

商用航空发动机研制工作的 OBS 依据集成项目团队的组织原则进行构建。集成项目团队 IPT 是指在规定时间和成本内完成产品集成开发项目活动任务或完成特定的相互关联的项目活动任务，由跨部门、跨单位、跨国内外供应商的专业人员和管理人员组成。按照管人、管钱、管事、管需求、管结果的"五管"要求，以及盯需求、盯变化、盯节点、盯结果的"四盯"要求，实现任务明确、目标明确、计划明确、保障明确、职责明确、验收明确的"六个明确"，以及通过集成思想、集成人员、集成要素、集成方法、集成信息、集成产品的"六个集成"，实现项目全过程的管控。同时，通过协调各系统和工作包的接口关系，有效查找并解决问题，有效推进协同研制项目的顺利实施。

4) CBS 构建

在实际应用过程中，为了控制成本，必须从源头上分解成本和费用。当收集成本数据时，主要通过 WBS 和 CBS 相结合来确定基本数据构成。CBS 横向分解产品成本，并将成本项目分解为易于跟踪的子项目和子子项目。这样 WBS 和 CBS 在同一数据表格中进行统一，CBS 清晰地表示了 WBS 每个节点上的详细构成和成本大小。CBS 通常与各种成本和费用的产生紧密相关，需要将各类成本和费用进行细化划分，以获得成本控制的有效方法；同时，成本数据收集还必须贯穿发动机研制、生产、使用和服务保障的生命周期。

发动机 CBS 分解结构根据 WBS 的层次体系，按照"近细远粗"的原则，将研制经费归集到项目的不同层次，完成基于 WBS 任务安排的 CBS 经费分解。

3. 项目执行与监控

在项目实施过程中,项目经理需要组织项目团队对项目活动进行跟踪、监控,管理各类接口,并及时解决各类冲突和问题,具体如下:

(1) 执行计划中的项目活动,定期收集信息与数据,掌握项目进度、费用、质量状态;

(2) 评估项目绩效状态,决定是否采取纠正或预防措施;

(3) 谋划获取各类资源,包括人力、工具、方法或外协采购等;

(4) 对项目内外部干系人进行管理,建立沟通渠道,确保信息顺畅传递;

(5) 跟踪和监控已有风险,识别新风险,制定并实施风险应对举措;

(6) 管理和培养团队成员;

(7) 管控供应商;

(8) 收集和记录经验教训,推动项目实施过程的持续改进。

项目经理除了关注项目各类要素状态外,还应关注项目显性化要素(进度,成本,质量等),还应关注项目隐性化要素(人员成长,团队氛围,体系能力提升等),要充分利用走动管理等手段挖掘项目团队真实信息与潜在问题,利用合理的方式与方法协调解决。

4. 项目关闭

项目结束前,项目经理负责组织开展项目验收,并对项目进行全面总结,对项目全部过程资料进行归档。如果项目在完工前异常终止,也必须进行总结与归档,并调查和记录提前终止的原因。

项目验收完成之后,项目团队组织内外部客户(内部设计、制造、试验、市场营销、客户服务、技术支持、体系建设等部门以及外部客户)接收项目成果及资料,组织团队人员有序返回职能部门,确保项目成果及人员全部移交结束后方能宣布项目结束。

项目结束后,要把已知的遗留问题明确整理形成跟踪清单,其中重要的问题,必须给出后续落实措施。

7.2.4　输出

1. 项目任务书

项目任务书形式可以是项目立项论证报告、可行性研究报告和合同性文件等,内容通常应包括:范围描述、实施途径、关键里程碑、可交付成果、验收标准等。

2. 产品分解结构(PBS)

见 7.2.3 小节。

3. 工作分解结构(WBS)

见 7.2.3 小节。

4. 组织分解结构(OBS)

见 7.2.3 小节。

5. 成本分解结构(CBS)

见 7.2.3 小节。

6. 项目绩效报告

对照项目集成计划,定期采集并评估项目状态,并根据所掌握的信息及相关经验对项目未来的情况进行估算和预计。

7.2.5　方法与工具

1. 专家判断

在制定任务书等过程中考虑借助专家力量以更好地完成工作,所邀请的专家建议包括如下来源: 相关职能部门的专家;外部顾问;客户或项目投资人;相关行业专家等。

2. 项目例会

项目例会是对项目状态进行评估与监控的主要载体,应当建立项目例会的筹备、议事、决策与跟踪督办机制,确保项目各项信息定期、如实收集,以及项目团队各项指令顺畅下达并贯彻执行。

3. 走动式管理

走动式管理是指项目经理通过经常性直接到项目一线了解项目微观单元工作情况,掌握第一手真实信息,了解并及时解决具体问题,以更好地了解与评估项目真实状态的方法。

4. 项目信息化系统

项目信息化系统一般应至少可支持开展计划编制、监控以及变更管理等,并支持多种报表模式以便项目管理者及时便捷查看项目进度信息。

7.2.6　应用实践

商用航空发动机研制项目按照研制过程分为需求分析与定义、概念设计、初步设计、详细设计、试制与验证、生产与服务六个阶段。

长江系列发动机研发按系统工程方法开展,实行多状态、多台份、多轮迭代优化的研制。系统工程技术过程在整体和各级产品研发中反复循环。以需求分解结构(NRBS)、功能分解结构(FBS)、产品分解结构(PBS)为代表的项目集成架构,在整个研发过程里不断优化、细化,直至固化为证实达到适航要求和项目要求的技术状态。

项目管理和与之相关的工程管理贯穿于项目全过程和项目各个层级的产品,以工作分解结构(WBS)等为代表的管理工作成果,在过程中亦是不断优化、细化。除了按项目阶段进行状态更新之外,根据年度计划和年度考核的工作习惯,还需按年度进行状态更新。当出现重大事项时,亦需按事件进行状态更新。

7.3　项目进度计划管理流程

7.3.1　目的与描述

项目进度计划管理的目的是采用适当的工具和方法,对定义在项目范围中的全部工作进行排序、估算所需的周期、匹配所需的资源,编制形成项目进度计划,并将其作为基准进行维护和变更,控制项目进度,确保项目工作在既定的项目周期内完成。项目进度计划管理流程的 IPO 图见图 7.4。

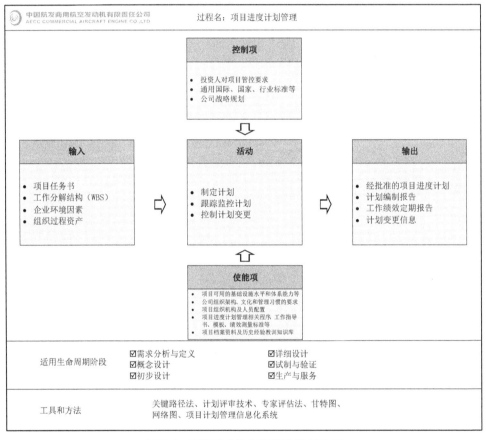

图 7.4　项目进度计划管理流程 IPO 图

项目进度计划管理的活动主要包括制定计划、跟踪监控计划、控制计划变更 3 个主要的活动。

制定计划是分析项目工作顺序、所需周期、资源需求等制约进度的因素,是创建项目进度计划的过程。

跟踪监控计划是监督计划状态,更新计划进展,识别计划偏离,及时采取应对措施、降低风险,确保计划按期完成的过程。

控制计划变更是指采用有效的控制手段,降低进度计划变更对项目的影响,并确保进度计划变更得到合理实施的过程。

7.3.2　输入

1. 项目任务书

按照国家或公司相关管理要求进行项目立项申报并获得批准后,应以项目任务书形式说明项目范围,其形式可以是项目立项论证报告、可行性研究报告和合同性文等,内容通常应包括:范围描述、验收标准、可交付成果以及为了达成可交付成果所必须开展的工作。项目任务书可以明确指出哪些工作不属于项目范围,并且可随着项目工作进展进行必要的更新和增补。

2. 工作分解结构(WBS)

见 7.2.3 小节。

3. 企业环境因素

应考虑的与企业环境因素相关、影响项目进度计划管理过程的内容包括但不限于:

(1) 通用国际、国家、行业标准等的要求;

(2) 公司项目管理信息化系统的要求;

(3) 项目各工作的时间估计;

(4) 项目的供应商资源状况;

(5) 项目可用的基础设施水平和体系能力等内外部条件;

(6) 公司组织架构、文化和管理习惯的要求;

(7) 项目组织机构及人员配置;

(8) 沟通渠道;

(9) 市场条件。

4. 组织过程资产

应考虑的与组织过程资产相关、影响项目进度计划管理过程的内容包括但不限于:

(1) 项目计划编制与管理相关程序、工作指导书、模板、绩效测量标准等;

(2) 项目档案资料,如历史上形成的项目计划、合同、度量数据、经验教训等;

(3) 公司经营计划管理相关程序及指导书。

7.3.3　主要活动

1. 制定计划

按照项目全周期、阶段滚动计划形式,按一般步骤和检查要点,编制项目进度计划。进度计划编制的一般步骤和相应的检查要点如表 7.1 所示。

表 7.1 进度计划编制一般步骤和检查要点

步骤	计划编制一般步骤	检查要点
1	列出所有任务	(1) 是否与立项批复、可研报告、合同的规定内容匹配? (2) 是否与研制程序、WBS 的规定范围匹配? (3) 是否包括项目任务、非项目的重要外部影响的里程碑、关键供应商交付的里程碑? (4) 是否包括已结束、进行中、待开展的任务? (5) 是否遵守任务命名规范?
2	调整任务位置并设定逻辑关系	(1) 是否设立项目里程碑? (2) 是否设立独立型任务的紧前紧后关系? (3) 是否设立任务的进度约束条件?
3	开展计划任务的资源配置	(1) 是否建立合理的资源匹配关系? (2) 资源是否可获取? (3) 是否建立进度与经费的匹配和联动?
4	估计任务的时间周期	时间周期的估计值是否有意义或有效?
5	检查任务的上下关系和前后关系	(1) 是否保持计划相关要素的编号之间的协调和引用,是否建立溯源关系? (2) 任务的紧前紧后关系是否合理? (3) 是否对任务之间的进度约束条件、提前或滞后关系进行协调?
6	设立关键路径	是否建立有意义的、最好按项目阶段安排的关键路径?
7	分析总时间周期的浮动或偏差	是否可开展适用的进度预测,分析时间周期浮动或偏差?
8	开展进度风险估计(进度概率估计)	(1) 是否可开展进度概率估计和风险估计? (2) 计划的完成风险是否可接受?
9	编制发布正式计划	(1) 计划编制发布和调整的程序是否稳定有效在用? (2) 是否所有计划文件和结果经得起检查、核查? (3) 是否建立进度基线?

项目的进度计划是一个多维度的计划体系,按照时间跨度可分为项目全周期计划、阶段计划、年度计划、月度计划;按照系统层级和组织架构可分为零级计划(项目级)、一级计划(产品级)、二级计划(部件系统级)和三级计划(专业级);此外,对于特别重要的专项研制任务,还要补充专题计划。

项目计划将项目活动和相关交付物按照时间顺序和关联关系通过直观的图表加以反映,用以统筹管理项目团队的活动,并为项目绩效考核提供直接依据。项目计划制定应遵循以下原则:

(1) 计划任务完整,可追溯到 WBS;

(2) 在工作包的基础上向下分解。无工作包时,应先调整 WBS,新增工作包;

(3) 应明确紧密相关的计划任务之间的逻辑关系;

(4) 按照项目里程碑要求和实际进展,合理平衡资源和安排计划任务。

项目进度计划一般包括编号、名称、计划开始时间、计划完成时间、责任主体、责任人、协作人、主要交付物、监控标识、人工时、经费、资源配置等。

2. 跟踪监控计划

跟踪监控计划是监督计划状态,更新计划进展,识别计划偏离,及时采取应对措施、降低风险,确保计划按期完成的过程。

在项目推进过程中,项目团队应定期开展以下工作:

(1) 检查分析年度计划的工作任务与 WBS 规定内容是否协调一致,包括任务内容和进度时间;

(2) 检查分析年度计划完成情况,对于试制和试验任务,必要时开展挣值计算,分析进度的货币价值;

(3) 根据实际工作,分析项目进度计划的实施可行性,并预测分析相应需要调整的内容。

在项目推进过程中,应对实际工作与项目进度计划规定内容的吻合程度,以及项目进度计划调整情况进行评价。相应工作包括但不限于:

(1) 统计分析不同口径(按时间范围、按责任团队、按任务领域等)的调整记录;

(2) 重大调整的总结评价;

(3) 项目进度计划编制质量的总结评价;

(4) 启动项目进度计划指导书和相关程序的更新。

3. 控制计划变更

在商用航空发动机产品研制的复杂系统工程中,进度计划的变更是不可避免的,控制计划变更的目的并不是控制变更的发生,而是对变更进行管理,确保变更有序进行。原则上来说,项目零级网络计划一般允许变更。

出现下列情况之一的,启动项目进度计划调整流程:

(1) 项目 WBS 调整,产生新的工作包或更改原有工作包的名称、范围;

(2) 计划任务本身有调整;

(3) 责任主体有调整;

(4) 进度和交付物有调整等。

调整项目进度计划时,应遵守以下准则:

(1) 应经过充分论证,保证调整的合理性和可行性;

(2) 根据计划与预算周期,一般采取重大事项单独调整和定期集中调整的方式进行;

(3) 实行分类会签管理,不同层级计划变革由相应层级项目 IPT 团队负责人进行会签。

7.3.4　输出

1. 经批准的项目进度计划

可能是单一的计划,对于大型复杂项目,可能由多个计划组成。除进度外,计划中还需包括采办需求、经费需求、人力资源需求、质量管理需求、基础设施需求等。

2. 计划编制报告

计划编制支持性文件,便于项目管理者及其他成员更加准确使用项目计划,主要内容是:编制概述、编制思路、计划内容、补充说明等。

3. 工作绩效定期报告

对照项目计划,定期采集并公布最新的项目进度和实施绩效,并根据所掌握的信息及相关经验对项目未来的情况进行估算和预计。

4. 计划变更信息

计划变更调整申请及审批记录。

7.3.5　方法与工具

1. 关键路径法

关键路径法(critical path method,简称 CPM)是通过估算进度模型中的最短工期,以确定整个网络的路径灵活度大小。在不考虑资源限制等其他因素情况下,关键路径是项目中时间最长的活动顺序,决定着可能的项目最短工期。关键路径上的活动被称为关键路径活动,是项目管理者必须时刻高度关注、确保资源投入的一类关键活动。

按表 7.2 填写网络计划任务活动的时间参数值。根据总时差是否为零,判断该活动是否为关键工作。全部关键工作共同组成项目的关键路径。

表 7.2　网络计划任务的时间参数计算

序号	活动名称	工时 D	最早开始时间 ES(项目起点为零)	最早结束时间 EF	最晚结束时间 LF(项目终点为固定值)	最晚开始时间 LS	项目机动时间(总时差) TF	本步机动时间(自由时间差)FF	是否关键

注:

1. 活动的工作时间状态计算:

最早开始 ES=max{紧前活动的 EF}。从项目开始正向计算,默认项目开始点的 ES 为零。

最早结束 EF=ES+D= max{紧前活动的 EF}+D

最迟结束 LF=min{紧后活动的 LS}。从项目结束逆向计算,默认项目结束点的 LF 为固定值。

最迟开始 LS=LF-D= min{紧后活动的 LS}-D

2. 本活动的总时差与自由时差计算:

总时差 TF=LS-ES= min{紧后活动的 LS} - max{紧前活动的 EF}-D

总时差 TF = LF-EF= min{紧后活动的 LS}-EF = min{紧后活动的 LS} - max{紧前活动的 EF}-D

自由时差 FF=min{紧后活动 ES}-EF= min{紧后活动 ES} - max{紧前活动的 EF}-D

3. 本活动的总时差、自由时差与紧前紧后的活动直接相关,区别在于总时差计算用的是紧后活动 LS,自由时差计算用的是紧后活动 ES。一般是总时差大,自由时差小。当两者相等时,说明紧后活动是关键路径组成。

4. 本活动的总时差为零或负数,则本活动属于关键路径。

2. 计划评审技术

计划评审技术(program evaluation and review technique,简称 PERT)与关键路径法一样,是用网络图来表达项目中各项活动的进度和它们之间的相互关系,并在此基础上,进行网络分析,计算网络中关键活动与关键路径,在考虑成本与资源的基础上,不断地调整与优化网络,进而得到最短周期,得到综合最优的项目计划。利用 PERT 方法,可以比较方便地进行计划进度与成本的综合平衡。

3. 专家评估法

邀请各专业及功能领域专家对项目计划进行现场或通讯评估,专家来员包括内部、外部利益攸关方及行业协会等,在遴选专家过程中应充分考虑专家的经验、专业范围等,形成合理组合。

4. 甘特图

甘特图也叫横道图,是以横线来表示项目中每项活动的开始时间与结束时间。这种图形简单、明了、编制难度小,即使是对于大型项目,仍然有助于项目管理者了解项目全局及细节安排。

5. 网络图

项目网络图反映了项目中各类进度活动之间的逻辑关系,通常是通过从左到右来表示项目的时间顺序,目前一般通过计算机编制。网络图的编制方法包括前置图法、箭线图法、条件图法等,绘制过程中应遵守以下准则:

(1) 从左到右;

(2) 只有在所有前置活动已经完成后活动才能开始;

(3) 网络中箭线表示领先关系流向,不允许出现无头线或双头箭线;

(4) 每个活动有唯一标识码;

(5) 不允许出现环路;

(6) 不允许条件描述;

(7) 只允许有一个开始节点和一个终止节点。

6. 项目计划管理信息化系统

项目计划管理信息化系统一般应至少可支持开展计划编制、监控以及变更管理等,并支持多种报表模式以便项目管理者及时便捷查看项目进度信息。

7.3.6　应用实践

标准化的 WBS 是推进规范化项目进度计划管理的前提和基础。WBS 明确了项目的范围,确定了工作任务的划分形式,反映了项目管理的理念和组织方式。商发公司在计划管理实践过程中,根据业界最佳实践,参考国内外先进标准,提出了以产品为核心、面向交付物的构建的工作分解结构(WBS)框架。

大型客机发动机 CJ1000A 研制项目采用以产品为核心、面向交付物的方式,以项目立项批复、可行性研究报告为依据,构建工作分解结构。大型客机发动机CJ1000A 研制项目工作分解结构构建的总体思路是:

（1）以产品为核心、面向交付物;

（2）涵盖项目立项批复、可行性研究报告的内容;

（3）体现项目技术工作的实施路径,即产品划分遵循技术方案的规定,技术工作参照系统工程标准的规定和适航规章的要求;

（4）管理工作和其他职能工作遵循先进标准或通行标准的规定;

（5）工作任务的划分需综合考虑任务下达与考核、跨专业跨学科协调、预算与成本归集、能力培育、任务完整性与避免交叉重复等因素;

（6）在不确定性的条件下,工作分解结构内容可保持一定的收敛,待条件确定后,可进一步细化工作任务,并按程序更新工作分解结构。

此外,项目团队还编制了 WBS 编制、监控与变更流程及相应模板,并基于流程运行要求开发了相应的项目计划管理信息化平台。

7.4　项目经费管理流程

7.4.1　目的与描述

项目经费管理流程包含为了使项目在批准的预算内完成而对经费进行估算、管理和控制的各个过程,目的是确保项目在批准的预算内完工。项目成本管理流程的 IPO 图见图 7.5。

项目经费管理的活动主要包括项目经费估算、项目经费控制 2 个主要的活动。

项目经费估算是为估算、管理、使用项目经费和控制项目成本而制定最合适的项目经费预算的过程。一般在项目立项阶段的经费估算是较为粗略的,在项目概念设计阶段完成项目最终预算并形成基线。

项目经费控制是对项目预算使用、变更进行管控,以保证项目实际发生费用控制在项目预算范围内的过程。

7.4.2　输入

1. 项目任务书

按照国家或公司相关管理要求进行项目立项申报并获得批准后,应以项目任务书形式说明项目范围,其形式可以是项目立项论证报告、可行性研究报告和合同性文等,内容通常应包括:范围描述、验收标准、可交付成果以及为了达成可交付成果所必须开展的工作。项目任务书可以明确指出哪些工作不属于项目范围,并且可随着项目工作进展进行必要的更新和增补。

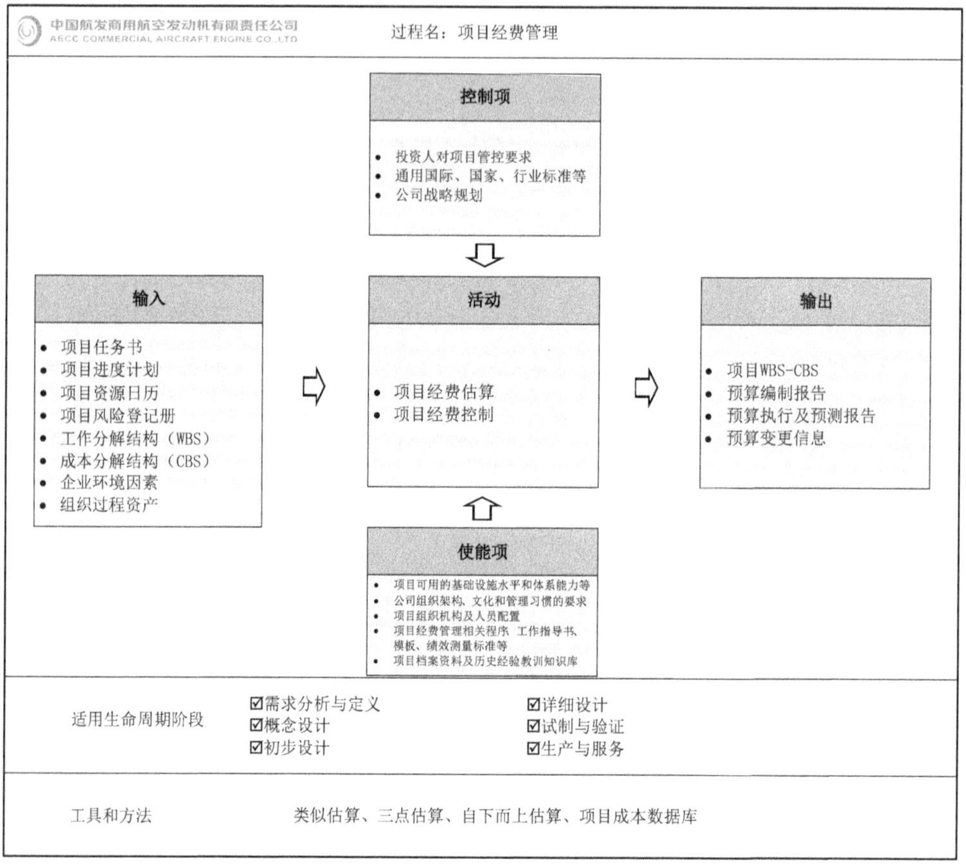

图7.5　项目进度计划管理流程 IPO 图

2. 项目进度计划

经批准的项目进度计划定义了项目成本将在何时发生。

3. 项目资源日历

确定项目各种资源可用时间的日历,确定了项目所需的各类资源何时可用与可用多长时间,根据资源日历可以确定项目生命周期各阶段的资源费用。

4. 项目风险登记册

基于风险登记册,考虑应对风险所需的成本以及潜在机会带来的收益。

5. 工作分解结构(WBS)

见 7.2.3 小节。

6. 成本分解结构(CBS)

见 7.2.3 小节。

7. 企业环境因素

应考虑与企业环境因素相关、影响项目成本管理过程的内容,包括但不限于:

（1）通用国际、国家、行业标准等的要求；

（2）公司成本管理信息化系统的要求；

（3）研制要求、产品规范、物料清单、试验策划文件、构型更改文件等影响成本估算的技术文件；

（4）自行研制与外协外购策略、国内物价指数趋势、外汇情况等影响长周期成本估算和外协成本估算的经济情报文件；

（5）项目可用的基础设施水平和体系能力等内外部条件；

（6）公司组织架构、文化和管理习惯的要求；

（7）项目组织机构及人员配置；

（8）市场条件。

8. 组织过程资产

应考虑的与组织过程资产相关、影响项目成本管理过程的内容包括但不限于：

（1）项目成本管控标准、程序与工作指导书、工具、模板；

（2）项目档案资料（历史上形成的与项目成本有关的所有数据及经验教训）；

（3）公司合同谈判、专项成本管控等相关程序及指导书；

（4）可以从公司相关组织/数据库及外部相关渠道获取的成本费率及相关信息。

7.4.3　主要活动

1. 项目经费估算

发动机产品设计过程中，控制成本是在取得技术成功和产品成功的同时，保障商业成功的重要手段，面向成本设计、按费用设计是公认的两种方法。另外，价值工程和创新理论（teoriya resheniya izobreatatelskikh zadatch，TRIZ）也是控制成本的有效方法。

项目经费一般采取 WBS－CBS 管理模式。分解编制项目 WBS－CBS 经历确定项目总成本、分解项目直接成本、评估与匹配三个阶段。根据项目范围说明书确定项目总成本。项目财务管理人员针对项目总成本测算结果，充分考虑将向项目收费的全部资源，包括（但不限于）人工、材料、设备、服务、设施等，以及一些特殊的成本种类，如通货膨胀补贴等，估算得出设计、试制、试验工作经费比例和产品各部件成本比例，据此对研制项目直接成本进行分解。根据项目总经费分解和项目直接成本分解结果，结合前期已开展经费实际支出情况，对任务经费进行评估，根据评估结果对项目直接成本分解结果进行调整。分解后的直接成本较评估直接成本的差异部分纳入机动费统一管理。

编制 WBS－CBS 时，应遵守以下准则：

（1）启动编制工作时，应先确认项目 WBS 的编制或更新工作已完成，以确保项目任务内容的稳定；

（2）根据公司策略，明确控制账户的任务层次，确定对外和对内不同详尽程度的项目任务内容和成本数据；

（3）符合经费管理的有关规定，分清成本明细科目，合理估算直接费用和间接费用；

（4）可以为已明确的项目任务预留机动费，用于预防经费超支，但不能用于规划中长期的项目任务；

（5）根据项目任务的实施时间远近，确立不同的成本估算精度，可采用"远粗近细"的估算原则；

（6）WBS－CBS应反映经批准的经费调整；

（7）填报的成本数据应有足够的可信度，业务信息充分、数据来源真实、估算公式科学合理。

以WBS－CBS为基线，根据"远粗近细"的原则指导和约束项目的年度、阶段预算的安排和使用。

2. 项目经费控制

项目经理对项目的直接费用进行控制，如决定费用投入、关注人工时投入、合理适量安排出差等，并解决项目费用控制中的问题。项目财务人员协助项目经理完成项目预算控制的相关具体工作（偏差分析、趋势分析、费用使用预测等），并组织完成费用的使用情况归集。

当项目阶段结束时或月度/季度/年度末，由项目财务人员根据项目阶段或月度/季度/年度预算及实际发生的费用对前一阶段或月度/季度/年度的预算执行情况进行总结，并对下一阶段或月度/季度/年度的费用进行预测。

项目安排出现变动时，项目人员应根据项目任务、经费执行情况，和新任务的维护细化情况，重新对项目所需费用进行估算，并按需启动项目WBS－CBS调整审批，确保项目WBS－CBS的适配性。出现下列情况之一的，可启动WBS－CBS调整流程：

（1）项目重大节点或年度的计划与预算集中编制；

（2）计划与预算周期内产品构型发生重大更改、项目WBS发生重大更改；

（3）计划与预算周期内的，认为需要调整WBS－CBS的其他情况发生。

项目CBS调整应遵守以下基本要求：

（1）每次调整应包括所有可考虑到的、相关的调整需求，不得因审批金额授权问题拆分申请（简称"一次性原则"）；

（2）各级审批人在权限范围内，对经费调整事项进行审核；

（3）如发生任务取消，其剩余经费转为项目机动费。调整表单完成签署后，交由财务人员最终收集，并按年度与WBS－CBS更新文件一并归档。

7.4.4　输出

1. 项目 WBS－CBS

是根据项目经费测（概）算，基于项目计划分解的，在项目全生命周期内的经费安排。

2. 预算编制报告

预算编制支持性文件,便于项目管理者及其他成员更加准确地使用项目经费,主要内容是:编制概述、编制思路、计划内容、补充说明等。

3. 预算执行及预测报告

对照项目 WBS – CBS,定期采取并公布最新的经费使用情况,并根据所掌握的信息及相关经验对项目未来的情况进行估算和预计。

4. 预算变更信息

预算变更调整申请及审批记录。

7.4.5　方法与工具

1. 类似估算

类似估算法是按照过去类似项目的实际发生费用(如人均工时费、人均差旅费、每小时试验费用等)以及规模指标(发动机尺寸、技术指标等),结合本项目实际进行修正,来估算当前新项目同类指标的一种方法。

2. 三点估算

三点估算起源于计划评审技术(PRET),使用最可能成本、最乐观成本、最悲观成本 3 种估算法来确定活动成本的近似区间,使用三角分布或贝塔分布进行项目成本估算的方法。通过考虑估算中的不确定性与风险,可以提高费用估算的准确性,并得到费用估算的变化范围。

3. 自下而上估算

自下而上估算是指先把成本估算汇总到 WBS 的工作包内,再自下上汇总,最终得出整个项目总成本的方法。

4. 项目成本数据库

结合项目、财务台账,项目及财务人员全面梳理成本信息,建立以项目为控制类别、单元体为控制层级的项目成本数据库。

7.4.6　应用实践

商发公司基于 WBS – CBS 经费管控的方法理念是以项目建议书、实施方案等为基础,在项目概算与项目年度预算之间建立一套覆盖项目研制各阶段的、基于任务安排的经费分解结构(WBS – CBS),并以此为基线对整个科研任务进度和经费进行管控。

CBS 主要以 WBS 为架构,结合国家对项目科研资金管理相关规定确定的成本明细科目而形成。根据项目预算的分配层级,CBS 中的 WBS 架构一般具体到工作包层级。

在项目实施过程中注重加强过程管理,建立科研经费分析辅助台账;健全科研经费管理制度,严格管理,加强对科研项目外协、物资采购、合同履行等重要环节的管理等。合理规划科研费年度预算安排,跟踪科研费使用情况,紧盯目标,对项目经费执行采取切实措施,提高预算执行率,提高财政资金使用效益,同时坚决杜绝科研费超垫支。

7.5　项目人力资源管理流程

7.5.1　目的与描述

项目人力资源管理包括建立、管理与领导项目团队的各个过程,主要目的在于明确团队成员的角色和职责,根据组织的资源可用情况组建项目团队,并在管理团队的过程中不断促进团队成员互动、提高工作能力,从而提高项目绩效。项目人力资源管理流程 IPO 图见图 7.6。

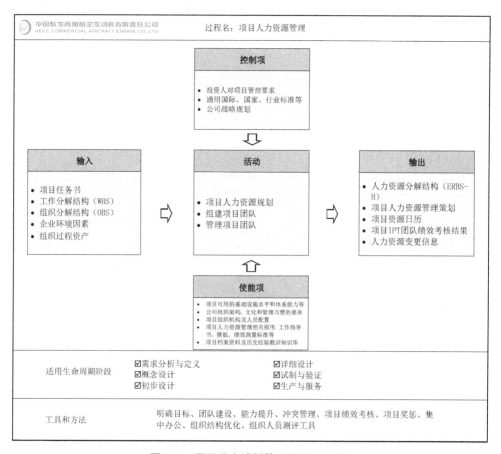

图 7.6　项目进度计划管理流程 IPO 图

人力资源管理的活动主要包括项目人力资源规划、组建项目团队、建设和管理项目团队 3 个主要的活动。

项目人力资源规划是指识别项目人力资源需求与可获得性,确定项目组织结构、角色、职责、所需技能和汇报关系,并完成项目人力资源使用计划制定。

组建项目团队是指根据公司项目人力资源规划,选定正式的项目团队人选的过程。主要目的在于为项目工作提供科学、高效率的组织架构,并把合适的人员放在合适的项目角色中。

建设和管理项目团队是指在项目团队正式组建之后,开展团队建设及培训,适时进行项目绩效考核和奖惩激励,并管理团队成员的日常变更/退出的过程。主要目的在于改善项目团队氛围,提高整体项目绩效。

7.5.2　输入

1. 项目任务书

按照国家或公司相关管理要求进行项目立项申报并获得批准后,应以项目任务书形式说明项目范围,其形式可以是项目立项论证报告、可行性研究报告和合同性文等,内容通常应包括:范围描述、验收标准、可交付成果以及为了达成可交付成果所必须开展的工作。项目任务书可以明确指出哪些工作不属于项目范围,并且可随着项目工作进展进行必要的更新和增补。

2. 工作分解结构(WBS)

见 7.2.3 小节。

3. 组织分解结构(OBS)

见 7.2.3 小节。

4. 企业环境因素

应考虑与企业环境因素相关、影响项目人力资源管理过程的内容包括但不限于:

(1)组织战略与架构;

(2)组织机构设置与职责;

(3)组织人员专业技能分布;

(4)组织人事管理政策;

(5)办公与信息化条件;

(6)公司组织文化和管理习惯的要求;

(7)组织人员的空间地理分布情况;

(8)市场条件。

5. 组织过程资产

应考虑的与组织过程资产相关、影响项目人力资源管理过程的内容包括但不限于:

（1）人力资源管理相关程序、操作指导书等；

（2）IPT 团队管理运行程序、操作指导书等；

（3）组织人事档案信息及其他必要的员工个人与工作信息；

（4）以往项目的组织结构及人员清单等。

7.5.3　主要活动

1. 项目人力资源规划

项目人力资源规划工作以基于 WBS 的组织分解结构（OBS）为依据、以集成项目团队 IPT 为载体进行。

在项目人力资源规划制定过程中，项目经理主动与职能部门负责人沟通，将项目人力需求与职能部门实际人力供给进行匹配，以保证项目人力资源可获得性，并反过来帮助职能部门更好地制定其人力资源发展计划。

2. 组建项目团队

IPT 团队组建的基本原则是：

（1）IPT 团队组建以产品实现类团队为主，综合考虑 PBS、WBS、设计与试制、试验等分离面、专业关联度、供应商工作包地理分布等，进行工作包合并、整合和优化，最大限度实现团队集成。IPT 团队组建必须着眼于产品属性、任务属性，抛开单位属性。

（2）IPT 团队组建不能实体化、职能化、机构化、全民化。不能用传统职能管理来代替或强化项目矩阵管理。团队任务要确保唯一，避免职能交叉，不能由于单位层级重复设置组建 1~2 级 IPT 团队。3 级 IPT 团队要实现设计-试制-试验协同或跨专业协同，避免团队科室化、专业单一化。确保有限的资源以最高效的价值产出方式整合优化，有效落实产品（项目）责任、技术责任、成本责任、质量责任。

（3）IPT 团队组建必须基于项目目标的实现，把项目目标分解为较小、标准化的任务，进行合理分工，确保团队人员规模与目标任务相适应，与集成手段相适应，与工作模式相适应，尽量通过团队内的工作实现有效管理。按照如期、如质、如预算的要求，面向全公司与项目全周期、全过程细化人力资源需求，按照资源投入时间、数量的变化组建和关闭团队。

（4）IPT 团队的管理坚持采用矩阵方式将管理要素融入各级团队。项目、质量、财务、适航、采购与供应链、人力资源、风险等要素要充分融入公司 0 级 IPT；项目 1~2 级 IPT 团队须配置计划、风险、构型、财务、人力、质量、适航、采购与供应链、材料与工艺等管理要素；产品项目类 3 级 IPT 还须配备设计、制造、装配、试验等技术管理要素。要素管理人员须具备独立处理问题和协调资源的能力。

（5）IPT 团队负责人原则上应专职，团队成员专兼职结合，跨单位调配到产品类 IPT 团队的人员必须专职，能够集中办公。除专业紧缺外，原则上不鼓励跨型号兼职。

（6）IPT 团队组建强调系统集成和整体优化,强调价值驱动。构建基于产品分解逻辑或项目任务分解逻辑的 IPT 群,要与公司组织架构相联动;与职能部门管理相衔接;与公司管理体系相协调;与技术体系建设相适应,确保任务层层分解、责任层层落实,需求层层确认、结果层层验证,推进职能和项目协同高效地工作。

3. 管理项目团队

在项目矩阵管理模式下,项目的权力和责任已经转移到项目团队中,并赋予其必要的资源调配权和考核权,职能部门的功能则是提供资源。

在矩阵式项目团队中,由于人员来源于不同职能组织,因此项目经理必须把对人的关注放在首位。一方面,项目经理要与团队成员一道设定目标,明确其角色与任务,确保团队成员围绕一个共同目标开展工作;另一方面,项目经理还必须掌握足够的领导技能,特别是在沟通管理、冲突管理、团队建设等方面的技能,以充分激发团队活力,发挥全体成员合力。

在 IPT 人员管理与考核激励方面,结合项目研制阶段特点,IPT 团队应实行人员动态管理,确保符合多项目并举、多状态并存对人员高效、有序流动的需求。IPT 团队成员绩效按照专职、在同一项目内兼职和跨项目、职能兼职等情况分类管理。原则上专职人员由团队考核,在职能部门兑现;兼职人员在各团队或职能按工时量比例和任务完成质量分别打分,由 IPT 团队成员派出部门/单位加权汇总考核情况,得出考核结果。

人力资源部门应会同项目管理部门定期对项目 OBS 结构适用性进行分析并视情提出优化建议。当项目任务出现明显变化或公司相应组织架构发生重大变动时,也应相应调整项目 OBS 结构与相应 IPT 组织。

7.5.4　输出

1. 人力资源分解结构(ERBS - H)

用于明确现有人力资源和规划资源的分类体系,包括活动清单、活动属性等,基于人力资源分解结构来确定所需的人力资源,并明确对项目团队成员及其能力的需求。

2. 项目人力资源管理策划

主要定义了如何组织、配备、管理及最终遣散项目人力资源的活动要求,包括组织结构、角色、职责和配备管理要求等,以便于项目经理与职能部门更好地开展项目人力资源管理工作。

3. 项目资源日历

主要列出了每个项目团队成员在项目生命周期中能够参与工作的时间段,以便于项目经理更好地掌握项目各时段人力资源可用性,以更好地编制进度与经费计划。

4. 项目 IPT 团队绩效考核结果

项目 IPT 团队绩效考核坚持目标结果导向,一般基于项目进度完成情况、质量管理水平、经费预算控制水平等综合评价团队绩效,绩效结果与团队管理者及成员个人绩效挂钩。

5. 人力资源变更信息

人力资源变更调整申请及审批记录。

7.5.5　方法与工具

1. 明确目标

项目经理要与团队成员共同明确团队使命愿景目标和核心价值,激励全体成员为之共同奋斗。对于团队内可能存在的目标职责不清等问题,应主动通过沟通研讨等形式澄清解决,确保上下同欲。

2. 团队建设

各级项目经理应根据项目进度安排,通过集体就餐、户外活动、交流研讨等形式适时开展团队建设活动。不能为了团队建设而建设,而是项目经理必须通过实际参与业务工作,通过工作实践凝聚整合项目团队,带领团队成员共同完成项目目标。

3. 能力提升

应根据团队成员日常工作表现,结合项目实际需要以及日常工作中对团队运行现状及问题的观察,有针对性地安排培训活动,提高团队成员业务能力。同时可通过老带新、专家助理等方式,对经验能力较弱的项目团队成员给予针对性培养和指导,以帮助其快速成长。

4. 冲突管理

针对项目工作中遇到的团队成员不配合、沟通不畅等情况,一方面要提前感知预见,并且提前作出合理应对,如进行谈心谈话、调整任务分工、及时协调解决资源问题等;另一方面当冲突发生后,应及时管理冲突,采取果断措施解决问题,若冲突短期内未得到解决或影响持续扩大,应及时向上级寻求帮助。

5. 项目绩效考核

随着项目团队建设工作的开展,项目经理应对项目成员进行正式或非正式评价。正式的评价应按照相应的绩效考核程序开展,并正式确定、反馈项目绩效考核结果;非正式的评价应融合在日常项目管理工作中,确保团队成员能够及时获得工作反馈,保证沟通渠道的通畅。项目绩效考核结果是员工整体绩效结果的组成部分。

6. 项目奖惩

应以正向、及时激励为主,以必要的惩罚促进改进为目标。项目经理以项目团队成员的日常绩效数据积累为依据,根据相关项目规定开展项目奖惩建议的提出和申报,提出的项目奖惩建议经审批后执行。公司应对整体奖惩进度作出安排,按一定周期定期兑现项目奖惩激励;各级项目团队管理者应及时开展与项目成员的充分沟通,确保激励措施落实。

7. 集中办公

将许多或全部最活跃的项目团队成员安排在同一物理地点工作,以提升沟通与现场决策效率。集中办公广泛被大型复杂项目主承担企业所采用,既可以是临时性质的,也可以贯穿整个项目,并根据项目阶段性工作需要对参与集中办公人员进行弹性调配。

8. 组织结构优化

根据项目任务需求变化、临时重大任务需要和职能组织人员调整情况,及时调整项目组织结构。在项目任务结束后,应及时释放项目人力资源,以保证公司整体人力资源高效调配。

9. 组织人员测评工具

人力资源部门应定期对项目团队管理者及其他富有潜力人员进行测评,以洞察其优势与劣势,了解组织成员偏好与职业发展需求。测评工具包括 360 度测评、结构化面谈、性格能力测试等。

7.5.6　应用实践

1. 项目 IPT 组建

商发公司项目 IPT 分为行政管理集成 IPT(administration management IPT, AM-IPT)、项目管理集成 IPT(program management IPT, PM-IPT)、部件管理集成 IPT(component management IPT, CM-IPT)、部件设计-试制-试验集成 IPT (component design build and test IPT, CDBT-IPT),按照逻辑和集成关系编码为 0、1、2、3 级,如图 7.7 所示。

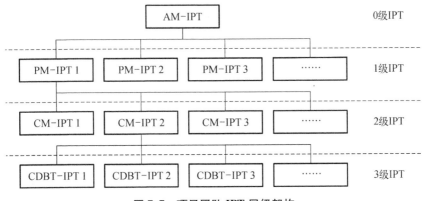

图 7.7　项目团队 IPT 层级架构

其中,0 级 IPT 负责统筹产品项目、建设项目与科研项目等各个项目的策划、管理、集成与验证,从总体角度规划项目和系统,协调和解决接口或周边交互关系,并对项目的重大节点、重大变化和重大问题等进行协调和决策。

1 级 IPT 负责项目的整体策划、管理、集成和验证,解决接口与协调问题。

2 级 IPT 负责单元体产品的策划、管理、集成和验证。

3 级 IPT 负责零组件/子系统工作包的设计、试制、装配和测试试验工作。

在此基础上,项目团队与职能部门是两个相互依存、共同协作的系统。横向项目线负责根据项目目标将各项工作及要求逐层分解,形成易于管理和控制的工作任务,制定工作计划并实施协调和控制,以确保项目满足合同、技术、进度、成本、质量等各方面要求。纵向职能线负责制定通用的标准、规范、程序、工作指导书等工作要求,按照专业和类别对开展具体工作所需的人、财、物、基础设施等资源进行统筹和管理,以满足同时完成各项目任务和目标的要求,如图 7.8 所示。

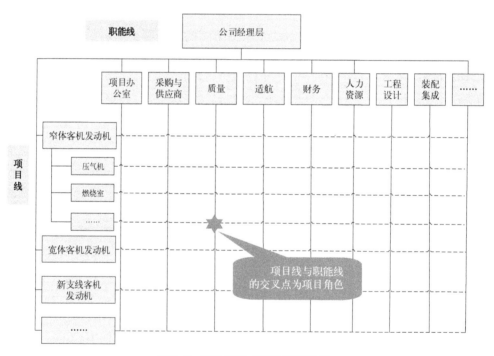

图 7.8　IPT 矩阵式项目管理架构

如图 7.9 所示,各层级 IPT 自上而下逐级分解、明确项目目标和任务,自下而上落实项目目标和任务并形成团队汇报关系。每一个 IPT 成员都会承担项目角色的作用(项目矩阵中纵向和横向交叉点),在项目中获得做何事/何时做的指令,从所在部门/单位获得如何做/用何资源的指示;同时,在项目中向所在 IPT 负责人汇报,同时接受所在部门/单位和上级团队的业务指导和支持,起到一个"焊点"的作

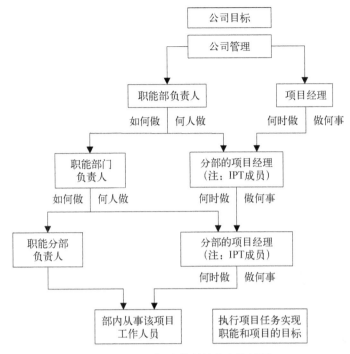

图 7.9　项目矩阵管理基本实施过程

用,保证了项目信息的有效沟通。

2. 专业划分方面

在项目矩阵管理模式中,项目 IPT 成员按专业进行划分,例如,压气机气动、涡轮传热、燃烧室结构强度、控制系统软件开发与验证、机械系统结构强度等专业方向。项目 IPT 成员不属于某个任何特定项目,也不一定全程都参与某特定项目的工作,而是根据项目需要调入某团队承担相关研制任务。

在多个研制项目并行推进时,会出现协作水平下降的问题,这是因为任务对人力资源的需求与项目团队成员的数量和质量不匹配。另外,在项目的研制过程中,可能会因部分专业缺乏高级专业技术人才,出现"木桶"效应,导致该项目质量有缺陷,整体完成度不高。因此,在专业划分方面,一方面需要优化专业划分,进行合理的人力资源优化配置;另一方面则需要强化薄弱专业能力培养和提升,确保为项目研制提供有力的人才队伍保障。

3. 机构设置方面

实施项目任务时,在项目矩阵管理模式下,项目机构设置主要以项目 IPT 为主,容易出现沟通不畅和协调不力等问题。这种模式在多个项目并行开展的情况下,人力资源之间经常会发生冲突,因此需要设置一个协调机构,并建立相应的机制进行综合协调。

7.6　项目决策管理流程

7.6.1　目的与描述

决策管理流程的目标是提供一个结构化的分析框架,用于在生命周期的任何阶段客观地识别、表征和评估一系列决策的替代方案,并选择最有利的行动方案。该流程主要用于解决技术或者项目问题,以及回复项目开发周期中涉及的需要决策申请,这些活动主要为了提供解决问题的可行性方案。项目决策管理流程的IPO图见图7.10。

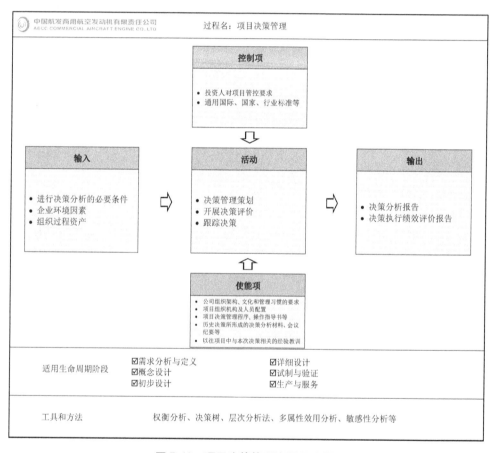

图 7.10　项目决策管理流程 IPO 图

决策管理的活动主要包括决策管理策划、开展决策分析、跟踪决策 3 个主要的活动。

决策管理策划是指识别决策需求和建立决策策略(包括期望的结果、决策准则与分析方法等)的过程。

开展决策分析是指邀请具备决策经验和能力的所有人员组建决策团队,根据确定的决策准则与分析方法评价备选方案并作出决策的过程。

跟踪决策是指对决策实施情况进行跟踪和信息收集,并掌握决策执行过程中各类新情况的过程。

7.6.2　输入

1. 进行决策分析的必要条件

进行决策前,需要明确并提供的内容包括但不限于:

(1) 决策的类型(临时问题还是门禁决策);

(2) 决策背景信息;

(3) 之前决策的历史信息;

(4) 推荐的备选方案;

(5) 推迟决策的影响;

(6) 决策的时间限制;

(7) 作出决策所必需的全部必要信息;

(8) 需要决策者知晓的其他关键因素。

2. 企业环境因素

应考虑的与企业环境因素相关、影响项目决策管理过程的内容包括但不限于:

(1) 公司战略与架构;

(2) 公司沟通决策管理政策;

(3) 公司基础设施条件;

(4) 公司组织文化和管理习惯的要求;

(5) 市场条件。

3. 组织过程资产

应考虑的与组织过程资产相关、影响项目决策管理过程的内容包括但不限于:

(1) 项目决策管理程序、操作指导书等;

(2) 决策分析汇报材料;

(3) 历史决策所形成的决策分析材料、会议纪要等;

(4) 以往项目中与本次决策相关的经验教训。

7.6.3　主要活动

1. 决策管理策划

1) 确定决策管理策略

作出良好的决策需要充分的信息、经验以及合适的判断准则。在项目前期,需

要根据项目整体安排确定项目决策管理策略,应包括但不限于:

（1）项目中确定需要启动正式的决策流程的时机,包括进入正式决策的准则。通常来说,只有较为重要的问题,才需要进行正式的决策,因此需要明确触发正式决策过程的准则,准则可以考虑:对经费、进度、质量、性能和任务成功有重大影响;问题复杂,不确定性强,无法通过直观方式,必须通过详细分析;涉及多目标及不同利益攸关方之间的权衡等,进而判断是否需要进行正式决策活动。

（2）决策材料及记录文档的内容要求。

（3）项目决策活动人员责任方及权限范围。

（4）对不需要正式决策过程的决策的处理原则。

2）确定决策问题与可衡量的目标准则

决策分为两类,一类是按照项目阶段门管理的要求,按照程序规定的预定进度执行的门禁决策活动;另一类是针对项目存在的技术与管理问题,临时发起的决策活动。

开展决策的第一步是确定决策问题,即清晰地描述所需作出的决策。包括形成对正在涉及的决策的范围和背景环境的简述,充分理解问题的内容、范围和接口关系,包括系统定义、生命周期、决策攸关方、资源、必须考虑的约束条件等。

第二步是确定决策评价准则,这也是做好决策的关键,所有的决策选择都来源于对可衡量的目标准则的满足。定义目标准则的主要工作包括:

（1）考虑此次决策需要考虑的目标准则,包括筛选准则与选择准则。筛选准则用于确保备选方案的切实可行性,选择准则侧重于帮助决策者从满足筛选准则的多个备选方案中选出最优的那一个。

（2）将可衡量的具体度量指标分配给每一个目标准则,以描述不同的备选方案满足选择目标准则集合的程度。这个过程也具备相当的主观性,系统工程师必须基于以往项目经验及自身工程判断开展此项活动,并逐步形成相对固定的规范标准。

（3）由于可能存在多个目标,因此需要进行多目标的综合,一般选用加权的方法,如在 1～10 范围内分配加权值,10 代表重要性最高。建立加权值具有一定主观性,因此加权方案应在识别备选方案前在决策团队中达成一致,过程中可使用层次分析法（AHP）。

3）确定决策人员、工具和方法

根据决策所需的知识与经验范围及组织内专家目录,形成决策的专业小组,必须保证具备决策相关知识和经验的所有人员都参与决策活动。基于分析决策的目的以及为决策所提供的信息,确定评价的方法和工具。一些典型的采用方法有:多属性效用分析（MAUA）、层次分析法（AHP）、决策树、敏感性分析、信息价值方法和最大期望效用（MEU）等。

4）识别可行的备选方案

备选方案的获得需要有决策专业小组带领研制团队中的专业设计人员,一并进行多种方案的设计,一般可采用头脑风暴法。一般来说,初期可以选择大量的候选备用方案,以确保不会发生遗漏可行方案的情况,对于不满足筛选准则的备选方案可在初期直接剔除。符合筛选准则的多个备选方案应当具备足够的相互可比性,如果难以做到,则应该考虑调整相应的选择准则和加权方法。

2. 开展决策评价

根据建立的准则和选定的方法对备选方案进行权衡分析,并形成分析报告。

通常以分数高低作为建议的依据,分数较高的即为最终推荐方案。如果较低分数方案作为首选,则需要给出说明。同时,在评价过程中应注意以下原则:

(1) 对推荐方案实施敏感性分析,以帮助利益攸关方了解所建议的方案对所涉及不同目标准则变化的敏感程度。

(2) 对推荐方案实施风险分析,风险可能已经被作为目标准则进行了考量,然而为了确保充分考量推荐方案可能面临的不利后果,如果确实发现存在重大风险,则应充分开展决策评价,甚至更改推荐方案。

最终形成决策报告,至少包括但不限于如下内容:

(1) 报告的范围;

(2) 参与决策分析的团队成员姓名、专业和角色;

(3) 分析的步骤、目标准则、方法和使用的工具;

(4) 详细描述全部备选方案及其对应目标准则的主要特性;

(5) 列出一个对全部备选方案特性进行评价和比较的矩阵,列出各方面得分情况;

(6) 提出推荐方案,并提供支撑推荐建议的描述,包括备选方案项目特性以及敏感性分析结果、风险分析结果及应对措施等;

(7) 总结经验教训和提出提高未来决策分析的建议;

(8) 下一步工作计划及行动项。

3. 跟踪决策

相关项目团队负责人及职能经理是决策落实的第一责任人。公司项目管理部门应做好决策形成的决议及行动项跟踪落实,对决策实施情况进行跟踪和信息收集,并掌握决策执行过程中各类新情况,定期对决策落实绩效进行评价。

7.6.4　输出

1. 决策分析报告

具体内容见 7.6.3 小节。

2. 决策执行绩效评价报告

对一定阶段内决策执行完成及时性、质量及最终效果等进行综合评价,形成决策绩效评价报告,作为项目团队及相关职能部门绩效考核的重要输入。

7.6.5　方法与工具

1. 权衡分析

权衡分析是为了从两个以上备选方案中选择一个最优解决方案,以解决项目生命周期内的任何管理与工程问题。在项目执行过程中,无论做出任何决策,都应开展不同层面的权衡分析活动,并且根据问题复杂性、重要性和可用资源选择权衡分析开展的程度,主要按照以下原则:

(1) 正式决策,此时应该按照标准化方法,组建团队,召开会议,形成报告等,完整地执行决策全生命周期活动。

(2) 非正式决策,应该采用与正式场景下相同的方法,但参与人员可以仅为负责的项目与技术管理者本人或少量相关人员,只需要执行做好相关过程信息记录,不需要形成正式报告。

(3) 心理上的决策,一般是指在随时可能遇到的任何需要尽快做出决策的场景下,也可以参照标准化方法论进行快速权衡分析,以支持做出更为科学合理的决策。

2. 决策树

决策树是一种图形化、定量的决策分析方法。首先要创建一个表达决策问题的"树"图,从左至右水平扩展,其根在最左边。通常,决策者可用的备选方案起源最左边的树根。沿着决策树,决策者将遇到基于不同概率结果的分支及可能的新决策节点。因此,决策树的分支从左至右阅读。在决策树的最右边,技术性能指标评分矢量在每个末端列出,标识所有决策输出及机会输出。基于技术性能指标评分,以及选定的选择规则,确定优先备选方案。

3. 层次分析法(AHP)

层次分析法将一个复杂的多目标决策问题作为一个系统,将与决策相关的元素分解成为目标、准则、方案等层次,继而应用求解判断矩阵特征向量的办法,求得每一层次的各元素对上一层次某一元素的优先权重,最后通过加权方式得到最终权重,最终权重最大者即为最优方案。

4. 多属性效用分析(MAUA)

"效用"是对备选方案相对价值的度量。多属性效用分析方法首先为实现最终决策目标建立与决策目标相关的效用属性树,并通过专家评估等将决策树简化,然后为简化后的决策树的重要属性建立效用函数,并计算出各备选方案的效用值,从而得出最优方案的决策方法。

5. 敏感性分析

敏感性分析主要是对备选方案每个效用值及加权分值对最终获得的加权总分影响程度进行分析,以判断影响最终结果的主要因素,并且分析这些因素一旦变化将会对最终分析结果带来的影响。如果最终结果的得出主要依赖于个别因素,则应对这些因素给予高度重视,并且向利益攸关方表明其合理性。

7.6.6　应用实践

商发公司在决策管理机制建设方面开展了初步探索,根据实践情况,建议在决策管理机制构建过程中考虑:

（1）建立完整规范的决策体系和准则方法库,支持科学决策过程,确保分析充分、避免出现决策过程中主观性和片面性;

（2）建立分层分级授权的决策机制,不同层级决策问题,应有对应决策的权限以及项目和企业人员角色;

（3）应注重控制决策备选方案数量,过多则容易在决策过程中投入过多资源,过少则决策结果有可能有效性不充分,一般推荐四到六种方案用于最终决策分析;

（4）建立跨项目层的决策数据库与跟踪机制,确保决策跟踪到位,并为后续决策活动开展提供知识储备。

7.7　项目质量管理流程

7.7.1　目的与描述

项目质量管理主要是按照国家相关的质量法律法规、适航和客户要求,建立项目质量管理系统并承担相应的质量职责,确保项目、服务和质量管理流程的实现满足组织和项目质量目标和达成客户的满意。项目决策管理流程的 IPO 图见图 7.11。

质量管理的活动主要包括质量策划、质量保证、质量控制和质量改进 4 个主要的活动。

质量策划是识别项目及其产品的质量要求/标准,并描述项目为达到这些要求/标准开展的活动的过程。

质量保证是审核质量要求是否合理,以及质量活动及其结果是否符合计划安排、这些安排是否得到有效贯彻的过程。

质量控制是监测并记录执行质量活动结果的过程。

质量改进是为了提升项目满足要求的能力,实施例行渐进的改进和针对问题的突破性改进的过程。

7.7.2　输入

1. 项目任务书

按照国家或公司相关管理要求进行项目立项申报并获得批准后,应以项目任务书形式说明项目范围,其形式可以是项目立项论证报告、可行性研究报告和合同

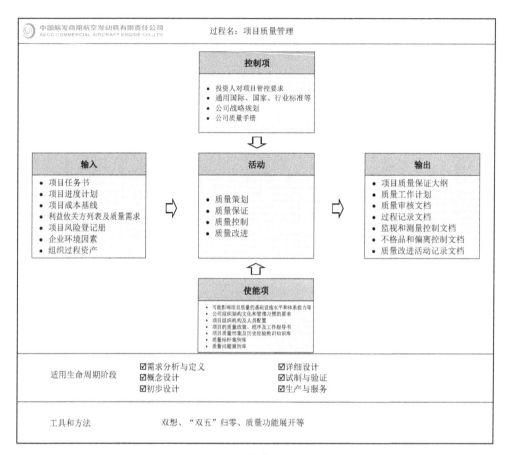

图 7.11　项目质量管理流程 IPO 图

性文等,内容通常应包括:范围描述、验收标准、可交付成果以及为了达成可交付成果所必须开展的工作。项目任务书可以明确指出哪些工作不属于项目范围,并且可随着项目工作进展进行必要的更新和增补。

2. 项目进度计划

可能是单一的计划,对于大型复杂项目,可能由多个计划组成。除进度外,计划中还需包括采办需求、经费需求、人力资源需求、质量管理需求、基础设施需求等。

3. 项目成本基线

经批准的具有时间属性的成本预计值,应该覆盖项目生命周期所使用的全部资源。实际成本与之比较,获得成本偏差,进而开展成本控制。它由多个控制账户的成本数据组成。

4. 利益攸关方列表及质量需求

列出与项目活动相关的全部利益攸关方以及从利益攸关方处捕获的质量需求。

5. 项目风险登记册

基于风险登记册,考虑应对风险可能对质量带来的影响和收益。

6. 企业环境因素

应考虑的与企业环境因素相关、影响项目质量管理过程的内容包括但不限于:

(1) 通用国际、国家、行业标准等的要求;

(2) 可能影响项目质量的基础设施水平和体系能力等内外部条件;

(3) 公司组织架构、文化和管理习惯的要求;

(4) 项目组织机构及人员配置。

7. 组织过程资产

应考虑的与组织过程资产相关、影响项目质量管理过程的内容包括但不限于:

(1) 项目的质量政策、程序及工作指导书;

(2) 项目质量档案及历史经验教训知识库;

(3) 质量标杆案例库;

(4) 质量问题案例库。

7.7.3　主要活动

1. 质量策划

质量策划是对项目质量管理活动进行系统策划的过程,它是实现项目组织行动和活动的统一、降低风险、降低质量损失、提高项目效率、优化作业过程并保证相关资源等项目目标的重要途径。对于商用航空发动机研发项目而言,项目质量策划就是要在明确项目质量目标的基础上,对项目实施过程进行详细的策划,定义清楚其包含的所有过程及它们的相互关系,并为每一子过程配置资源。主要开展以下工作:

(1) 根据任务说明书要求以及公司质量仿真、能力、交付策略以及项目实际情况,确定项目的质量目标;

(2) 回顾历史项目质量管理要求及经验教训,确定为达成本项目质量目标所需开展的活动;

(3) 梳理并分析本项目所有交付物,制定明确可衡量的交付标准;

(4) 识别项目潜在的质量风险;

(5) 明确项目质量管理组织机构和质量职责。

2. 质量保证

实施质量保证是一个执行过程,旨在建立项目利益攸关方对项目未来输出满足特定需求和期望的信心。质量保证主要包括文件保证与人员保证,文件保证即按照质量体系标准和公司质量体系要求建立项目质量文件体系,人员保证即建立与技术开发过程、技术管理过程相匹配的项目质量人员团队,包括项目质量主管、授权放行人员等。

项目质量人员应对项目全体参与者及过程实施质量审核,包括开展产品审核、过程审核或专项质量审核,对审核发现的问题进行闭环管理。

质量保证过程与过程保证相辅相成。过程保证的目的是给适航局方提供安全保证和信心,其实质就是确保开发过程及辅助过程的工作质量,即"按已计划的去做,做已计划的工作,记录好已完成计划的工作"。

3. 质量控制

质量控制是监测并记录执行质量活动结果的过程,主要通过将项目执行过程中所产生的项目状态、度量数据等信息与项目质量大纲要求与质量计划性对比,识别项目执行过程中存在的问题和风险,并采取纠正措施。在商用航空发动机领域,质量控制主要开展以下方面工作:

(1) 针对自研产品的设计和开发策划、设计输入/输出、设计验证和确认、设计更改等工作开展评审、复查、专项审核检查等工作。针对设计外包产品,明确质量控制要求和验收要求。

(2) 对供应商研制过程实施管控。重点对采购控制件实施原材料批准、子供应商控制、特种工艺批准、工艺规程批准、首件批准等管控活动。

(3) 对装配过程的工艺策划、工艺评审、工艺变更、产品检验、特殊过程管理、多余物管理、生产现场管理、首件检验、标识可追溯性、产品交付等实施控制。

(4) 对试验过程的试验策划、试验文件准备、实验设备和人员、试验件准备、试验前检查、试验前评审、试验实施、试验验收等实施控制。

(5) 对服务过程的客户支援、工程技术、技术出版物、航材支援、培训和大修维修等实施控制。

(6) 按文件编号规则、更改、标识、宣贯、发放、作废等要求开展项目相关技术文件、管理文件、标准等(包含外来文件)的控制工作。

(7) 按记录创建、填写、标识、整理、归档、贮存、保护、检索、保存期限、处置等要求,开展项目的设计、评审、检验、验收、试验、审核、产品测量等相关记录(含外来记录)的控制工作。

(8) 对研制全过程的产品进行监视和测量,应形成产品检验计划(可包含在工艺文件中),对产品及产品特性进行100%的检测和记录。开展项目所用监视测量设备(含自制测具)的清单建立和检定工作。

(9) 开展不合格品和偏离控制,对审理人员的资质提出要求;不合格品产生后,进行标识、隔离、记录、报告、原因分析、返工、退货、报废、设计审理、不合格品审理结果处置和跟踪等工作;发现拟偏离问题后,分析偏离原因,设计人员进行偏离分析、分类、给出审理结论,制造单位按偏离结论处置并填写偏离记录。

4. 质量改进

质量改进是指不断改进所有过程质量的活动,通过持续改进,可以减少浪费,消除非增值活动,使各类活动在更高的效率与效果水平上运行。主要的质量改进活动包括:

（1）组织开展例行质量分析会,对制定的各级项目质量目标开展定期测量和分析,并对质量工作计划完成情况进行总结分析,例行质量分析会可结合相应层级的项目团队例会开展或单独召开;

（2）对质量问题开展报送、调查、原因分析、整改计划、整改措施落实等工作;

（3）对纳入双五归零的质量问题,按要求开展归零工作。

7.7.4　输出

1. 项目质量保证大纲

质量保证大纲主要明确以下信息:

（1）明确质量计划适用范围;

（2）明确项目质量相关组织机构和人员的质量职责;

（3）制定项目质量目标;

（4）识别和确定项目研制各阶段中,过程控制活动的内容、步骤和依据的文件及其相互关系;

（5）明确为实现质量目标所需采取的其他措施。

设计、制造、装配、试验、服务等过程需按照项目质量保证大纲要求,相应制定质量保证大纲。

2. 质量工作计划

根据质量保证大纲要求,结合各层级具体研制任务情况,各项目团队需组织制定相应的质量工作计划。

3. 质量审核文档

质量审核必须保存审核检查记录并出具通知单,在通知单中应说明存在的问题及改进要求。

4. 过程记录文档

设计、评审、检验、验收、试验、审核、产品测量等相关记录及过程控制记录。

5. 监视和测量控制文档

产品检验计划、监视和测量设备清单、监视和测量设备检定记录。

6. 不合格品和偏离控制文档

不合格品/偏离授权人员名单、不合格品/偏离审理单、其他要求的支撑材料（如审理分析计算工作记录）。

7. 质量改进活动记录文档

质量分析会材料和相关会议记录;质量问题及处理记录。

7.7.5　方法与工具

1. 双想

"双想"即在系统工程研发的每个层级、每个环节开展事后结果的"回想"和事前策划的"预想",做到"研制不成功,'双想'不停止",充分发挥集智攻关的协同效应。

2. "双五"归零

"双五"归零是针对发生的质量问题,从技术上按"定位准确、机制清楚、问题复现、措施有效、举一反三"五条要求逐项落实,从管理的角度按"过程清楚、责任明确、措施落实、严肃处理、完善规章"五条要求逐项落实,并形成归零报告。

3. 质量功能展开

质量功能展开,又称 QFD(quality function deployment)。它是把顾客对产品的需求进行多层次的演绎分析,转化为产品的设计要求、零部件特性、工艺要求、生产要求的质量工程工具,用来指导产品的健壮性设计和质量保证。

它通过把顾客的期望和需求,以及超越竞争对手的要求,展开到产品设计开发和产品制造过程,达到提高产品质量、降低制造成本、加快新产品上市时间的目的。

4. 田口方法

田口方法,又称三次设计、稳健性设计,系日本田口玄一博士所创建的一种设计方法。

三次设计主要包括系统设计、参数设计和容差设计三个方面,主要应用在新产品开发设计和过程参数优化设计中。它将质量与经济联系起来,突破传统的框架,以最低的成本生产性能稳定的产品。

5. 防错技术

防错技术是预测可能发生的人为错误,事先采取有效的技术措施,防止操作时发生无意识差错的方法。这些措施包括隔离、标识、报警、止动和定位,以及采用标准操作程序等各种措施。

6. 失效模式及后果分析

失效模式及后果分析,又称 FMEA(failure mode and effect analysis)。它是一门事前预防的定性分析技术,自设计阶段开始,就通过分析,预测产品结构和生产过程中潜在的失效,研究失效的原因及其后果,并采取必要的措施,以避免或减少这些潜在失效的发生,从而提高产品、过程的可靠性。

由于产品故障可能与设计、生产、使用以及服务有关,因此 FMEA 又细分为:

DFMEA(设计 FMEA)、PFMEA(过程 FMEA)、EFMEA(设备 FMEA)、SFMEA(体系 FMEA)。

7. 可靠性分析

可靠性是指产品在规定的条件下、在规定的时间内完成规定的功能的能力。可靠性分析就是将工程和分析方法应用于评价、预计和保证所研究的产品或系统在某一段时间无故障运行的方法。可靠性分析是可靠性管理的基础。可靠性管理是指为确定和达到要求的产品可靠性特性所需的各项管理活动。它是从系统的观点出发,通过制定和实施计划,组织、控制和监督可靠性活动的开展,以确保用最少的资源,实现所要求的产品可靠性。

8. 抽样

抽样是一种系统的统计方法。它通过研究总体有代表性的部分(样本),来获取该总体的某些特性信息。

抽样大多用于产品检验。它是从一批产品中随机抽取少量产品(样本)进行检验,并据此判断该批产品是否合格的统计方法。常用的技术抽样标准包括:GB/T 2828.1《计数抽样检验程序 第 1 部分: 按接收质量限(AQL)检索的逐批检验抽样计划》;GB/T 2829《周期检验计数抽样程序及表(适用于对过程稳定性的检验)》。

9. 模拟

模拟是通过计算机程序用数学方式表示(理论或经验的)系统,从而解决问题的方法。

10. 统计过程控制图

统计过程控制图又称 SPC 图。它是将从过程定期收集的样本所获得的数据按顺序点绘而成的图。SPC 图上标有过程稳定时描述过程固有变异的"控制限"。控制图的作用是帮助评价过程的稳定性。

在产品生产过程中,产品的特性值由于某些原因会发生一定的波动,有的波动对产品的质量影响很大,但是可以通过采取措施来避免和消除这种波动所造成的影响,这种措施就是过程控制。统计过程控制图是一种借助数理统计方法的过程控制工具。

11. 统计容差法

统计容差法又称统计公差法。它是基于某些统计原理确定容差的方法。它利用各零件相关尺寸的统计分布来确定组装件的总容差。

12. 假设检验

假设检验是在规定的风险水平上确定一组数据(一般是来自样本的数据)是否符合已给定假设的统计方法。

假设检验就是事先对总体的参数或分布形态做出一个假设,然后利用样本信息来判断这个假设,即判断总体的真实情况与原假设是否有显著性差异。或者说,假设检验要判断样本与我们对总体所做的假设之间的差异是否纯属机会变异。假设检验是按"小概率事件实际不可能发生原理"来接受或否定假设。

13. 测量分析

测量分析,又称测量系统分析(MSA),是指在系统运行的条件下,评价测量系统不确定度的一套方法。测量分析在规定的置信水平用来评价测量系统是否适合预期目的。

它通过评价测量系统的变异相对于制造过程总变异的大小,以确保过程的主要变异源于其本身,而非测量系统,且测量能力满足要求。它分析测量系统的位置偏差(偏倚、稳定性和线性)和宽度偏差(重复性、再现性)。

14. 过程能力分析

过程能力分析就是检查过程的固有变异和分布,从而估计其产生符合规范所允许变差范围的输出的能力。

过程能力可方便地用指数表达。指数可将实际的过程变异与规范允许的容差联系起来。广泛应用于计数数据的能力指数是"Cp";计数数据的过程能力以平均不合格品率或平均不合格数表示。

15. 回归分析

回归分析是一种处理变量的统计相关关系的一种数理统计方法。回归分析的基本思想是:虽然自变量和因变量之间没有严格的、确定性的函数关系,但可以设法找出最能代表它们之间关系的数学表达形式。

16. 时间序列分析

时间序列分析是研究按时间顺序收集到的一组观测结果的一种方法。它常用趋势图描述观察的结果。

7.7.6　应用实践

商发公司项目质量管理工作主要是按照国家相关的质量法律法规、适航和客户要求,建立项目质量管理系统并承担相应的质量职责,按照 PDCA(策划、实施、检查、改进)的步骤在项目的全生命周期开展质量策划、质量保证、质量控制和质量改进工作。在质量管理过程中,重点贯彻以下工作原则:

(1)"一岗双责"原则,即按"业务谁主管,质量谁策划,措施谁落实、质量谁保证"的原则开展工作。

(2)"系统保证"原则,即对标国际标杆,强调通过采用专项业务标准(例如AS9100《质量管理体系-航空航天和国防组织的要求》、SAE ARP4754《民用飞机与系统开发指南》等)和工具方法,来衡量与评价系统的整体有效性,而非某个部分的最优。

(3)"全员、全过程、全系统、全特性控制"原则,即针对项目研制活动涉及的全体人员、全部过程、整机及所有部件系统、产品的通用特性和专项特性,开展全面测量、评价和控制活动。

在质量策划方面,根据项目研制需要,策划形成产品研制阶段的产品质量目标并进行相应分解。建立大型客机发动机原型机项目质量管理的工作机构,确定项目管理机构的质量职责,使之与项目研制任务相应。

在质量保证方面,以 AS9100 管理要求和项目研制需求为依据,形成项目质量管理文件体系并持续优化,增强文件在研制过程中的适宜性。建立与技术开发过程、技术管理过程相匹配的项目质量人员团队,包括项目质量主管、授权放行人员等。

在质量控制方面,针对项目技术开发过程(需求分析与定义、设计与集成、验证与确认、交付、服务支持、退役过程)、技术管理过程(需求管理、接口管理、构型管理、风险管理、技术数据管理、评审管理、决策分析过程、采购过程)等全面实施了过程控制。

在质量改进方面,开展审核检查、过程控制案例收集和经验共享、基于过程绩效数据的改进、研制过程问题信息闭环管理、重大质量问题和事故调查及改进等工作。聚焦产品研制全寿命周期,利用专业工具和方法,不断总结研制过程经验教训,针对问题根本原因,实施质量改进,防止问题再次发生,持续提高项目质量水平。

7.8 项目知识库管理流程

7.8.1 目的与描述

知识库管理流程的目标是使组织能够利用机会重新应用现有的知识和资产。知识库包括了技能和知识资产,以及系统元素。项目知识管理流程的 IPO 图见图7.12。

对于企业来说,知识库管理是指在企业内部建立一个量化与质化的知识系统,让组织中的知识与资讯,通过员工活动中的获取、创造、分享、记录、存储、更新、创新等过程,不断回馈到知识管理系统内,形成一个不断积累组织知识与个人知识的组织循环,成为企业重要的智力资本。

知识库管理的活动主要包括知识获取、知识表示与组织、知识质量控制、知识应用与创新4个主要的活动。

知识获取即将未经组织的文档、数据等(显性知识)和存在于人脑的专家技能(隐性知识)转化为可检索、可复用的知识。

知识表示与组织就是对知识进行科学合理的描述,以便于对知识进行定位管理。

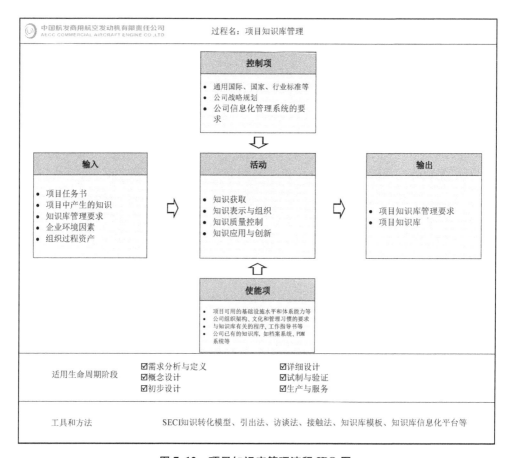

图 7.12 项目知识库管理流程 IPO 图

知识质量控制是保障知识管理系统能够有效运行的关键,针对不同类型的知识可以制定不同的入库标准,将知识按知识分类进行审核和筛选,通过审核后纳入项目及企业知识库中。

知识应用即是对知识进行检索利用或实现主动推动等利用过程。知识创新是指通过基础研究和应用研究,在原有知识的基础上,获得新的基础科学和技术科学知识的过程。知识创新的目的是追求新发现、探索新规律、创立新学说、创造新方法、积累新知识。

7.8.2 输入

1. 项目任务书

按照国家或公司相关管理要求进行项目立项申报并获得批准后,应以项目任务书形式说明项目范围,其形式可以是项目立项论证报告、可行性研究报告和合同性文等,内容通常应包括:范围描述、验收标准、可交付成果以及为了达成可交付成果所必须开展的工作。项目任务书可以明确指出哪些工作不属于项目范围,并且可随着项目工作进展进行必要的更新和增补。

2. 项目中产生的知识

项目中产生的知识分为两类,一种是外部知识,另一种是内部知识。外部知识指与项目相关的其他企业或组织拥有的知识成果、核心技术、创新信息等;内部知识指本企业内部所拥有的项目知识,包括技术文件、设计图纸以及其他研究成果等。

3. 知识库管理要求

对知识库中的历史知识资源进行集中化、统一化、规范化管理的相关要求。

4. 企业环境因素

应考虑的与企业环境因素相关、影响项目知识库管理过程的内容包括但不限于:

(1) 公司信息化管理系统的要求;

(2) 项目可用的基础设施水平和体系能力等内外部条件;

(3) 公司组织架构、文化和管理习惯的要求。

5. 组织过程资产

应考虑的与组织过程资产相关、影响项目知识管理过程的内容包括但不限于:

(1) 与知识库有关的程序、工作指导书等;

(2) 公司已有的知识库,如档案系统、PDM 系统等。

7.8.3　主要活动

1. 知识获取

1) 显性知识获取

显性知识获取过程主要是对知识进行筛选、电子化、整理和分类等。

组织内部的项目显性知识主要有三个来源:

(1) 员工个人电脑上存储和管理的知识。个人电脑中存储和管理的知识,主要是由公司员工通过个人渠道获得的标准文件、图纸、资料、声像资料等,还包括个人在工作中取得的未归档的成果,以及一些过程性成果。这些知识被所有者按照一定的管理规范、思路和习惯在所有者个人计算机建立多层次的文件夹来进行管理。应当制定统一收集规则,定期收集纳入公司知识库系统。

(2) 企业的共享知识。企业内部线上知识资源共享库,其内容可供整个企业人员进行查询和引用,如公司内网网络硬盘的共享区等;企业内部线下共享知识资源,如图书馆等。应当对其中信息进行甄别,将有价值的信息通过接口整合纳入知识库系统。

(3) 来自内部信息化系统的知识。该类知识主要由企业 OA 系统、PDM 系统、档案系统等提供。这部分知识是企业已有的知识资源,只需要按后续步骤与新获得的资源进行整合,纳入知识库系统即可。

组织外部的项目显性知识主要有两个来源:

(1)存储在供应商及其他合作伙伴处的项目标准文件、图纸、资料、声像资料等,这部分资料是属于公司知识产权的,应当由项目供应商经理组织统一收集纳入公司知识库系统。

(2)各类国家与行业标准、报告和其他文件,以及与项目相关的外部研究报告、技术资料等,这部分资料应当由项目团队统一收集纳入公司知识库系统。

2)隐性知识的获取

隐性知识的获取是建立知识系统的关键,同时也是一个耗时的过程。目前尚缺乏一种统一有效的隐性知识获取方法。因此,隐性知识获取被认为是知识处理中的一个"瓶颈"。

由于隐性知识的隐藏性和难以编码性,国内外对其获取都没有十分客观的手段,现行手段都是基于主观体会的、重视表达的、尽量减少其复用误差的方法,如引出法、访谈法、接触法等。

知识的获取应当贯穿项目生命周期,各项目团队可根据实际定期开展,并在项目阶段末位或专项任务结束后按要求开展。

2. 知识表示与组织

知识表示就是对知识的一种描述,一个好的知识表示方法应该具备以下特质:

(1)表达充分性。具备确切表达有关领域中各种知识的能力。

(2)推理有效性。能够与高效率的推理机制密切结合,支持系统的控制策略。

(3)操作维护性。便于实现模块化,并检测出矛盾的和冗余的知识;便于知识更新和知识库的维护。

(4)理解透明性。表示的知识便于理解,易读、易懂,便于人直接从系统中获取知识。

为了进行知识表示,需要建立一个本体库或术语库,定义行业内全学科、全流程涉及的相关术语,并定义它们之间的从属、包含、同位、相似等关系,便于对知识进行定位管理,使每条知识根据其不同属性,与产品研制流程相关联,以便实现知识检索以及知识推送等功能。

本体库或术语库建立好之后,为了实现知识和本体术语之间的关联,也便于之后的知识利用,必须将知识进行结构化组织。这部分包含两个方面的内容:一是按知识分类统一各类型知识的结构,定义属于不同知识的结构化模板,以便于知识的检索、利用、更新;二是针对每一份知识筛选关键词使之与本体术语进行关联。

3. 知识质量控制

对入库的知识必须进行存储、整合与确认,以确保知识的重要性、有效性、正确性。其中存储与整合功能一般由相关信息化平台支持完成,确认工作一般由项目团队或公司内在项目管理领域有丰富经验的专业人士通过专项咨询等形式开展。

1)知识入库标准

针对不同类型的知识可以制定不同的入库标准,将知识按知识分类进行审核和筛选,通过审核后纳入企业的知识库中。

例如,针对基于企业核心业务的知识,进入知识库中的知识应具备至少以下一种特征:

(1)属于企业的核心知识;

(2)经过实践检验的知识;

(3)极具启发性或指导性的知识;

(4)同类知识中最先进的或最有代表性的知识。

2)知识评判标准

设定评判标准,才能甄选出对企业有价值的知识。可以按照以下几个方面来进行:

(1)明确项目目标,将目标分解成短期、中期和长期目标,在各个阶段目标中标注出关键点,最后将关键点细化。所需要的知识就是细化出的知识点,如某个关键项目我们将其细化,细化项目活动中的工作流程,完成这些流程所需的知识要素就是关乎企业发展的重要知识,也就是企业知识库中的核心要素。

(2)关注企业核心力量。企业的核心力量就是掌握企业核心技术的专家和关键技术人员,通过他们认证出关键知识点。

(3)对于显性知识,应详细描述知识点,如知识出处、存储位置、取得途径、适用范围等,确定在企业中存在的形式。对于隐性知识,重在数据的统计和分析,评估出其作用进行判定。

综上所述,甄选和评价企业知识价值高低的标准就是:根据企业自身情况,关注顾客的需求,参照同行的工作方式,将企业长远发展战略目标融入现有的知识中进行比照,将关键要素筛选出来,查缺补漏,形成符合企业实际情况的知识工程。

4. 知识应用与创新

1)知识应用

项目团队应当有效利用知识库资源,以支撑项目工作高效科学开展。公司应当定期对知识库及其管理活动进行跟踪和评价,适时更新相关功能。

知识应用可分为两个层面:第一层面,在完成知识表示和结构化后,可以通过知识检索功能,实现知识的初级应用。此时,知识库里的知识只能被动检索,用户无法直观地了解到知识库中是否有与被检索条目相关内容的知识。第二层面,在知识结构化和知识关联的基础上,实现知识的主动推送和智能应用,达到知识的高级应用。即将知识库与设计环境相关联,在设计环境中操作时可被识别并主动推送相关知识,使用户可快速高效地查阅相关知识。

对于知识推送,主要有三种方式:

(1)基于业务的推送。知识不仅放在知识库中,还与研发活动紧密伴随,进行每一项研发任务时,都有不同类型的所需知识自动推送到相关人员的工作桌面上。研发人员可以便捷地运用这些知识,完成研发工作。同时也能够检索、补充、扩展知识库中的其他知识。

(2)基于内容的推送。系统的推荐引擎能够自动分析知识内容的特征(如特征关键词及其出现频度等),将具有相同或相似特征的内容标记为相关知识,在访问者查看某条知识的内容时,自动地将与之相关的知识推送给访问者。

(3)基于行为的推送。推荐引擎在后台自动分析用户搜索和浏览行为,从操作内容上分析用户的兴趣爱好和搜索习惯,并积累用户独特的个性特征,作为提供个性化知识自动推送的基础。

2)知识创新

知识创新是指通过基础研究和应用研究,在原有知识的基础上,获得新的基础科学和技术科学知识的过程。知识创新的目的是追求新发现、探索新规律、创立新学说、创造新方法、积累新知识。

从实际操作的角度看,知识创新是在知识应用的基础上对知识的再生,包含两层含义,其一是指对知识的更新和完善;其二是指在多个旧知识的基础上,产生新方法或新工具等新知识。这部分所包含的主要工作是:

(1)建立知识更新、完善、作废等管理流程;

(2)建立知识开发或再生的准则和环境,使用户能够较容易地完成知识的开发和再生工作,并使产生的新知识来源可追溯。

7.8.4 输出

1. 项目知识库管理要求

通常包括但不限于以下内容:

(1)知识库管理目标;

(2)范围;

(3)知识库分类与内容;

(4)各级项目团队实施策略与原则;

(5)知识库案例捕获与编制要求;

(6)知识库案例验证发布要求;

(7)知识库应用要求;

(8)更新与持续改进要求;

(9)管理工具或平台需求;

（10）知识库成果管理原则。

2. 项目知识库

通常包括但不限于以下内容：

（1）与企业各系统平台及共享区集成,向项目人员推送全局性流程指南与知识地图；

（2）建立最佳实践库,存放防错案例等预防错误发生的方法类知识；

（3）建立经验教训库,管理质量案例等已发生的经验类知识；

（4）对存储在个人计算机上的各类报告、总结、PPT、报表等进行集中管理；

（5）具备简易的数据库创建功能,以满足其他未识别需求。

7.8.5　方法与工具

1. SECI 知识转化模型

SECI 知识转化模型的原型指出企业中的显性和隐性知识是同时存在的,其主要体现形式是在企业创新活动中两种知识的相互影响和相互转换。知识转换的过程实际上也可以看作是一种知识创造的过程。知识转化有四种基本模式——社会化(socialization)、外在化(externalization)、综合化(combination)和内在化(internalization),这四个模式的组合即是 SECI 模型,如表 7.3 所示。

表 7.3　知识转化的四种类型

转 化 模 式	转 化 过 程	转 化 方 法
社会化	隐性知识—隐性知识	讨论、交流、模仿、实践
外在化	隐性知识—显性知识	比喻、类比、图像、演绎
综合化	显性知识—显性知识	编码、排序、分类、综合
内在化	显性知识—隐性知识	体会、体验、阅读、聆听

社会化、外部化、综合化和内在化四种转化模式是相辅相成、循环如一的有机整体,四种转化模式同时存在于组织的知识转化过程中,每个环节都是知识转化与创造过程中不可缺少的重要组成部分。

2. 引出法

引出法就是引导员工将可以清楚表达但由于种种原因而不愿表达的隐性知识表达出来。有些隐性知识的存在并非由于人们认知心理方面的原因,也不完全是因为难以用言语表述,而是因为很多员工认为他拥有的这部分私人信息是他的个人价值所在,无义务把这部分隐性知识拿出来与大家共享。因此,组织应创造一种自由、共享的文化氛围,建立各种激励机制,鼓励员工把隐性知识贡献出来与大家共享。

3. 访谈法

访谈法获取的是知识拥有者无法精确表述的隐性知识。该方法首先是要求专家对某一主题做出解释,阐明解决问题所需要的数据及数据来源,解决问题过程中所需要的技巧以及他们在解决问题过程中的心得体会。在获得信息后,知识管理者根据专家的工作过程,分析他们讲述的诀窍和心得,对隐性知识体系中存在的一些有待证实的规律进行事实统计、相关性分析、因果判断、提炼定型,对如何形式化表述隐性知识形成一个基本框架,为确保知识表述准确无误,还需进行反馈式交谈,将获取的知识反馈给专家进行评估,通过反复对话,寻找到一种合适的表述方式,将这些原先只可意会不可言传的隐性知识用文字或其他形式记录下来。

4. 接触法

接触法主要用于获取无法表达的内隐程度较高的隐性知识。这种方法主要是建立灵活多样的"人-人"传递方式,通过言传身教对无法实现编码化的隐性知识通过组织内的分享来实现其获取和利用。这种方式着力从隐性知识主体的经历、习惯、价值取向以及其工作的场景中去实地领悟、搜索隐性知识暗含的机制,虽然不如书面精确,但它却有可以重复、特别是可以根据接受者的反馈而重复表达的优点。现场观察、体验、重复实验通常是获取这类隐性知识的主要途径。在获取组织内部隐性知识的同时,还应当与组织外部进行广泛的知识交流,通过合作、知识联盟等形式,尽可能多地从外部获取所需的隐性知识,并使之与原有的组织内部的知识相融合,最终转化成为新的组织内部知识。

5. 知识库模板

知识管理系统根据业务需求对知识做分类管理,对每类知识制定相应的知识模板,要求能够清晰全面地表达知识的属性,如编号、名称、机密等级、所属项目、状态、版本、历史更改记录等,通过这些属性可以对知识进行条件查询、统计及维护工作。

6. 知识库信息化平台

在技术研发过程中,设计者不断地获取知识、运用知识、创造新知识,并将其运用到研发项目中,研发项目的成功与否取决于能否有效地综合运用各种知识。知识管理通过系统平台各个数据库和知识平台进行集成,将所有与研发环节有关的知识进行梳理,并与工作任务相关联,主动为设计研发人员提供全面准确的知识支撑,大大降低辅助工作量,减少由于人员素质和经验差异带来的知识遗漏或错误,最终实现"知识找人"的智能化知识管理。

7.8.6　应用实践

商发公司知识库系统建设经历了"由分散存放向集中归集""由收集为主向收集与利用并重"的发展历程。

公司发展初期,伴随着项目任务的推进与信息化平台的持续搭建完善,对显性知识通过 PDM 系统、企业云盘、OA 系统等方式进行存储与管理,但各平台并未关联,使得知识信息检索复杂化。同时,对经验教训等隐性知识转化为显性知识也开展了一定工作,由于存放位置不统一,记录要素也不尽相同,不便于进行统一管理;这一类平台主要侧重于记录,分享,推送等功能使用率不高。

　　近年来,在参照行业标杆单位和广泛调研内部需求的基础上,公司启动了集中的知识管理平台建设,以研发任务为载体,将相关的标准、规范、历史研发数据、专利库、历史解决方案、上下游输入输出数据等信息与研发任务进行紧密结合,实现知识库里的知识与工作任务的挂钩,便于后期知识的应用。同时在以后的研发工作过程中,将工作任务产生的新的解决方案、新思路、新方法以知识的形式进行管理,实现知识的沉淀和按需重构。研发任务工作包模型如图 7.13 所示。

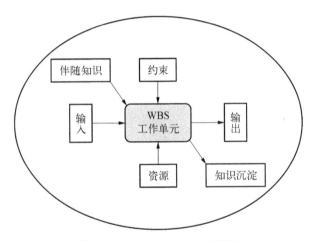

图 7.13　研发任务工作包模型

　　基于工作任务的知识管理平台可分为三层:最底层是知识库层,在这一层构建所内各类知识库,包括方法、标准和经验等;中间层是知识管理层,负责对知识库的应用管理,在这一层从知识库里按需获取、按需重构,自动/半自动化地推送知识;最上层是工作流程层,每一个研发流程都由工作任务通过输入输出的关系贯穿而成,在这一层里将每一个工作任务与伴随的知识关联,使知识用流程贯穿起来,研发活动用知识来支撑。

　　在知识应用过程中:构建新的工作任务时,到知识库中抽取知识进行关联;已关联的知识不能满足当前工作任务需求时,可更新伴随知识;将工作任务中产生的新知识,送回到知识库中,以完善知识库,实现知识的重构和更新。

　　在对知识进行管理后,知识不再是放在仓库里的"死知识",也不再是游离于研发工作之外的"散知识",而是与研发流程相关联的"活知识",与每一个研发任务相伴随的"强知识"。

第8章
资源整合协议流程集

8.1 采办供应流程

8.1.1 目的与描述

根据所处的组织环境以及不同的行业习惯,采办通常有以下不同的称谓:采购、购买、物资管理、供应管理等[32, 33]。无论使用何种称谓,其流程的具体内涵大体上是一致的。

按照《系统工程手册》中的定义,采办流程的目的是获得与采办者需求一致的产品或服务。通过采办流程,在两个组织之间建立甲方从乙方获取所需的产品或服务的协议。基于该定义,可将采办流程理解为由一个组织机构或单位实施的业务过程,不论是作为一种管理职能还是作为当前流行的集成供应链管理活动的一部分,该过程既负责以最有效的方式在合适的时间获取合适质量、数量和价格的产品或服务,又负责对供应商进行管理,同时通过上述活动支撑企业提升自身竞争优势并实现企业战略目标。采办供应流程的IPO图见图8.1。

8.1.2 输入

采购流程的主要输入有:企业基础设施、企业运营需求、企业商业论证结果和采办管理制度。

1. 企业基础设施

满足采购业务执行所需的企业人力资源、办公条件、信息系统等基础设施等资源,是采办流程最基本的输入要求。

2. 企业运营需求

企业为实现其总体战略或商业目标,需要一定资源,如原材料、零部件、能源、机械、设备、物资、服务等方面的投入,所有这些资源投入的需求,构成了企业运营基本需求,而其中一部分需求将通过采购流程予以满足。

3. 企业商业论证结果

过去,采办在企业中的作用主要在行政管理或事务层面,主要目的是满足技术

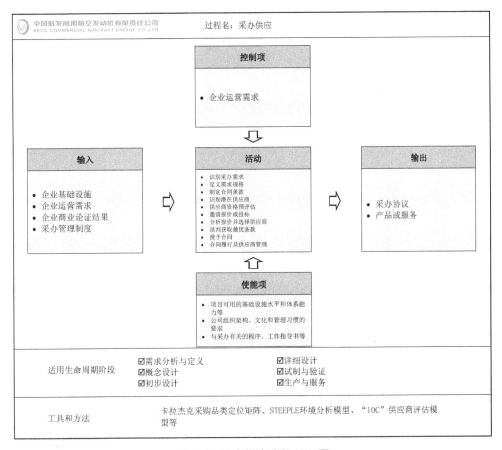

图 8.1　采办供应流程 IPO 图

或操作层面的需要。而近几十年,因为自动化及专业化程度不断提高,采购支出占企业总成本的比例越来越高,因此采购决策对组织的利润的影响也越来越重要。而企业商业论证中关于自身核心能力的定位以及关于采购及外包业务范围的顶层原则,便成了采办流程的重要输入性要求,支撑采购需求的识别和确定等相关活动。

4. 采办管理制度

不论所处行业以及企业性质,因直接涉及资金支出,采购业务都属于企业内控的关键领域,因此企业采办管理制度、流程等内控要求,是采购流程执行所必须遵循的输入要求。

8.1.3　主要活动

按照英国皇家采购与供应学会(CIPS)关于一般采购周期的定义,一般而言,采办流程主要包括:识别采购需求、定义需求规格、制定合同条款、识别潜在供应商、供应商资格预审、邀请报价或投标、分析报价并选择供应商、谈判获取最优条款、授予合同、合同履行及供应商管理相关活动。相关活动主要工作内容为：

1. 识别采办需求

通常由产品或服务的使用部门，基于所承接的企业运营目标，按年度评估和计算物料资源需求，结合当前库存情况，识别补货需求。根据企业商业论证确定的顶层政策和原则，识别哪些产品或服务需求通过内部供应满足（自制），哪些产品或服务需求通过外部供应商满足（外购）。

2. 定义需求规格

由产品或服务的需求部门，组织编制采购业务对应的工作说明书（statement of work，SOW），明确采购产品或服务的技术指标、交付条件、过程管控及验收要求、数量要求等需求、规格信息。

3. 制定合同条款

商业合同是采购活动中最重要的协议文本。从商业利益及风险角度考虑，文本拟定权在任何场合都是协议双方博弈的核心焦点之一。采购方一般需要针对采办业务的具体特点以及与供应商的关系特点，制定与采办业务相适应的合同条款，作为后续询价及谈判内容的一部分。

4. 识别潜在供应商

采办方通常需要密切关注业务相关领域的供应市场情况以及相关供应商绩效表现情况，根据产品或服务的需求规格，通过企业自己建立的供应商数据库、正式的信息征询、行业采购论坛、行业企业目录、行业展会等途径，识别潜在供应商信息。

5. 供应商资格预评估

通常针对有一定技术或管理要求的采办业务，需要对潜在供应商进行资格预评估，以确保进入询价范围内的供应商均具有履行合同的能力并能达到一定的技术和管理标准要求。该过程有时也叫供应商资格预审，主要目的是先划定一个基本标准，对供应商进行初步筛选，只邀请满足最低技术能力、产能以及兼容性标准要求的供应商参与报价或投标，提升采办方的询价及招标工作效率。通常采办方会建立并维护一个通过资格预评估的供应商的清单，并将该清单信息在采办业务相关部门或人员中共享，在策略上促进供应源搜寻与采购执行业务的分离，在提升采购业务本身工作效率的同时提升人力资源的使用效率。

6. 邀请报价或投标

采办方将采购需求规格文件、合同条款要求、报价评估及供应商选择标准等需要供应商满足或知悉的一切要求，通过询价或招标的方式提供给满足基本资质要求的供应商，并向供应商明确报价或投标相关文本格式、时限等要求，以获得满足格式和时限要求的供应商响应文件。

7. 分析报价并选择供应商

收到供应商报价或投标等响应文件后,采办方需要组织按照预先制定的评估和选择标准开展报价分析和供应商选择决策工作,确定合同授予单位或确定合同谈判顺序,以指导后续合同谈判活动。

8. 谈判获取最优条款

基于报价分析及供应商选择决策结果,采办方需根据业务需要组织相关职能人员与供应商开展合同谈判工作,根据最终谈判结果,按照事先确定的合同授予标准确定合同授予对象。

9. 授予合同

根据采办方合同管理相关制度要求,按照业务类别及合同重要程度对应的审批流程和审批层级要求,执行采办合同内部审批流程,并完成与供应商的合同签订。

10. 合同履行及供应商管理

根据采购业务特点及采办业务过程管控需要,以及供应商生命周期各阶段管理活动的需要,执行合同、履行过程管控和供应商生命周期管理活动,确保供应商交付物、供应商绩效表现满足要求。

8.1.4　输出

采办流程的主要输出有签订的采办协议以及满足采办需求及规格要求的产品或服务,用来支撑公司关于采办业务的内部审计要求,以及企业运营关于外部供应产品或服务的需求。

8.1.5　方法与工具

1. 卡拉杰克采购品类定位矩阵

作为采购与供应定位和分类的基础模型和工具,卡拉杰克采购品类定位矩阵可以有效帮助企业对供应与采购的关系进行科学的分析,有效管理采购成本,并通过建立战略决策思维,以最大程度提升采购职能的战略价值。其主要内涵为:基于采购物料对采办方的重要程度(如相关品类年度支出总额、该物料对于节约成本或提升利润的潜力等因素)以及供应市场的复杂程度(如供应源搜寻难度、供应中断的风险高低及影响大小、采办方与供应方相对势力大小等因素),将所有采购品类分为战略、杠杆、关键、一般四个象限,并执行针对性的采购策略,如图8.2 所示。

针对各个象限的产品类别,所执行的管理策略如表8.1 所示。

图 8.2　卡拉杰克采购品类定位矩阵

表 8.1　针对品类定位的管理策略

品类定位	管 理 策 略
战略类产品	应该与该类供应商建立互信互惠的长期战略合作伙伴关系
关键类产品	可以与其建立良好的合作关系,或者通过调整产品设计、更换原材料等方式改变供应商供应的不利局面
杠杆类产品	应引入竞争机制,在建立长期交易关系的同时,促使供应商在价格、质量和服务等方面做出改进
一般类产品	可以采用优化订单数量、设定目标价格、制定标准化采购作业等方式降低该类供应商的供应成本

2. STEEPLE 环境分析模型

STEEPLE 模型是分析外部宏观环境因素的常用工具,其名称是社会文化(social)、技术(technology)、经济(economic)、环境(environment)、政治(politics)、法律(legal)、道德(ethics)七个宏观环境相关因素英文单词首字母构成的缩写构成,主要用于指导企业从以上七个方面全面、系统地识别宏观环境因素与企业相关的变化及影响,以有效识别风险和机遇,并采取针对性措施。

3. "10C"供应商评估模型

在供应商资质评估活动中,可能考虑的因素通常广泛而复杂,理论上只要买方认为很重要或者希望获得满意的因素,都可能被考虑,因此为保证可执行性,应对资质评估所需要考虑因素的数量和类型加以概括和限制。一个广泛应用的评估模型是雷·卡特尔(Ray Carter)提出的"10C"模型,将供应商资质评估需要考虑的因素概括为以下 10 个方面:

1) 能力(competency)

(1) 供应商是否具备所需的资源或专业能力;

(2) 供应商在管理、技术开发或其他相关领域的实力。

2）产能（capacity）

（1）供应商是否满足采办方当前以及未来的供应需求；

（2）供应商最大产能。

3）承诺（commitment）

（1）供应商对于质量、服务、成本和持续改进等方面的承诺；

（2）供应商对于与采办方建立长期合作关系的承诺和意愿。

4）控制（control）

（1）供应商资源和风险管控体系；

（2）供应商质量和环境管理体系；

（3）供应商财务控制和欺诈防范机制。

5）现金流（cash）

（1）供应商现金资源和现金管理能力是否能够确保良好的财务状况和稳定性；

（2）供应商盈利能力、现金流状况是否能维持企业健康运转；

（3）供应商自有资产、负债、成本结构与分摊情况以及总体财务健康状况。

6）一致性（consistency）

供应商在交付和改进质量与服务水平过程中是否能保持良好的一致性。

7）成本（cost）

供应商所提供的产品或服务的价格、全生命周期成本等。

8）兼容性（compatibility）

（1）供应商在战略、战术与文化层面与采办方是否兼容、协调；

（2）供应商价值观、企业文化、管理风格与采办方是否兼容；

（3）供应商管理流程、组织架构、IT 系统是否相互兼容。

9）合规性（compliance）

供应商是否符合环境、企业社会责任或可持续发展相关的法律、法规。

10）沟通（communication）

（1）供应商是否能高效沟通实现供应链中的密切协作；

（2）供应商适用先进的电子商务、互联网或相关电子沟通技术的能力与程度；

（3）供应商是否有共享产能、成本等信息以加强沟通的意愿。

8.1.6　应用实践

1. 采办业务端到端流程

在商用航空发动机项目研制过程中，基于图 8.1 所示的采办业务基本流程，建立了采办业务端到端流程，具体如图 8.3 所示，将采购业务流程活动整合为定义采购需求,制定采购策略,搜寻供应商,寻求供应商反馈,评估、选择供应商,谈判并签订采购协议,实施采购过程管控与绩效管理,维护供应商资源 8 个业务活动,实现对采办业务从识别采购需求到最终需求得到满足,并且供应商资源获得动态维护全部业务活动的端到端的有效管理。

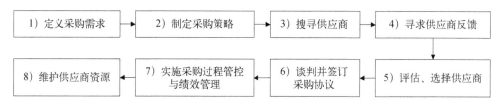

图 8.3　商用航空发动机研制采办业务端到端流程

2. 供应商比选量化评估机制

参考雷·卡特尔的供应商评估"10C 模型",并根据商用航空发动机产品研制所处的阶段特点及实际需要,从能力、产能、承诺、现金流、一致性、成本、兼容性、企业社会责任、沟通 10 个维度中,选取能力、产能、一致性、成本作为供应商选择评估主要指标并进行适应性调整为技术能力、交付周期、质量、成本四个维度,形成了基于绩效表现动态优化的供应商资源管理及选择决策机制。

8.2　研发体系对接流程

8.2.1　目的与描述

项目与体系在本质上是一对相互支撑的"孪生子",满足客户需求是项目研发应满足的"外部需求",而同步构建起支撑研发的体系能力则是项目研发应满足的"内部需求"。一方面,设计人员要强化通过项目建体系的意识,在做规划时就要同筹划、同安排,同时还要及时做好设计经验沉淀,及时利用试验验证结果完善改进我们的体系流程工具;另一方面,体系建设人员要全面参与项目,及时感知项目技术痛点与最佳实践,从体系架构角度及时适应项目需求,自我加压提早谋划,把体系建设攻关项目统筹到项目里来安排,及早满足项目需要。

研发体系对接项目的目标是构建服务型号产品全生命周期的研发体系,并且在型号研制的全生命周期进行体系沉淀。对于需要长周期研制的复杂产品,体系建设是一个更为漫长的过程,需要经过几个型号的建设和验证,才能逐步完善。因此应结合项目研制目标,制定体系建设阶段目标。

研发体系建设的核心是建立企业的核心研发能力,包括流程、标准、工具和数据,提升产品研发的一次成功率。基于系统工程方法,对标产品研发体系全生命周期过程,构建产品研发体系建设的 X 模型,如图 8.4 所示。

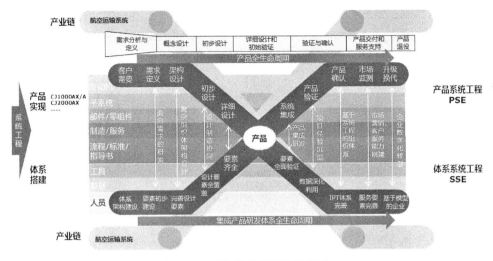

图 8.4　研发体系建设的 X 模型

8.2.2　输入

研发体系能力建设需求。收集型号项目能力需求,开展体系建设攻关专题项目:体系与项目是一对多的关系,体系支撑多个项目。收集各系列型号的共性能力需求,开展体系建设攻关专题项目,研究成果转化为体系要素。

8.2.3　主要活动

基于体系对接项目的顶层架构,对标集成产品研发体系全生命周期,将体系对接项目分为完善组织架构、架构设计对接、需求捕获完整、功能定义全面、确认验证到位、体系沉淀对接等步骤,将体系建设全面与项目研制对接。

1. 完善组织

1)完善各级体系人员架构

组织成立研发体系流程再造及数字化转型专项工作组,并分层级成立领导小组、专家小组、推进小组和流程负责人小组,为贴合项目需求,组织项目 IPT 人员加入各级团队,实现体系人员和项目人员双向联动。

2)建立体系文件分层授权机制

结合体系文件分层管理机制,建立对应文件所有人授权机制,设立体系文件所有人准入门槛,实现体系要素所有人分级动态管理。

3)建立各级体系人员能力矩阵

根据各级体系人员具体负责工作,分专业建立体系人员能力矩阵,如图 8.5 所示,并逐步提升核心技术能力,实现体系人员了解项目专业知识、项目人员熟悉体系运行机制的目的,双向联动,打造全方位人才。

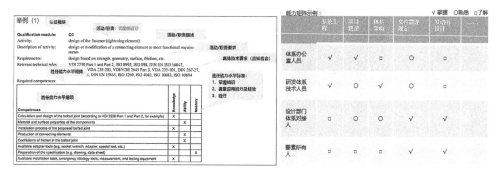

图 8.5　人员能力矩阵

2. 架构设计

1）研发体系手册编制及完善

结合项目研制需求,编制研发体系手册,形成产品研发体系架构。

2）以项目需求为导向,为研发体系"定目标"

（1）体系架构的设计与优化;

（2）基于需求的集成研发;

（3）两透两控在体系中落地;

（4）体系的全活动过程集成、全要素集成;

（5）项目与体系在紧密协同耦合上的改进;

（6）面向流程做优化、面向作业做改善、面向 IT 塑习惯。

3）需求捕获

建立多维度的项目和体系对接机制,通过多种渠道加强体系与项目的沟通对接程度,充分捕获项目需求。

定期召开研发体系与各设计部门的对接例会,目的是对接公司研发体系各子工程、设计研发设计部门的体系建设需求,及时掌握公司研发体系建设全貌,支撑公司及研发中心的体系建设。

设计研发的职能部门与项目 IPT 团队和总师系统定期召开对接会,目的是围绕设计研发部门的体系能力建设、项目研制进展、人力资源建设、专题技术问题等方面进行对接与交流,并制定相关能力提升的工作计划。

3. 定义路标

1）以项目需求为导向为研发体系"定路标"

从研发体系建设角度,结合"一图三单三略一平台"梳理工作,制定研发体系顶层架构优化与运行、各子工程达到建设目标,每年的具体"路标"。

2）以项目需求为导向为研发体系"定指标"

从满足项目需求维度触发,制定研发体系各项 KPI 指标,即除了要回答目标以外,还要从各个维度衡量体系对项目的需求满足程度。

3）以项目需求为导向进行研发体系各要素建设和完善

从研发体系流程指导书、标准、工具、数据等各个要素具体建设层面,全面对接项目需求。

4）以项目需求为导向,从型号技术文件维度推动体系要素应用落实

4. 确认验证

从体系验证角度出发,结合项目研制进展,依托项目进行体系各项要素验证。

1）依托项目验证设计方法并提升其成熟度

形成"设计方法成熟度评价规范",依托项目,每年针对指导书中的设计方法、计算方法等开展成熟度评估,提出通过试验、仿真等方式进行验证提升的策划。

2）结合项目型号资源开展研发体系各要素验证工作

通过项目研制中直接结合型号研制、可用的(闲置的)试验件资源、试验数据等方式开展研发体系要素验证工作,加速验证。

3）依托项目开展材料标准、工艺标准及标准件标准验证

4）依托项目开展工具验证及数据成熟度提升工作

5. 体系沉淀

在项目经验教训沉淀方面,体系全面对接项目,使项目在各阶段产生的经验教训能够及时在体系中沉淀、落实和共享。

1）建立工作指导书技术审查机制

完善工作指导书管控机制,增加技术审查环节,确保审查通过的工作指导书能够将型号项目、基础预研、质量问题、关键技术攻关等各方面已验证的经验和意见落实在体系中。

2）系统策划知识管理体系,保证研制经验在体系中落实和使用

（1）完善流程。按照"PDCA",补充"CA"相关的流程。对员工日常工作中出现的问题,予以闭环追溯。

（2）开发系统。E 化"CA"过程,对员工日常研制工作中经验教训进行记录和处理,使员工能够及时记录知识。

（3）知识地图。对已正式批准的经验教训相关文件信息及其索引关系进行统一展示,便于知识共享与查找。

知识管理体系示意图见图 8.6。

8.2.4　输出

研发体系要素

研发体系在型号项目中验证通过之后,应组织体系成果交付物在其他型号或在型号其他相关业务中应用推广。

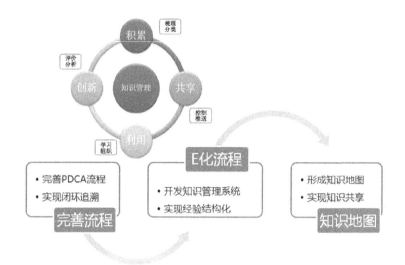

图 8.6　知识管理体系示意图

8.2.5　方法与工具

（1）TOGAF 方法，用于制导体系架构设计；

（2）需求捕获工具 QFD，用于制导体系建设需求的捕获；

（3）RVTM，用于进行体系验证的矩阵设计和追溯。

8.2.6　应用实践

项目对接体系从流程、方法工具、标准规范、数据、人员等研发体系要素方面进行对接。通过型号项目关键技术攻关、评审意见、质量问题等方式将项目成果沉淀到研发体系中，以某型号基础预研成果沉淀到研发体系为实例——某空心风扇叶片参数化造型工具和有限元网格自动划分工具如图 8.7 所示。

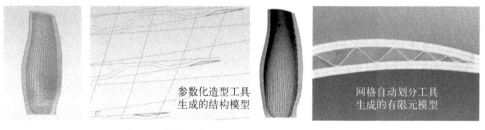

图 8.7　风扇叶片参数化造型工具和有限元网格自动划分工具

1. 需求

（1）开发专门工具实现某型号风扇叶片内部空腔结构的自动设计，要求将设计时间缩短到一个工作日；

（2）开发专门工具实现某型号空心风扇叶片的有限元网格自动划分,要求网格生成时间不长于 0.5 工作日;

（3）在 2019 年 6 月前完成工具开发并交付压气机部使用;

（4）工具使用简单,符合工程师设计习惯。

2. 研究内容

（1）开发参数化造型工具,将空腔瓦伦的设计过程转化为程序语言,将其中的设计准则抽象为一系列逻辑判断,最终实现计算机代替人工完成风扇内部空腔结构的设计;

（2）开发有限元网格自动划分工具,将空心风扇结构模型自动转化为全六面体单元有限元模型,实现计算机代替人工完成网格划分;

（3）优化软件工具的使用流程与人机数据接口,确保设计部门轻松正确使用工具进行空心叶片设计。

3. 成果描述

（1）软件:某型发动机空心风扇叶片参数化造型工具和有限元网格自动划分工具,经压气机部测试,软件功能符合预期,已投入工程应用;

（2）文档:编制发动机空心风扇叶片参数化造型工具和有限元网格自动划分工具使用说明书;

（3）方法:开发出新型空间曲线求交算法,在效率相当的情况下克服了 UG 算法的不足,计划申请发明专利加以保护。

开发的某型空心风扇叶片参数化造型工具,利用该工具可在一个工作日内完成以往需要耗时数周的风扇内部空腔结构设计,参数化造型工具创新性地采用分段式建模方法,可以在每次迭代中只更新指定的个别截面,并且克服了 UG 的运算速度随模型复杂度的提高而减缓的缺点,显著提高设计效率。

开发的某型空心风扇网格自动划分工具,利用该工具可在 0.5 个工作日内完成以往需要 4 个工作日的风扇叶片网格划分,生成的模型完全采用六面体规则单元,且无须任何人工干预。

4. 应用情况

参数化造型工具和网格自动划分工具开发成功后立即在设计部门投入使用,使用者包括压气机部结构团队、压气机部结构团队、压气机部强度团队。

参数化造型工具和网格自动划分工具在交付后经过设计部门的基于多种不同设计叶型的反复测试,均得出符合预期的设计结果,并且运算速度满足用户需求。

因为在工具开发过程中充分吸取了用户建议,参数化造型工具和网格自动划分工具的使用方法与建模思路能够无缝融入现有的设计流程中,用户在很短的时间内即通过阅读使用说明书掌握了工具使用方法。

该型空心风扇叶片参数化造型工具和有限元网格自动划分工具作为研发体系

要素(工具)纳入研发体系中,并在其他型号项目中进行推广应用。

8.3　研保条件更改对接流程

8.3.1　目的与描述

对接研保条件更改的目的是更好地为企业实施的项目提供硬件设施和服务,以支持整个生命周期的企业和项目目标。通过对接提供并维护企业内部的业务所需的设施、工具及通信和信息技术资产。对于产品研制而言,加强设计方与研保建设方的需求对接,是产品试验设备能够实现需求验证的闭环。

8.3.2　输入

1. 项目基础设施需要

来自项目的基础设施或服务的请求,包括外部利益攸关方的投入。

2. 企业基础设施需要

来自企业的基础设施或服务的请求,包括外部利益攸关方的投入。

8.3.3　主要活动

建设基础设施:汇集并讨论与企业和项目相关的基础设施资源需要;识别、获取并提供基础设施资源和服务。

维护基础设施:管理基础设施资源的可用性,以确保实现企业的目标。管理资源冲突和资源短缺,寻求解决方案。分配基础设施资源和服务以支持所有项目。

开展多项目基础设施资源管理与沟通,以便在整个企业内有效地分配资源,识别潜在和发生的冲突与问题,提供解决方案与建议。

8.3.4　输出

企业基础设施:支持企业的资源和服务。

项目基础设施:支持项目的资源和服务。

基础设施管理报告:包括成本、使用、停工时间/响应衡量等。这些因素可以用来支持未来项目的能力计划。

8.3.5　方法与工具

租赁符合要求的资源(内包或外包)。

建立企业基础设施架构。整合企业基础设施,可使日常业务活动高效执行。

建立基础设施支持系统和服务资源管理信息系统,以维持、跟踪、分配和改善满足企业现在和将来需要的资源。

在产品研发的生命周期早期阶段开始策划,以解决系统转移、设备、基础设施、信息/数据储存和管理的使用和支持资源需求的问题。按系统工程方法,特别是在早期的几个阶段,设计方应深度参与协助研保项目,定义项目的性能需求、功能需求、试验方法和试验程序。组建联合团队参与研保项目的概念设计、初步设计、关键设计、最终设计、制造、调试、标定全过程。

8.3.6　实施案例分析

某核心机试车台是商用航发动机重要的试验设施,在建设过程中,按照对接研保的要求对接取得比较好的结果。图 8.8 示意了一个大型复杂研保设施的需求从不确定到准确理解的过程,图 8.9 示意了核心机台设计的从设计输入到设计完成的过程的主要工作:功能分解、权衡分析、运行分析、可靠性分析、全寿命周期的评估、系统定义、建模分析、接口控制、EHS 分析、价值工程、维护性需求和备件需求,最后完成设计。

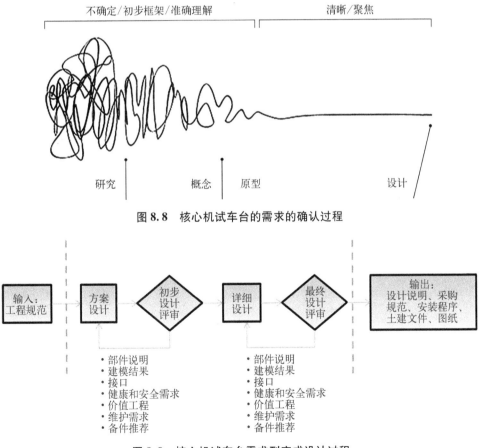

图 8.8　核心机试车台的需求的确认过程

图 8.9　核心机试车台需求到完成设计过程

1. 吃透需求

吃透需求的重要性,冗余需求会带来成本、使用等问题。例如,某研保设施设计方提出的某型研保设施的发动机起动用气需求为"发动机起动机进口处最大进气温度不小于240℃,精度:±5℃"这条需求被研保建方实施建设,但该项功能从未使用。原因分析:一方面设计方研保方识别为对研保设施起动空气的系统的需求,并分解给了研保设施建设需求;另一方面研保建设方分析需求时有疑问,但还是接受了。

实际的需求应用场景是飞机起动一台发动机后,引气起动另外一台发动机,引气温度不低于240℃,该条需求实际上是对涡轮空气起动机的要求,空气起动机应能在该温度条件下有足够的功率带转另外一台的发动机的转子。该条需求的实施与验证应由空气涡轮起动机的供应商完成,而不是分解给研保设施方,并在研保设施上完成。

2. 场景分析

需求的确认通过场景分析,基于 P&ID 图完成了所有运行场景的分析,从而保证所捕获的需求是完整的。图 8.10 为某核心机试验台 12 个运行场景之一的进口加温加压的运行场景。

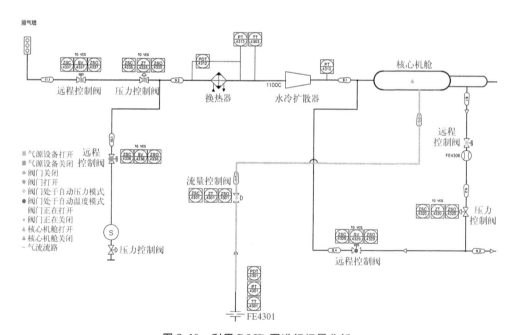

图 8.10　利用 P&ID 图进行场景分析

3. 功能定义

已完成的核心机试车台进行概念设计时需编制项目规范,定义系统详细功能需求 define system specific functionality requirements(执行什么功能);定义系统详细的性能需求 define system specific performance requirements(功能执行到何种程度)。

4. 分配合理

研保设施的需求分解到各个子系统,并形成子系统的需求。按照研保设施的 PBS 分解系统级、子系统级和重要部件的需求。

5. 确认与验证

通过试验台的总体、分系统和关键设备(重要阀门)PDR、CDR、FDR 评审确认需求的正确性、完整性和可实现性,各子系统完成工厂验收试验(FAT),现场验收试验(SAT),调试试车试验(commissioning)。验证分系统、系统的设计符合性和系统在实际运行环境中是否满足需求。

8.4 并行工程

8.4.1 目的与描述

产品并行定义(concurrent products definition,CPD),也称产品联合定义,指的是一种以集成和并行的方式开发产品的思想,目的是在产品定义和设计初期提前考虑产品的可制造性、可维护性等内容,改变传统的产品设计制造检验串行过程,达到缩短产品研发周期、降低产品返工率、降低产品成本、提升产品质量的目的。

商发开展产品并行定义,是要超越传统提前发图模式的协同模式,建立起以产品(包括零、组件)为中心的联合定义团队,实现产品联合定义过程。这里的产品联合定义/产品并行定义,定义的不只是产品的几何结构、功能性能、加工制造等设计要求,同时也要将产品的具体制造、测试、维系维护的配套方案和具体过程进行定义,通过联合定义过程,提前检查设计内容存在的问题,确保当前阶段能够充分论证和验证,减少反复。同时产品并行定义过程也要充分融入和体现需求管理、构型管理、适航管理等的要求,以免出现"多张皮"的情况。

商发实施产品并行定义的目标可以总结为以下内容:

(1)缩短产品研制周期;

(2)提前识别风险;

(3)减少设计更改;

(4)降低产品成本。

8.4.2 输入

产品并定义流程主要输入包括:研制要求、项目资源、研制主要里程碑、供应商资源。

1. 研制要求

研制要求是对产品设计需求的详细描述和策划,是产品并行定义各方共同应满足的设计结果,是作为产品并行定义的必要输入。研制要求中,应包含对产品各方面指标的描述,除了考虑预定的工作性能指标外,还应考虑适航规章、成本、维护等要求。

2. 项目资源

产品并行定义流程的实施依托于具体的产品研制过程,必须有组织机构完整的 IPT 团队支撑,IPT 成员来自产品设计、制造、质量、财务、客服等各个专业,各自的职责划分明确,能对各自的业务负责,承担产品研制的直接责任。

3. 研制主要里程碑

产品并行定义流程的节点应符合产品研制里程碑的要求,灵活调整协同的方式和阶段的交付物,使能匹配产品研制的节奏并且达到产品设计的质量目标。

4. 供应商资源

供应商的参与是保障产品联合定义成功实施的重要条件,应有明确的供应商资源来保障除设计之外的专业能够切实开展产品定义活动,确保各个环节和各个专业都能及时完成产品的定义和验证活动。

8.4.3 主要活动

产品并行定义流程的定义主要基于以下思路:

(1)产品并行定义分不同的阶段进行,在不同的阶段有着不同的设计目标,但可以认为每一个阶段抽象出来的过程是类似的,是一个从设计要求输入—组建团队—联合定义—输出设计结果的过程。上一个阶段设计的结果即为下一个设计阶段的完整设计要求,不同的阶段重复该过程,直至形成详细设计的结果;

(2)实现产品的并行定义,存在大量的任务协调和技术协调。任务协调是项目管理的工作内容之一,需要由项目经理来组织实现,开展严格的项目管理。技术协调的工作,由产品联合定义团队各专业通过各种层次的交流讨论确定,产生分歧时,由设计师系统讨论确定;

(3)对各阶段产品并行定义具体活动的约束,在于约束其交付物的具体内容和参与的角色及职责,其具体设计活动的开展由各联合定义团队根据项目实际情况进行确定,按需总结最佳实践;

(4)各阶段的交付物在阶段内形成相互配套的文件,认为是当前阶段定义产品状态的有效依据,定义产品不仅仅是描述其设计制造要求,还需要定义详细的制造、装配、试验等的实现方案,这些内容需要在联合定义团队内部协调统一,最终由设计专业组织完成审查,并由项目经理提交完成任务。

基于上述思路,定义的产品并行定义流程为一个循环的通用流程,各阶段执行时可根据阶段的目标进行具体定义,直至形成详细设计的结果。

产品并行定义通用流程如图 8.11 所示,各阶段目标的具体要求如下。

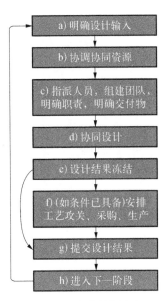

图 8.11　产品并行定义通用流程

a) 明确设计输入:由设计单位根据项目研制进展,发布开展下一阶段工作的指令,并明确设计输入。若前一阶段双方进行了设计制造协同,那么设计输入还包括前一阶段制造单位的交付物。

b) 协调协同资源:由项目经理/项目负责人提出协同需求,确定协同单位,就协同意向和协同工作通用要求达成致意见。

c) 指派人员,组建团队,明确职责,明确交付物:各协同单位指派参研人员参与设计制造协同,明确各协同对象的对接人,列出双方预期的交付物。此过程双方应就协同工作内容及交付物进行充分讨论达成一致意见,并以“协同任务表”为载体,通过工程协调单(ECM)的方式由双方确认并记录,作为后续工作开展的依据。

d) 协同设计:协同双方以交付物为目标开展设计制造协同,协同过程一般可分为无数据交互和有数据交互的两个阶段。

e) 设计结果冻结:协同各方对对方的交付物进行确认,确保双方交付物相互配套,且已满足双方要求。双方交互确认可以以联合评审或者交付物会签的方式进行,其中,

(1) 制造方对设计方的确认:确认设计方的交付及版本为制造方当前开展的工艺设计活动及交付物的输入,已闭环所有提出的意见,并具备实现条件;

(2) 设计方对制造方的确认:确认制造方已按照当前设计内容完成相关工艺设计活动,具备开展下一阶段工作的条件。

f) 安排工艺攻关、采购、生产:如已具备条件,制造单位可依据当前阶段冻结的结果开展制造活动,如安排关键工艺攻关、启动毛坯采购、工装夹具制造等。由制造单位根据与项目经理/负责人的协调结果按需开展。

g) 提交设计结果:将冻结的设计结果归档。并提交给各自方项目经理/负责人,关闭当前阶段协同任务。

h) 进入下一阶段:以前一阶段冻结的结果为输入,进入下一阶段的设计活动。

8.4.4　输出
参与产品并行定义的专业范围及其迭代阶段不同,其交付物也有所不同,一般

而言,每个联合研制的循环都应包括如下通用的输出来组织协同过程:

(1) 产品研制要求,定义当前阶段/层级产品的研制要求;

(2) 项目描述,描述项目目标、工作内容、输入及依据、主要交付物、交付物验收约束及控制要求;

(3) 里程碑定义,定义项目研制主要里程碑节点;

(4) 联合定义职能表,定义项目实施所需人员专业、数量、主要工作内容、职责;

(5) 职能代表名单,完成当前任务所指派的专业人员名单,包括姓名、专业、职称、专业;

(6) 工作指令,描述承接当前联合定义任务所对内提出的工作要求,包括资源提供、工作地点、任务量等内容;

(7) 项目任务工作包分解,分解项目任务,定义项目任务工作包的内容、交付物、交付物时间、验收标准;

(8) 联合定义工作计划,分解项目任务,定义项目任务工作包的内容、交付物、交付物时间、验收标准;

(9) 产品联合定义文档(广义),描述满足当前需求的产品设计、制造、验证的文档的集合,对于不同的研制阶段,交付物可能存在差别,以设计、制造联合定义产品为例,不同阶段的交付物如图 8.12 所示。

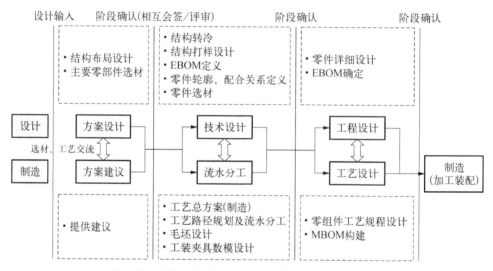

图 8.12   设计、制造联合定义各阶段产品定义文档示例

8.4.5   方法与工具

DBMOT 组织模型,是以设计专业为核心建立的包含设计、制造、维护维修、运行要求、试验全寿命周期专业技术和管理人员在内的重量级团队组织,对产品全权负责。

8.4.6 应用实践

研制过程中,最先实现的是设计和制造两个专业的联合定义。

协同设计过程一般可分为无数据交互和有数据交互的两个阶段。如图 8.13 所示,协同过程中,无数据交互过程主要为设计对象的初步定义和思路的交流,该过程双方依据各自的输入开展前期的设计活动和管理活动。设计方占主导地位,主要由设计方发起会议或者其他形式的讨论,协同方式主要以会议讨论为主。有数据交互过程指的是当设计对象到达一定成熟度之后,需要将设计结果传递到制造方,供制造方全面评估其可实现性,并基于设计结果开展工艺设计和制造准备活动,制造方占主导地位。此时,双方协同既包括会议讨论,也包括数据交互。

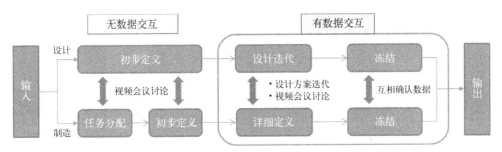

图 8.13 设计、制造联合定义过程

协同过程中,双方沟通问题应及时记录,可采用图样问题清单进行记录,如图 8.14 所示。

图 号	问题内容	提出时间	商发答复	答复时间	是否关闭
XXXP01	问题 1: XXXX	XX	答复 1: XXXX	XX	是
	问题 2: XXXX	XX	答复 2: XXX	XX	否
	问题 3: XXXXX	XX	答复 3: XXXX	XX	是
XXXP02	问题 1: XXXX	XX	答复 1: XXXX	XX	是
	问题 2: XXXX	XX	答复 2: XXX	XX	否
...	...	...	...	...	

图 8.14 图样问题清单示例

用途:记录和跟踪双方有关具体图样提出的书面问题和意见,作为后续开展工艺详细设计的依据;

方式:可以以 ECM 为载体进行传递,或者直接在供应商协同平台上传递,但最终关闭所有问题时,应在 ECM 上进行传递,作为存档的依据。图样问题清单由制造单位提出,并由设计方反馈并澄清问题;

内容:图样问题清单不是问题沟通的唯一途径,一般的疑问和咨询可通过其

他沟通方式完成,当需要记录问题以便追溯时,才需通过图样问题清单沟通,需要记录的问题包括但不限于以下几种情况:

(1) 问题较为复杂,无法通过口头描述清楚的,或口头交流后仍存在疑问的;

(2) 问题口头沟通后暂时无法得到满意答复,有待进一步讨论和验证的;

(3) 问题影响多个类似零件,有待多个设计人员统一处理方式的;

(4) 问题涉及修改图样中具体参数,需在下次图样更新时进行修改的。

其他说明:

(1) 当问题没有得到及时解决,或无法达成一致,应及时将问题上升,提交项目经理或者负责人进行协调;

(2) 同一协同项目中提出的问题应记录在同一张表中,方便统一跟踪,同一个问题如未关闭,可提出补充问题,并持续跟踪直至关闭;

(3) 图样问题清单由双方项目负责人集中填写和反馈。

第9章
中国航发商发系统工程的创新实践

9.1 两透两控两对接一协同

9.1.1 吃透需求

吃透需求,就是要准确识别客户的需要、精准设计预期的产品。航空发动机研制需求的确认不是简单的拍脑袋的结果,其确立过程是一个需求工程,要做到:需求捕获完整、场景分析全面、功能定义准确、层层分配合理、确认验证到位。

需求捕获完整的内涵是:准确识别利益攸关方,深入了解利益攸关方需要,结合项目特点与限制因素分析利益攸关方的需要,建立项目需求集;按照"覆盖产品全寿命周期"和"需求层级化"两个维度梳理细化,确保需求捕获完整可追溯,最终实现需求信息架构化。

场景分析全面的内涵是:全面准确地识别与发动机及其功能相关的各个场景,正确分析其在各种场景中的行为活动及外部交互关系,开展基于场景分析的需求捕获,保证充分完整地定义各场景下的发动机功能性需求和接口。

功能定义准确的内涵是:功能是基于一系列已定义需求(不考虑实现方法)的产品的所期望的行为,必须通过建模等手段全面分析各类场景下系统/子系统功能的行为逻辑,进而捕获功能性需求和功能性接口,并保证功能来源的可溯源性、功能表达与描述的准确性以及各方理解的无歧义性。

层层分配合理的内涵是:将功能/需求从高层级分配到低层级,并确保分配合理,以保证下游专业按要求设计出"正确的东西"。分配手段一般包括初始分配、上下握手、问题协调、确定分配,这是一个反复协调、迭代演进的过程,需及时澄清疑问,避免信息传递失真。

确认验证到位的内涵是:通过需求确认以确保所定义的需求满足"SMART"原则[具体的(specific),可度量的(measurable),可实现的(achievable),现实的(realistic),可追溯的(traceable)]要求并且是完整的;通过需求验证表明每一层级的产品实现都满足对应层级需求及预期功能,以反映对于客户的承诺兑现结果。

9.1.2　吃透技术

吃透技术的核心是通过正向、逆向双向吃透,做到理论依据正确、研制路径可行、环境分析全面、试验验证充分,保障研制风险可控。

正向吃透要以"一图三单三略一平台"为核心,建立并完善基线,并做实研讨、评审与更新机制,实现产品实施路径与技术实现路径规划"上下、左右、长中短期、内外部对齐"。

逆向吃透要以"一对标三多"为核心,全面对标目标机型,多总结提炼,多复核复算,多试验验证,充分利用基于系统工程的"双五归零""双想"两大认识论,将思索问题、挖掘问题和解决问题贯穿研发过程始终。

9.1.3　严控构型

构型控制的目的在于实现"发动机状态清晰、受控、可追溯",其活动主要包括策划、标识、更改控制、纪实、审核五大过程,要做到:覆盖生命周期、管理规则统一、构型基线明确、纪实记录完备、更改落实到位。

覆盖生命周期的内涵是:在产品全生命周期和全产业链环节,控制构型是一切管控活动实施的基础,变化不仅要在一点受控,还要在全生命周期受控;变化不仅要在实物上受控,还要在文档资料软件中受控。

管理规则统一的内涵是:建立统一、简单、有效的控制方式和方法,按照有利于组织生产、有利于验证批准,有利于交付、有利于维修、遵循手册及服务文件等原则,持续优化演进。

构型基线明确的内涵是:有效管控的基础是建立"高质量"的构型基线,要吃透需求、吃透技术、规范作业,通过做实构型评审以提升构型基线的成熟度。

纪实记录完备的内涵是:从基线开始,到识别偏离,再到对偏离进行控制,整个过程都应该被记录和报告,保障发动机始终能够文文相符和文实相符。

更改落实到位的内涵是:更改的提出、协调、分析、评估和批准后的实施和验证均需要通过 IPT 团队完成,团队的构型管理经理进行管控,并向项目经理报告。CCT、CCB 和 CMB 负责更改的决策。CCO 和 CMO 负责对整机状态进行控制。

9.1.4　严控评审

严控评审的目的是对产品研发各阶段成果进行第三方审查,克服研发人员知识和经验局限性、主观片面性,查漏补缺,识别潜在问题,加速方案成熟,促进研发质量加快改进。严控评审,必须做到:策划计划清晰、事项清单完备、技术评审赋能、商务评审把关、评审归零到位、固化流程规范、举一反三完善。

策划计划清晰的内涵是:系统规划项目评审全景图,梳理出各个级别评审的计划,并逐渐进行细化和更新,计划的制定要反映各级别评审之间的关系以及预留评审行动项的整改时间。

事项清单完备的内涵是：基于研发结构,建立完备的阶段门评审工作流程和检查清单,归集研发活动每一阶段的标准活动,并为验证其匹配性奠定基础。

技术评审赋能的内涵是：为了确保产品需求捕获完整,产品概念、总体方案、系统设计和各子系统设计、部件和组件制造、最终服务能够满足客户需求,引入各方面专家并充分利用其专业经验为研发团队提供支持。

商务评审把关的内涵是：为了确保产品开发市场目标的实现,通过设立适当合理的商务评审点以保证经营层在开发过程中关键节点的准确介入与把控,已决定项目走向与资源投入方向。

评审归零到位的内涵是：必须对所有评审产生的行动项进行分级管理,行动项归零情况必须得到之前评审官和相应层级项目负责人的一致同意,未解决的行动项必须在所有后续评审中被确认。

固化流程规范的内涵是：将复杂系统研发过程通过流程规范进行结构化,按照基于阶段门控制的评审点设置,明确固化各类评审的目标、通过准则、人员等要素。

举一反三完善的内涵是：必须强调评审结果的应用要实现标本兼治,最后必须归结到全面复查、完善流程、改进过程,以及用以启发借鉴解决新问题上面来,沉淀知识经验。

9.1.5 项目对接体系建设、保障条件建设

项目团队必须与研发体系、与研制保障条件的提供者建立紧密对接机制。

项目要对接研发体系,提升持续作战能力。一方面,项目团队成员要强化通过项目建体系的意识,在做规划时就要同筹划、同安排,同时还要及时做好研发经验沉淀,及时利用试验验证结果完善改进体系中的流程方法工具;另一方面,体系建设人员要全面参与项目,及时感知项目技术痛点与最佳实践,从体系架构角度及时适应项目需求。

9.1.6 协同研制项目矩阵管理模式

强矩阵下的跨部门流程与跨部门 IPT 团队运作,必须坚持资源线主建(建体系,向 IPD 流程提供专业能力;带队伍,组织建设,绩效结果;搭平台,产品技术开发与技术平台)、项目线主战(产品决策;资源承诺与绩效否决权;确保产品市场成功;制定技术战略;制定业务计划;技术路标规划;产品路标规划;制定产品项目任务书)的方式,按照以下 4 点原则推动职能与组织模式转变[34]：

纵向授权转变为横向和纵向授权并重。增加横向授权,由横向责任人及 IPT

经理对产品和项目的最终表现承担责任,职能部门提供资源。决策层的任务则是制定战略规划,管理协调好纵向和横向两条线的运作,根据战略目标需求调整两条线的轻重缓急。

人力资源配置向横向倾斜,尤其是强矩阵建设初期。仅仅给横向放权和授权是不够的,还必须给横向配备合格的人力资源,选优配强 IPT 经理队伍,通过承担责任和风险帮助其快速成长,否则难以"打通"各个纵向部门。

横向和纵向都要基于计划开展工作,而不是行政命令。横向和纵向的冲突表现出来的往往是资源冲突,横向没有实现提出正式要求,纵向部门没有做好充分准备。要解决这个问题,横向项目团队要做实产品战略和项目计划,纵向部门内部的长中短期规划要围绕产品战略和规划进行,避免"临时抱佛脚"。

纵向职能部门必须转变工作方式。在横向的技术开发、产品开发、项目管理等端到端流程没有正式实现之前,纵向职能部门在完成职能工作的同时,往往还承担了流程中不少责任,职能部长也必须主动担责,积极组织参与,成为项目的有机组成部分。

9.2 "一图三单三略一平台"

商发公司以"一图三单三略一平台"为抓手,全面规范项目管理和技术管理,使之成为研发队伍中人人熟知、人人掌握、人人运用的集成研发方法论,全面提升研发组织管理规范化水平。

产品研制路线图,是根据公司发展战略目标,对公司产品系列化、谱系化发展战略进行全面评价分析后形成的研制地图。该图一是要反映公司全部拟发展的产品目录,二是要反映这些产品系列之间以及同系列产品之间的发展顺序、衍生关系,从而全面反映公司产品系列化发展的实施过程。

关键技术清单,是按照产品需求导向,利用知识产权分析工具,开展技术图谱、攻关路线图分类整合以支撑产品研制规划,加强成熟度管理,保证基础技术优先吃透、核心技术重点吃透、前沿技术按需吃透。

关键瓶颈清单,是通过全面梳理设计、加工装配、试验、服务资源及体系能力与需求,合理配置资源投入力度,补全短板缺项。

关键环节清单,是通过全面梳理技术、管理关键环节,拉通、理清影响项目成败的关键路径,强化关键路径上资源配置密度,防控重大风险。

产品取证策略,是通过与适航局方一道制定适航取证规划、审定基础与审定计划,全面实施取证活动,提升适航能力,不断完善适航管理,深化与局方、客户互动机制,切实履行对公众承诺,实现产品取证入市。

产品实现策略,是通过系统梳理产品卖点与竞争优势,为客户提供创造价值的解决方案,赢得市场口碑,塑造产品与企业品牌,逐步实现市场成功。

产品经营策略,是通过实施产品成本工程,积累成本数据,构建产品目标成本与商业模型,保障产品未来盈利能力,尽早实现盈亏平衡,最终实现项目收益,最终实现产品商业成功。

构建支撑产品系列发展的技术平台,强调基于客户细分市场的共同需求开发,强调利用以前的成果开发,充分识别不同系列产品核心技术、关键技术的共用部分并集中组织突破,做到平台技术在同一产品系列和不同产品系列之间共享,实现模块化或平台化开发。

9.3 精益系统工程方法

精益系统工程是将精益的思想应用到系统工程,旨在以最小的浪费实现技术复杂系统的开发,并努力提升其交付价值,尽可能地为利益攸关方提供最大价值。2009 年,INCOSE 精益系统工程工作组发布了产品"系统工程精益使能工具"(LEfSE)的 V1.0 版本。该产品基于精益思想收集了近 200 项系统工程的实践和建议,这些实践涵盖了大范围的系统工程和与之相关的企业管理活动,关注如何在减少浪费、项目延期、成本超支和失败经历的同时,提高项目的价值和利益攸关方的满意度。虽然 LEfSE 在工业领域尚未广泛应用,但因其具体且全面,被认为是决定项目成功的重要因素。如图 9.1 所示,LEfSE 中的子使能项,概括起来可以归为六个精益原则,分别为:价值、价值流、流动、拉动、完美和对人的尊重。

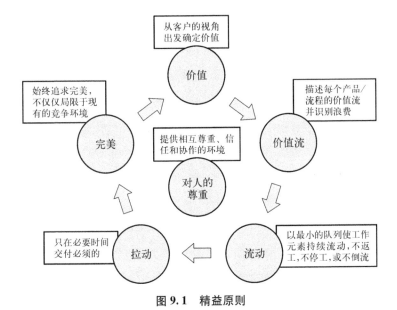

图 9.1 精益原则

9.3.1 六个精益原则

1. 价值原则

价值原则强调,子使能项要以完全透明的方式在计划早期促成一个为客户建立最终产品或系统价值的鲁棒流程。该流程应聚焦客户,使客户频繁参与并相应地使员工协调一致。

2. 价值流原则

价值流原则强调预防浪费的措施、后续有效工作流中充分的人员和流程准备、利益攸关方(如客户、承包商、供应商和员工)间的良好运作关系、详细的方案计划、增加前置调整,以及采用超前指示标志和质量度量。

在消除浪费后,应准备并计划所有端到端连接的行动和流程,以满足流线型价值实现的需求。

3. 流动原则

促进高品质工作的持续流动和一次做对的产品和流程;建立稳定的能力而不是危机中的英雄行为;实现卓越的沟通和协调;强调并行性;需求定义清晰;计划进度公开透明。

4. 拉动原则

防止返工和过度生产所造成的浪费。促进基于客户的需求(包括拒绝被视为浪费的其他需求)来拉动任务和输出,并在开始工作前就更好地协调处理各项事务的员工交接之间的关系,促使结果一次做对。

5. 完美原则

促进系统工程和组织流程的卓越。将从先前计划中汲取的经验教训财富用于当前计划中,发展人员与流程之间完美的协同策略,以及通过标准化和持续改进消除浪费。

6. "对人的尊重"原则

促进信任、开放、真诚、尊重、授权、合作、团队工作、协同、良好沟通和协调的企业文化,并促使人员追求卓越。

将精益思想应用于系统工程和项目计划时,可以使用精益原则评估项目计划、工程流程和组织行为。考虑客户如何定义产品和流程中的价值,然后描述创造产品和流程的价值流,通过价值流优化流动和消除浪费,鼓励价值流中的拉动并努力追求价值流的完美,以达到最大化客户价值的目的。这些活动都应在尊重客户、尊重利益攸关方和尊重项目团队成员的基础上实施。

9.3.2 精益研发三维架构

精益研发以系统工程学倡导的霍尔三维框架为理论基础,形成了精益研发三维框架。三个维度分别是时间维、逻辑维和知识维。

1. 时间维

描述产品或系统研发的进程。随着时间的推移,研发阶段逐步推进,系统的成熟度逐渐提升,直到完成产品研发。

2. 逻辑维

描述产品开发的思考逻辑、开发方法和实施步骤,包含需求定义、功能分解、系统综合、物理设计、工艺设计、产品试制、部件验证、系统集成、系统验证、系统确认十个步骤。这十个步骤构成一个"V"字形,前五个步骤称为"系统设计",后五个步骤称为"产品实现"。

3. 知识维

在产品研发流程的各个阶段和各个步骤,都会有以往知识的使用和新知识的产生。这构成了第三个维度——知识维,主要管理企业在产品研发中的研究和积累,在企业称为"能力建设"。

以上三个维度中,时间维是质量视角,逻辑维是设计视角,知识维是知识视角,所以,精益研发把设计、知识和质量作为其核心的子体系。

9.3.3　精益研发的核心子体系

精益研发体系包含四个核心子体系:研发流程、综合设计、知识工程和过程质量管理。这些核心子体系可以帮助企业实现研发模式转型,建立正向设计能力。

首先,根据研发流程,将型号研制任务要求分解成可实现的 WBS;其次,通过综合设计进行工作包执行、任务执行、设计分析等多层次业务过程;在此过程中,通过知识工程,提供任务执行所需的知识,过程中通过质量控制,实现对关键阶段和关键活动的监督与控制。

1. 研发流程体系

商发公司在成立之初,就十分重视产品研发体系的建设,主张通过建立结构化的研发流程体系实现对研发活动的规范化管理。通过研发流程体系提供的项目管理、科研策划、任务管理、过程监控等能力,提升研发过程的规范化和标准化程度。从项目策划到任务下发、从具体任务的详细策划到任务的协同执行,实现对项目全局的掌握和把控。

商发公司的研发体系主要包含五层,分别是价值链层、研发流程层、工作流层、工具流层和技术流层。其中,价值链层和研发流程层构成了管理层,对应系统工程的技术管理流程,属于刚性流程,产品类型决定了流程的形态,不随组织的变化而变化。工作流层、工具流层、技术流层三层共同构成了技术实现层,对应系统工程的技术开发流程,属于柔性流程,随着组织、人员和工具的变化而变化。刚性流程主要用来对部门和专业间的刚性流程进行固化与管控,柔性流程主要提高人与人之间的协同效率。

根据研发流程,会形成颗粒度不同的工作任务(WBS)。项目管理者根据WBS,添加每个研发任务的人、财、物、时间等信息,形成项目计划,并根据项目计划对型号研发过程中的工作任务进行监督与控制。

未来,商发公司针对每个工作任务,除了包含常规输入输出、约束和资源之外,还会在以下三方面进行完善:一是增加伴随知识;二是增加质量要求;三是增加工具集成。即将完成该工作所需要的知识关联到工作项上,并明确完成该工作项的质量要求及过程控制要求,另外,也将把完成该工作所要求或推荐的设计与仿真工具关联到工作项中。

2. 综合设计体系

综合设计体系包含 V 模型左半边的设计过程,以及对这些设计的仿真、试验验证,是由战略、人、技术、流程和平台等众多相互联系的要素组成的复杂整体。

商发公司的设计研发体系以"正向设计驱动产品创新"为指导战略。在技术方面,重点建设围绕正向设计的指导书、工具、方法和软硬件等。在流程方面,重点开发面向正向设计的工作流程、规范和标准等。在人才与组织方面,不断完善适配于正向设计特点的组织体系、任职资格体系、考核激励和人员培养体系。

基于模型的系统工程(MBSE)是现代系统工程发展的新方法,有助于系统设计过程高效率和高质量地完成。商发公司应用当前的信息化技术,加强仿真能力的建设,利用仿真的手段对设计方案进行验证,加速设计的迭代过程。同时围绕需求开发、功能分析、系统设计和物理实现等四个阶段,策划了仿真能力建设的方案,把仿真手段作为提升研发效率与研发质量的助推器。

3. 知识工程体系

根据精益研发的三维模型,知识是精益研发体系的重要维度。商发公司的知识工程体系的着眼点在于产品研发能力和质量的提升,其功能可以归结为知识的"采、存、管、用"。通过知识工程,向上支撑研发流程,让知识伴随着研发流程的工作包,将知识融入流程;向下沉淀设计过程中的知识,将知识融入设计。

未来将根据知识的类别,选择合适的工具进行数字化建模,实现知识的自动化推送,并与数字化流程的工作包相关联。在研发人员打开工作包时,知识将自动被推送给研发人员。

通过知识工程促进产品设计中的知识沉淀、继承和复用,为产品正向设计和创新提供需要的智力支持,降低产品创新的难度,提高企业整体的创新能力。

4. 过程质量体系

现代质量管理理论认为,质量是设计出来的,研发质量是产品质量的基因。相关调查显示,装配时发生的问题只占所有缺陷的10%,有85%的重大缺陷是由于设计不当造成的。设计质量的重点关注对象是过程质量,在设计阶段,提升质量的重要方法是强化过程。

精益研发的流程模型给出了研发业务的运行模式,理想情况是研发工作能按照此流程展开。但是流程是由人来执行的,工作执行总会存在偏差。可以用戴明环 PDCA(计划—执行—检核—行动)来控制过程质量。

如图 9.2 所示,在分解精益研发工作包时,提出把质量、知识和工具关联到工作包中,以提升工作包的执行效率和完成质量。把质量要求落实到工作包的时候,梳理关键工作包的质量支撑资源、控制目标和自我检核项,才能对关键工作包的交付质量进行定义、监控和评估,如此才能保证质量是设计出来的。

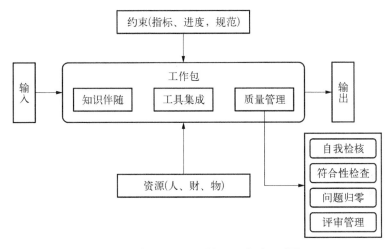

图 9.2　在工作包级别控制研发过程质量

9.4　敏捷系统工程方法

敏捷系统工程最早始于敏捷软件工程,后来这些方法论逐渐被在非软件工程领域进行研究和尝试。

在新经济时代,通过规模经济获得的低成本与规模效益,难以保证企业获得更大利润和市场竞争优势,但速度经济可以给企业带来速度优势,可以保证企业“因迅速满足顾客的各种需求,从而带来更多利润”。速度经济的本质是经济、快速地满足顾客需求,其核心思想是以科学管理技术与现代信息技术为手段,保证并提升企业的运行速度。对民机市场而言,随着市场不确定性的提升和竞争的加剧,企业的竞争除了价格和质量外,速度也是关键的因素之一。快速响应市场与客户需求的变化才可能抢先占领市场,只有速度领先的企业才能抓住机遇。

速度领先涉及研发速度、制造速度和物流速度三个方面。敏捷研发决定了产品研发速度,敏捷制造决定了产品制造速度,敏捷供应链决定了产品物流速度,三者共同决定了新产品的上市速度,也就决定了企业的整体速度优势。

9.4.1　敏捷研发

敏捷研发与传统研发相比,在组织、人员、技术、成果及管理等方面都呈现出了较大的差异性。这种差异性使得敏捷研发具有传统研发所不具备的特征,主要表现为敏捷性、集成性、知识性、信息化、模块化和互信化这6个方面[35]。

(1) 敏捷性特征。敏捷性是敏捷研发的根本特征。与传统研发相比,敏捷研发是一种全要素、全过程、全方位都具有敏捷性的范式。全要素敏捷性是指敏捷研发中的每一个参与组织与人员、所采用的研发工具与技术都是敏捷的;全过程敏捷性是强调研发的每阶段或子过程均具有敏捷性;全方位敏捷性是指研发要素、过程、成果及管理方法均具有敏捷性。成果的敏捷性主要体现在成果的可模块化、可重用性等方面。管理方法的敏捷性是强调与敏捷研发相适应的管理手段与工具。

(2) 集成性特征。集成性是敏捷研发系统的构成特征。系统是由相互作用、相互影响的要素所构成的有机体。敏捷研发作为一个系统,综合集成了企业内外敏捷研发组织、敏捷研发人员、敏捷研发技术、敏捷管理方法等要素,是一个多要素综合集成的复杂有机体。

(3) 知识性特征。知识性是敏捷研发的核心特征。研发活动本来就是一种基于知识开展的创新活动,知识贯穿于研发活动的投入、转化、产出全阶段。敏捷研发强调研发人员是知识工作者,研发人员运用所拥有的知识进行创造性工作;强调知识管理是敏捷研发的核心,强大的知识管理能力是敏捷研发成功的关键。

(4) 信息化特征。信息化特征是敏捷研发的实现特征。敏捷研发的实现离不开信息技术的支持。正是通过互联网、企业局域网以及其他先进信息技术,才能将企业内外资源进行综合集成,形成一个有机的研发系统。信息技术不仅为企业研发系统提供了良好的信息管理与知识管理平台,还为企业研发系统搭建了顺畅的沟通渠道。从某种意义上讲,敏捷研发系统是一个基于网络化信息平台的企业内外资源集成系统。

(5) 模块化特征。模块化特征是敏捷研发的表现特征。敏捷研发系统的基本构成要素及系统成果都具有模块化的特点。基本构成要素的模块化是实现敏捷研发系统可重构性、可扩充性和可重用性的必要保证;系统成果的模块化则是实现敏捷研发系统可重构性、可扩充性和可重用性的前提条件。

(6) 互信化特征。互信化是敏捷研发的环境特征。互信化是指在敏捷研发系统内形成的各组织之间、组织与个人之间以及个人之间相互信任的氛围与文化。

在敏捷研发系统中,尽管存在利益分歧,但由于相互依赖性,使得合作研究成为敏捷研发活动中博弈主旋律。信任是敏捷研发中达成合作博弈的基础。基于信任的合作,不仅增加了组织各方利益,还从整体上提升了研发效益,实现"多赢"。

提升研发速度是企业获得先动者优势的重要途径。敏捷研发速度取决于敏捷研发系统自身,与其构成要素及其结构有直接关系。因此,敏捷研发速度的形成主要有 4 个来源:① 网络化的企业信息平台;② 数字化的产品开发平台;③ 敏捷化的产品研发组织;④ 敏捷化的知识型员工。

(1) 网络化的企业信息平台。新经济时代也是网络经济时代,信息技术起着至关重要的作用。先进的信息与互联网技术,为企业建立网络化的信息平台创造了技术条件。目前许多国际化大公司建立了覆盖全球的企业信息网络系统,对遍布全球的子公司进行数据的实时传送和信息共享,使公司的所有经营行为都处于受控状态。这使得企业各部门能及时得知市场信息,通过及时捕捉、综合分析有价值的市场资料,辅助企业做出相关预测与决策。网络化企业信息平台,为企业快速探测市场消费需求提供了有效途径,从而使企业能便捷地满足全球客户的各种需求。在某种程度上,企业信息网络化是企业速度经济的前提条件和必然要求。

(2) 数字化的产品开发平台。数字化的产品开发平台将各种产品开发系统与产品数据进行集成,在并行工程指导下,使研发各组织各成员从产品设计阶段起就能协同工作,从而提高产品设计质量、降低开发成本、缩短开发周期。商发数字化产品开发系统是敏捷研发系统的子系统之一,不仅可以集成 CAD/CAE/CAM 等先进的辅助产品开发软件,还可以集成产品数据管理 PDM、企业研发知识库系统 KMS 等产品开发辅助系统。作为所有产品知识的唯一数据源,正确使用 PDM 可节约设计过程所投入的人力物力,降低成本;KMS 则将知识管理与产品开发有机结合起来,减少了重复设计和犯重复性错误的可能,节省了研发时间与成本。这些产品开发与辅助系统极大地提高了生产率,在很大程度上满足了产品敏捷开发的速度要求。

(3) 敏捷化的产品研发组织。实施敏捷研发不单是先进设计技术的问题,更重要的是组织和观念的转变、运作模式和体系的建立。商发公司按照一定的组织原则,将企业内外部的优势资源进行优化配置,构建扁平化的产品研发组织,改变了传统串行的组织模式,跨功能职能团队能实现在设计的早期就充分考虑后端的制造、工艺的要求,实现过程的集成、知识的集成,从而减少了设计迭代的次数。

(4) 敏捷化的知识型员工。敏捷研发是一项高智力、知识密集型活动,对员工素质有很高要求。敏捷化的知识型员工是企业实施敏捷研发的最佳选择,这类员工具有较高的技术技能和创造力,掌握各种现代产品设计理论和方法,能熟练使用先进的开发工具和软件,具有多面型和高度自主性与灵活性。商发公司发挥敏捷化的知识型员工的能动性,在敏捷研发组织中形成一种学习型、创新型的组织文化氛围,同时持续不断地进行技术培训和再教育,保持和提高敏捷化知识型员工能力。

9.4.2 敏捷制造

一般认为,先进制造生产模式有柔性生产、智能制造、精益生产、并行制造和敏捷制造等几种。敏捷制造的三大要素是集成、快速和具有高素质的员工。虽然尚无敏捷制造的权威定义,但在以下几个方面取得了共识:

(1) 敏捷制造是一种组织模式和战略计划,是一种制造系统工程方法和现代制造模式;

(2) 敏捷制造思想的出发点是基于对未来产品和市场发展的分析,认为未来产品市场总的发展趋势是多元化和个体化,因此对制造技术的要求应尽可能做到产品成本及产品类型与产品数量无关;

(3) 强调高素质的员工,就要造就一支高度灵活、训练有素、能力强且具有高度责任感的员工队伍,并充分发挥其作用;

(4) 敏捷制造的实现需要多个相关企业的协同工作,最终目标是使企业能在无法预测、持续变化的市场环境中保持并不断提高其竞争能力;

(5) 敏捷制造通过动态联盟或称虚拟企业(virtual organization)来实现;

(6) 实现敏捷制造的手段和工具之一是虚拟制造(virtual manufacturing),指在计算机上完成该产品从概念设计到最终实现的整个过程。

1. 虚拟企业(也叫动态联盟)

竞争环境快速变化,要求企业做出快速反应。而航空发动机是极其复杂的系统,一个企业已不可能快速、经济地独立开发和制造。因此,商发公司按照"两头在外、中间在内、核心在手"的经营理念,根据任务要求,充分考虑内、外部可利用的资源,并对研发资源进行最优配置,构建动态的技术联盟,缩短产品研制的周期、降低研制成本。

2. 虚拟制造(也称虚拟产品开发)

虚拟制造综合运用仿真、建模、虚拟现实等技术,提供三维可视交互的环境,对从产品概念产生、设计到制造全过程进行模拟实现,以期在真实制造之前,预估产品的功能及可制造性,获取产品的实现方法,从而缩短产品研制周期,降低产品开发与验证成本。目前,商发公司开展了虚拟制造的试点工作,由从事产品设计、分析、仿真、制造和支持等方面的人员组成"虚拟"产品设计小组,通过网络合作并行工作;用数字形式"虚拟"地创造产品,即在计算机上建立产品数字模型,并在计算机上对这一模型产生的形式、配合和功能进行评审、修改,减少设计的迭代,提高了研发效率。

可以说,以上两项方法和技术是敏捷制造区别于其他生产方式的显著特征。但敏捷制造的精髓在于提高企业的应变能力,所以对于一个具体的应用,并不是说必须具备这两方面内容才算实施敏捷制造,而应理解成通过各种途径提高企业响应能力的活动、措施都是在向敏捷制造前进。

3. 敏捷供应链

敏捷供应链是指在竞争、合作、动态的市场环境中,由若干供应商(供方)、客户(需方)等(自主)实体围绕主导企业构成的快速响应市场环境变化的动态供需网络。供应链的敏捷性包含产品开发柔性、采购柔性、制造柔性和后勤柔性四个因素。除了供应链的基本特征外,敏捷供应链还具有自身独有的特征:市场敏感性,组织虚拟性,过程集成性,以及可重构、可重用、可扩充性。

根据敏捷供应链的定义,可以看出,敏捷供应链是在传统供应链的基础上融入了动态联盟的思想,将供应链的范围拓展到全球,强调供销环节的信息化和自动化,对供应商和销售商的需求信息给予充分重视,同时也更强调了主导企业的作用。敏捷供应链的设计充分考虑到动态联盟的动态特性。敏捷供应链可以根据动态联盟的形成和解体(企业重组)进行快速的重构和调整。敏捷供应链支持如下功能:

(1) 支持迅速结盟、结盟后动态联盟的优化运行和平稳解体;

(2) 支持动态联盟企业间敏捷供应链管理系统的功能;

(3) 结盟企业能根据敏捷化和动态联盟的要求方便地进行组织、管理和生产计划的调整;

(4) 可以集成其他的供应链系统和管理信息系统。

敏捷供应链的概念一方面否定传统供应链企业之间静态、僵化的结构,另一方面又强调包括供应商、制造商、销售商等企业在内的各结点企业结成一个直接面向市场和用户的联盟企业,它们应像一个企业内部的不同部门一样主动、默契地协调工作。因此,从某种意义上讲,敏捷供应链就是虚拟企业。

敏捷供应链强调的是多个企业围绕某种机遇,临时组建,共同完成某种任务,动态性是它的主要特点。商发公司通过供应链管理来促进企业之间的联合,建立合作伙伴关系,进而提高公司的敏捷性,同时商发公司也提出了供应链本身的敏捷性和可重构要求以适应动态联盟的需要。完整的敏捷供应链管理系统可以帮助商发公司及时掌握各个供应商的能力、进度等,全面掌握所有供应商的详细情况;合理布局并拓展供应商网络,保证供应链的稳健性与灵活性。后续还将进一步结合人才培养和知识集成的需要,把知识供应链引进到敏捷供应链的范围内,丰富其内涵,并使敏捷供应链系统从传统的供求关系信息化工具上升成为企业联盟共享资源、优化运行的使能器。

总的来说,商发敏捷系统工程的应用可以概括为以下内容:

(1)为系统工程(流程)提供一个敏捷的架构,使目标、需求、计划和资产的重构可预见;

(2)为系统工程(产品)提供一个敏捷的架构,使产品(系统)在开发和制造期间的变更可预见;

(3)更强有力地发挥密切参与的"产品所有者"(总系统工程师、客户或其他利益攸关方)的作用,使系统思想随着需求理解而为实时的决策提供依据;

(4)在不可预期和不确定的环境下,发挥柔性供应链的优势,及时响应客户、市场的需求。

9.5 基于功能的系统工程方法

9.5.1 概述

功能是为实现所需要结果而必须执行的特有的任务、行为或者活动。一项功能可通过设备(硬件)、软件、固件、设施、人员和程序数据构成的一个或多个系统元素来实现。

功能分析/分配将分析已识别的功能需求,检查识别和定义出的子功能是否能够完全满足上一层级的功能需求。根据已分配的功能、性能及其他限制需求,识别并定义需要由系统执行的每个功能;然后,每个功能分解成子功能,直到系统已经完全分解为基本的子功能,且每个最低层级子功能的需求能够完全、简单、唯一地定义。在整个过程中,外部接口、功能之间、功能与子功能之间的接口都需要完全定义。

功能需求应按照其逻辑序列进行设置,以保证较低层级的功能需求是较高层级需求的一部分,且将时序需求纳入考虑,每个功能输入、输出和接口的定义都应该可以从开始条件追溯到结束条件。功能分析/分配描述系统将要什么,而不是如何做。理想情况下,该流程只有在所有系统需求完全识别后才开始,也就是需求分析必须在该流程开始前完成。通常这是不可能的,功能架构随着系统需求的演进不断进一步定义。

功能分析/分配应迭代地进行:

(1)定义满足更高层级的功能需求所需的递降层级的功能,并定义功能需求的备选集。

(2)使用需求分析,定义任务和环境驱动的性能,并确定能够满足更高层级需求。

(3)向下细化性能需求和设计约束。

(4)使用设计综合,细化产品的定义和流程解决方案。

功能分析/分配的一些典型输入、输出如图 9.3 所示。

输入	功能需求
	性能需求
	计划决策需求
	规范和标准需求
	架构概念
	运行方案
	约束

输出	行为图
	背景环境图
	控制流图
	数据流图
	数据字典
	实体关系图
	功能流方块图（FFBD）
	模型
	仿真结果
	功能建模综合定义（IDEF）图

图 9.3　功能分析过程的输入、输出

功能分析/分配的产物可以根据流程的特定阶段和用于开发功能架构的特定技术而采取不同的格式,对上述关键输出说明如下所示。

（1）行为图——使用特定时序、并发性、条件、同步点、状态信息和性能的构想来描述特定的系统级激励响应行为。

（2）背景环境图——与特定级别系统分解相关的数据流的顶层图。该图描绘输入和输出,但不表明分解关系。

（3）控制流图——描述系统或软件程序运行所依照的所有可能序列集。控制流图有多种类型,包括方框图、流程图、输入-处理-输出图和状态转移图。

（4）数据流图——提供系统必须执行的每个行为的关联。充分识别行为指示器的所有输入、必须产生的所有输出连同必须接入的每个数据存储区。为了验证与背景环境图或更高层数据流图的一致性,还必须对每个数据流图进行检查。

（5）数据字典——提供数据流、数据元素和文件等标准系列定义的文件,用于帮助各开发组织之间的沟通。

（6）实体关系图——描述一系列实体（如功能或架构元素）及实体之间的逻辑

关系。

（7）功能流方块图（FFBD）——关联输入与输出，提供对系统功能流之间的深入理解。

（8）模型——系统相关特性的抽象，用以理解、沟通、设计和评价（包括仿真）系统的手段。在系统构建前以及正在验证或使用时，使用这些模型。架构设计期间使用建模、仿真可以大幅度降低已完成系统的失效风险。

（9）仿真结果——当提供一系列约束和输入时，仿真可以像它模拟的系统一样运行，形成相应输出。

（10）功能建模综合定义（IDEF）图——通过按顺序的输入输出流表示功能之间关系的流程控制图。流程控制线进入每个功能的顶部，进入底部的线表明功能所需的支持机制。

上述各种不同的输出都描述了系统的功能架构，没有优劣之分。在很多情况下，为理解功能架构和系统架构在后续综合中的固有风险，多种输出工具非常必要。多种形式可以允许分析流程之间的"检查和平衡"，并且有助于系统设计团队之间的沟通。

可用于执行功能分析/分配的工具包括：

（1）分析工具；

（2）建模和仿真工具；

（3）原型工具；

（4）需求可追溯性工具。

用于衡量功能分析/分配流程和产物的指标包括：

（1）已完成的分配与分配有关的权衡研究的数量占已识别的权衡研究的百分比；

（2）已完成分析所占的百分比；

（3）无需求分配的功能的数量；

（4）未分解的功能的数量；

（5）备选分解的数量；

（6）未进行完全定义的内部和外部接口的数量；

（7）功能层级结构的深度与目标深度的百分比；

（8）已分配在功能层级结构的最低层级上的性能需求百分比。

9.5.2　详细阐述

1. 将每个功能分解到更低层级的功能

一个功能由许多系统或子系统元素完成，即设备、软件、设施或人员。系统的逐步分解可以看作是解决问题的自上而下的方法。可以按照逻辑分组、时间排序、数据流、控制流、状态转移或其他准则进行功能标识和分解。

功能分解活动的目标在于开发满足所有系统功能需求的 FFBD 层级结构。要注意的是,层级结构只是功能架构的一部分。所有性能需求和限制需求都合理地分解和分配给各层级的元素后,架构才完成。

对于最初迭代的功能分析/分配,在需求分析期间已经识别基线需求和运行概念。首先,随着基线需求映射到系统级,通过对基线需求的全部集合进行评价,来确定顶层系统功能。要牢记高聚合、松耦合的功能设计准则。迭代的结果是当一系列顶层功能一起进行恰当分组后,能够提供系统级设计中每个元素所需的能力;每个顶层功能基于其相关需求进一步分解细化为更低层级的功能。

各层级中对每个功能的描述应包含:

(1) 网络上的位置(如 FFBD 或 IDEF0/1 图),用于表现与该层级上其他功能的相互关系特征;

(2) 分配给它的一系列功能需求,包含其内容定义;

(3) 内部和外部的输入和输出。

此外,在进行功能分析/分配的过程中,建立功能分解完成(或停止)准则是很重要的。通常,分解进行到功能需求在硬件、软件和/或人工运行方面清晰、可实现为止。如果没有建立相关停止准则,在某些情况下,工程师会继续进行不必要的工作,直到经费耗尽。但在建立停止准则时,要牢记推动更详细分解的目的在于降低方案风险。因此,在某点,当渐进风险的成本低于进一步分解工作的成本时,就可以选择停止分解了。停止准则在每个项目上都是不同的,不存在通用标准,因此需要富有经验的项目经理和系统工程师在流程早期就建立自己的停止准则,并确保经常对分解工作的效果进行评审。

2. 分配性能和其他限制需求

需求分配是系统级需求的进一步分解,直到达到特定的层级,使得硬件或软件程序能够实现所需功能/性能需求。需求分配是最初功能识别的逻辑拓展,是任何功能分析工作的重要组成部分。本步骤的目的在于将每个性能或限制需求分配给 FFBD 层级结构中下一层级的功能或子功能。

有些功能需求可以直接进行分配,过程中可能会用到支持性分析和仿真。例如,将可用性目标分配给 CI 就要用到额外的分析。这些目标是以可维护性和可靠性需求来表示的,但分配的过程中却要用到具体的参数,因此要结合计算机分析和/或仿真来确定其对系统可用性的影响。

若需求无法作为一个单独的实体进行分配,则必须进行需求分解并分配导出需求。通常该步骤需要综合预测系统架构的结果,在某些情况下,还要将分解性能和限制的需求延迟,直到功能层级结构的多个阶段已经开发完成。

设计约束将识别对系统、接口及其运行和物理环境的固有限制,这些固有限制包括功率、重量、推进剂、数据吞吐率、内存及其他资源。为确保任务成功且在启动详细设计前所有约束已经被设计者识别,必须恰当地管理这些资源,这样可以避免因未发现的约束导致的重新设计。约束的发现和管理需要所有 SE 工作组参与,主要是工程专业的工作组,如可靠性、可维护性、可生产性、人体工程学、电磁干扰/电磁兼容性、系统安全性、耐久性、保障性、保密性和 LCC/面向成本的设计。

开发衍生系统时,设计约束尤其重要,要先明确:哪些元素一定不能改动? 可以增加什么? 可以更改什么? 开发衍生系统时的关键原则是系统需求必须作为一个整体来实现,且完全符合施加的各项约束。

性能及其他限制需求涉及的活动:

(1) 从 SOW 识别方案中设置的所有设计约束,尤其是一致性文件中的设计约束;

(2) 识别用于定义约束的工作组,并将这些工作组纳入 SE 中;

(3) 分析适当的标准和经验总结,以导出硬件和软件 CI 中应当设置的需求;

(4) 剪裁遵从性文件,以适配整体方案需求;

(5) 识别分配给设计的成本目标;

(6) 定义系统接口,识别或解决其施加的约束;

(7) 识别必须使用的 COTS 或 NDI 及其施加的约束;

(8) 在规范中将所有衍生需求文件化,并确保这些衍生需求细化到 CI 最底层;

(9) 确保所有相关文件(如运行程序)遵守适当的约束;

(10) 以文件化的约束为标准,随着设计演化进行一系列的设计评审,确保一致性。

3. 评价并选择备选功能分解

并不是所有功能分解都具有相同的价值,因此需要考虑每个层级上的备选分解并选择最有前景的一个。由于实际情况中存在系统设计约束、目标成本或 COTS/NDI 元素,理想状态是,产生能够在权衡研究中进行比较的多个备选功能架构,以便根据约束挑选一个最能有效满足目标的架构。

由于存在各种不同的用于评价备选分解价值的指标,该活动需要坚实的工程判断。功能之间的相互连接程度可以作为一种度量,软件密集型系统的方法也可以使用,如高聚合性和松耦合性。

4. 定义/细化功能接口(内部和外部)

每个功能都存在输入和输出,这一步骤的目的在于识别 FFBD 中每个功能或子功能所需输入的位置及发送输出的位置,并将其文件化。因此,必须全面识别和定义所有内部和外部接口以及经过每个接口的流的本质。

N^2 图是识别、定义、列表、设计、分析和文件化系统功能接口的有效方法。它是一个可视化矩阵,需要用户在一个严格的双向固定的框架内产生所有系统接口的完整定义。其中,系统功能在图表的对角线上,矩阵中的其余方块表示接口的输入和输出。功能之间的接口以顺时针的方向流动。当出现空白时,表示对应的功能之间没有接口。FFBD 和 N^2 图示例见图 9.4。

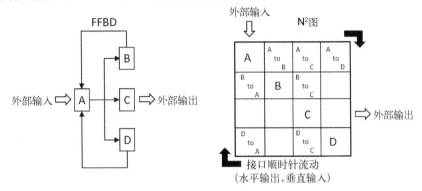

图 9.4　FFBD 和 N^2 图示例

此外,数据/控制流图可以用来描述各功能之间以及功能与外界之间的信息流。

5. 定义、细化和综合功能架构

为达到可行的分配,需要对功能定义、FFBD 和接口进行一些最终修改,形成一个最终 FFBD 层级结构,这个结构中,每个功能或子功能都在唯一的、最低可能的层级上。功能流图、接口定义和需求到功能与子功能的分配,构成了系统的功能架构。

9.5.3　总结

基于功能的系统工程以功能需求为输入,涉及功能的分析/分配、功能的确认等活动,功能分析/分配将已识别的功能需求分解成有层级关系、逻辑关系的子功能,建立功能架构与逻辑架构;功能确认一方面是对功能架构的确认,要检查分解的子功能是否能够完全满足上一层级的功能需求,另一方面是对逻辑架构的确认,在整个过程中,外部接口、功能之间、功能与子功能之间的接口都需要清晰地定义,并确保接口功能可实现。

9.6　基于模型的系统工程方法

商用航空发动机作为典型的复杂系统,具有产品复杂性高、研发成本高昂、研发周期长等特点,迫切需要研究其高效研发模式,以提高商用航空发动机研发过程的集成化和协同化[35,36]。近年来,国际先进航空航天国防企业提出了基于模型的系统工程(MBSE)方法。该方法采用结构化模型和语言,实现需求-功能-逻辑-物理设计和验证过程的贯通。与传统的基于文档的系统工程相比,MBSE 突破了文件的自然语言描述歧义性、文件传递的静态非结构性等限制,促进了集成化研发模式的发展[9,37]。

Harmony – SE 是 IBM 公司推出的一套 MBSE 方法论,在航空航天、汽车、医疗行业经过一定的试点,其流程和建模工具也被认为具备一定的实践可行性。中国航空工业集团为持续提升航空产品的研发能力和水平,适应航空型号工程数字化和管理信息化的发展趋势,于 2013 年引入 Harmony – SE 方法论,先后在 40 多家等单位开展了 MBSE 试点应用,在飞机整机、航电、飞控、惯导、地面站、机电等多个领域开展了应用研究,逐步探索出一条适合航空产品研制 MBSE 应用的路线[38]。IBM 公司的 Harmony – SE 方法采用支持模型驱动开发的增量迭代式周期活动流,经过需求分析、系统功能分析、系统设计综合三个阶段的协同开发,能够较好地适用于机载软件的开发设计。然而经过探索实践证明,在航空发动机整机级和系统级的设计方面,Harmony – SE 方法仍存在以下局限性[39]:

(1)在需求分析阶段,系统用例的抽取方法存在模糊性。而后续工作的开展都基于系统用例,用例选取的完整性和颗粒度直接影响功能分析和设计综合的全面准确性。

(2)在功能分析阶段,缺乏明确功能分层分解的方法,且功能层级不明确,无法生成适航要求以及支撑系统安全性分析的功能层级图(functional hierarchy)。

(3)在设计综合阶段,架构分析过程的候选方案效能评估依赖大量的仿真和计算分析;架构权衡与备选方案的效能评估部分的模型和数据与前期功能分析过程模型和数据脱节,造成架构权衡工作与 SysML 建模过程脱节,使得设计过程不可回溯。

此外,商用航空发动机研发遵循适航要求。适航的定义、内涵指出,民用航空产品研发必须遵循系统工程的方法,识别复杂产品在各类运行场景下需提供何种能力,即保证问题域的完整性和正确性[40];《民用飞机及系统研发指南》在分析全球航空产品研发最佳实践的基础上,提出了"概念-功能-架构-设计-实现"研发生命周期模型,强调功能分析和架构定义的正向设计过程的重要性。而航空发动机作为典型复杂系统,一方面,其运行的外界环境具有多样性和多变性,会导致系统在非预期的运行环境中出现混沌的行为模式,进而产生无周期、非规律和难以预知的系统失效模式;另一方面,发动机产品全生命周期运行场景识别不全导致产品设计阶段关键需求的缺失,如未充分考虑产品的维修性、通用性、成本控制等因素,进而造成发动机产品市场竞争力的丧失。

因此,商用航空发动机研发需要面向发动机全生命周期的运行场景,正向定义复杂航空产品的架构,保证航空发动机产品的高可靠性和安全性。建立从场景建模到需求-功能-架构建模,规范地应用建模(及仿真)支持"运行场景-系统需求-

设计-分析-验证与确认活动"的复杂航空产品设计链的高效协同,并保证模型和数据持续贯穿整个产品研发阶段和后续生命周期阶段。为解决 Harmony – SE 方法运用于商用航空发动机研发过程存在的问题,需要结合商用航空发动机型号设计的实践需求,以及适航当局对设计过程追溯性、发动机产品适用场景完备等要求。为此,商发提出了一种面向运行场景的商用航空发动机 MBSE 设计方法,实现了从航空发动机全生命周期运行场景出发,进行需求捕获、功能分析、逻辑架构定义和物理设计的完整 MBSE 过程。同时,采用基于 XML 的元数据交换格式,打通基于 SysML 的功能逻辑模型和基于 Modelica 的物理性能模型,实现模型的传递和设计过程数据的可追溯性[41]。

9.6.1 面向运行场景的商用航空发动机 MBSE 设计流程

基于适航要求,结合型号研制的实践经验,本节在对 Harmony – SE 流程进行细化和完善的基础上,提出了一种面向运行场景的商用航空发动机 MBSE(OS – MBSE)设计流程,能够满足工程研制的要求。所提商用航空发动机 OS – MBSE 设计流程如图 9.5 所示,主要包含 8 个关键技术环节: ① 定义运行场景;② 识别用例,建立与场景的关联;③ 分析用例场景,提取顶层功能和外部接口;④ 确认并分

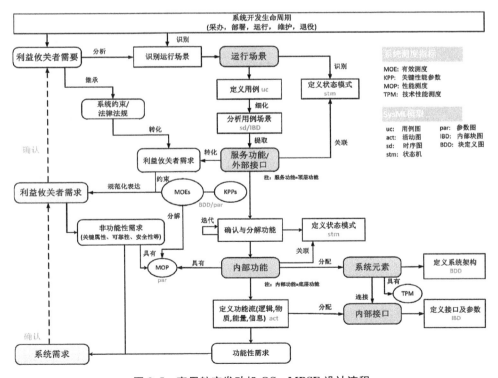

图 9.5 商用航空发动机 OS – MBSE 设计流程

解功能,建立功能层级;⑤ 定义功能逻辑流和对象流,建立功能逻辑;⑥ 将功能分配给逻辑实体,建立系统逻辑架构;⑦ 定义系统接口及接口要求;⑧ 基于系统逻辑架构,开展物理性能建模和仿真验证评估。下面将详细阐述所提 OS－MBSE 设计流程的主要实施流程及其与传统的 Harmony－SE 相比具有的优势。

OS－MBSE 设计流程的主要实施流程如下所示。

1. 运行场景定义

航空发动机运行场景是指人员行为、飞行阶段、内外部环境(着火、大气、地形、电磁等)以及发动机内部状态的组合,具有多维度耦合性。因此,本文从生命周期运营阶段、发动机状态模式和内外部环境 3 个维度定义完整的运行场景,如图 9.6 所示。通过三个维度的组合,可以识别出多达 2 000 个商用航空发动机运行场景。一般来说,每个运行场景相对应地定义一个系统用例,有效保证用例定义的完整性。

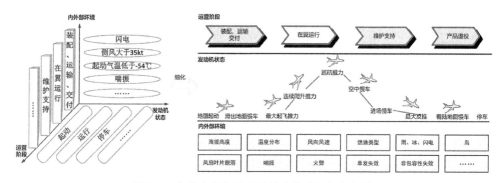

图 9.6　多维度耦合的商用航空发动机运行场景

2. 分析用例场景

分析用例场景是指站在用户的视角,针对某个运行场景提出对系统顶层的能力(服务)要求。场景主要包括以下活动:① 场景时序分析,将被设计系统作为一个整体(黑盒),通过时序图分析某个场景的典型运行过程;② 与外部系统交互分析,基于时序图识别出被设计系统的外部接口系统(黑盒内部块图,IBD);③ 定义系统顶层功能需求以及功能接口,通过时序图中外部接口输入输出关系和系统内的运行过程识别系统顶层功能。通过场景分析全面可以确保系统顶层功能识别的完整性。

3. 功能分析

功能分析是针对用例场景得到的系统顶层功能,通过活动图对每个顶层功能进行功能分析,得到下一层级的功能以及功能之间的逻辑关系;在此基础上,采用块定义图(BDD)描述功能分层分级的关系,并形成功能层级架构(functional hierarchy)。

4. 系统逻辑架构模型构建

在系统功能分析的基础上,通过划分泳道将功能分配给系统元素或逻辑实体,构建系统的逻辑架构模型。该模型利用 SysML 模型中的块定义图和内部块图展示航空发动机各系统、部件的架构信息,以及与其他使能系统的关系和接口,实现了对系统功能与状态所涉及的子系统内部以及子系统间关系的准确描述。

5. 系统架构分析

系统架构分析是指在综合考虑成本、性能、安全性、可靠性等诸多因素的基础上,权衡多种方案并获取最优方案的过程。在权衡分析商用航空发动机设计方案时,需要考虑推力、耗油量、发动机重量和计划成本等关键影响因素,并从可选系统设计方案中筛选出最佳方案。为解决基于 SysML 的功能逻辑架构只能通过模型表达系统的功能和行为,而无法支持对系统性能、可靠性、安全性等量化的参数特性进行分析的缺陷。OS - MBSE 设计流程的架构权衡分析过程在依托物理性能模型的基础上,采用基于 XML 的元数据中间交换技术,构建逻辑架构和物理架构之间模型转换的方法,并建立基于同一架构的建模和仿真验证过程,实现架构权衡分析过程数据和架构设计结果的可追溯性。在架构权衡分析过程中,物理性能模型的仿真分析可以评估系统逻辑架构的合理性和对需求满足度,且航空发动机的系统功能/逻辑架构和物理架构的设计是不断迭代和逐步分解的过程。系统逻辑架构模型与物理性能模型的关系如图9.7所示。

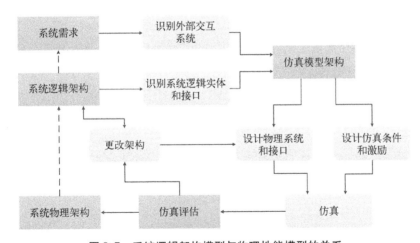

图 9.7　系统逻辑架构模型与物理性能模型的关系

9.6.2　OS - MBSE 设计流程的优势

OS - MBSE 设计流程在用例定义、功能分析和系统架构分析三个方面对 Harmony - SE 设计流程进行了改进,使之更适用于航空发动机研发。两种设计流程的比较如表9.1所示。

表 9.1 OS－MBSE 设计流程与 Harmony－SE 的比较

涉及方面	方 法		改进后优势
	Harmony－SE	OS－MBSE 设计流程	
用例定义	基于运行能力确定用例	基于"生命周期运营阶段－发动机状态模式－内外部环境"三维度组合的场景定义用例	用例定义细化程度显著提高,用例的完整性提升,进而确保发动机需求捕获的完整性,提升产品研发质量
功能分析	以用例功能流建立为核心工作	给出了功能顶层功能定义和功能分解的方法	基于功能层级和功能流的功能架构,满足适航对民用航空产品研发的要求,为系统安全性分析提供支撑
系统架构分析	架构分析过程,架构权衡与架构模型之间缺乏模型和数据关联	基于 XML 的元数据中间交换技术,实现功能架构和物理性能架构模型的贯通,基于性能模型的仿真支撑架构分析	基于性能模型的仿真开展架构权衡分析,该过程的模型、数据与功能逻辑架构设计结果建立了模型追溯,建立了支撑适航符合性验证的证据链

9.6.3 基于 XML 的统一建模技术

在 OS－MBSE 设计流程的架构分析阶段,将功能分配给系统元素构建系统逻辑架构后,采用白盒内部块图(IBD)进行建模。为了在物理性能设计中基于同一架构开展建模(本文中物理性能模型基于 Modelica 语言),必须将 SysML 的系统逻辑架构模型(内部块图)转换成 Modelica 物理性能架构模型,本文采用 XMI 标准规范实现模型的转换。目前主流的 SysML 建模工具 Rhapsody、Enterprise Architech、MagicDraw 等均支持 XMI 的导入导出接口,因此不依赖于具体的建模工具,仅依赖 XMI 标准规范,即可实现主流 SysML 模型工具的转换需求。

XMI(XML-based metadata interchange)是基于 XML 的元数据交换格式,它采用标准化的文档格式,并基于 DTD(document type definition)或 XSD(XML schema definition)为 UML 元模型和其他模型定义了一种基于 XML 的数据交换格式。XMI 中 SysML 模型部分的层级关系为 XMI → Model → packageElment(可嵌套)→ Property、Port、Connector,其他元数据引用 SysML 标准库中的元数据描述和工具扩展数据,模型转换所需要数据(模型组成及结构、各类图)均在 Model 中存储。SysML 系统逻辑架构模型转换成 Modelica 物理架构模型主要包括以下两项关键技术:

1) 基于 XMI 对象映射的仿真模型框架生成技术

SysML 设计模型在 XMI 文件中,采用 Model、packagement、ownedAttribute、ownedConnector、End 等元素以及各元素对象间的组织关系描述模型的组织关系、Block、端口、IBD 等对象;而仿真模型则采用 Modelica 语法规则描述其参数、接口、内嵌对象、方程等对象;因此将 XMI 表达的 SysML 模型转换为 Modelica 仿真模型时,建立 XMI 元素对象和 Modelica 元素对象的对应关系是实现模型转换的重要关键技术。在结合 XMI 模型元素的表达和组织关系以及 Modelica 语法语义,定义如图 9.8 所示的两者模型元素的对应关系。

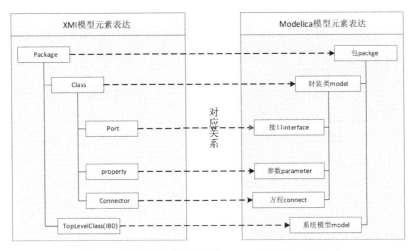

图 9.8　模型元素和 Modelica 模型元素的对应关系

　　基于上述元素对应关系,按照 Modelica 语法,依次提取 XMI 模型(class)信息生成对应的仿真模型(model),并建立两者模型之间的映射关系;在构建的映射关系的基础上,提取 IBD 模型的内嵌对象、接口、连接关系信息等,分别实例化生成对应的系统仿真模型框架,如图 9.9 所示。

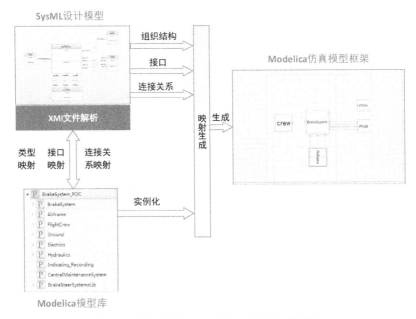

图 9.9　基于 XMI 对象映射生成仿真模型框架

2）基于交互式的原理模型封装技术

将 SysML 模型基于映射方式转换成 Modelica 系统仿真模型框架后,难以直接支持系统设计的动态仿真验证,需要结合仿真模型框架进行二次建模后才能进行仿真验证;且 XMI 文件缺少布局信息的描述,生成系统模型的布局和原有模型布局不对称。因此如何实现 SysML 模型到 Modelica 模型的转换过程满足布局和可验证要求是第二项关键技术。

针对 SysML 模型转换生成的 Modelica 系统仿真模型不可仿真验证问题,在抽象 Modelica 模型的表达规则的基础上,采用人工交互方式,将模型框架封装成可运行的模型原理,并建立原理和外部接口的连接关系,从而在保证架构关系不变的同时,模型的内部逻辑得到填充,实现整个系统仿真模型生成后即可进行仿真验证;针对 XMI 文件缺少对象布局信息描述问题,采用交互方式,指定接口、内嵌对象、连接关系等布局信息,并在生成模型的过程中将布局信息附着于相关对象,即可实现转换后模型的布局对称。

9.6.4 基于模型的需求闭环验证

在复杂系统的开发过程中,验证是保障各级系统及部件的功能与性能满足指标的必要工作。因此在完成系统功能逻辑架构设计和物理建模后,需要针对各运行场景下的利益攸关方需求开展仿真验证。虚拟验证与确认是缩短研制周期的有效手段,防止出现无效反复设计过程;因此,商用航空发动机 MBSE 设计方法不仅包括需求驱动的设计流程,还包含需求闭环验证的流程,如图 9.10 所示。

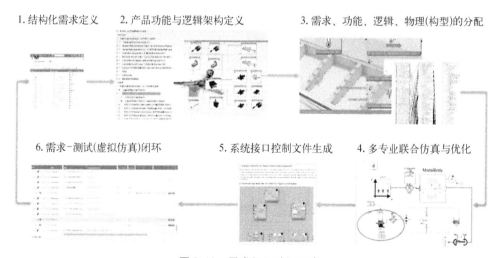

图 9.10 需求闭环验证示意

　　在虚拟仿真闭环测试阶段,根据需求定制仿真测试的业务流程。虚拟测试与验证流程包括定义需求验证方法、验证测试工况及测试执行目标、创建测试执行、定义工作流及任务分配、指定实例化模板及执行仿真流程、工作流程审查、完成工作流程、完成最终的评审和处理,通过该流程完成商用航空发动机研制需求的闭环验证。

第 10 章
总结与展望

10.1 商发公司系统工程实践概述

商发公司自 2014 年开始推进系统工程能力建设,组织 200 余位型号设计业务骨干、技术负责人参与 INCOSE 国际系统工程师培训和认证。同时,积极推进系统工程方法论、工具及实施。通过典型的导航项目快速实施促成知识转移,逐步开展中航工业系统工程应用规划以及制订适用的系统工程实施方法论。

为持续提升航空产品的研发能力和水平,适应航空型号工程数字化和管理信息化的发展趋势,商发公司通过引入基于模型的系统工程(MBSE)方法论,促进工程研发从以文件为核心的传递向基于模型的结构化和流程化验证和确认演进。通过从发动机整机、系统、子系统的系统工程信息化应用迭代与递进,实现需求、功能、架构的共享、协同、集成,与国际航空航天和防务(A&D)企业 MBSE 信息化应用对接,提升航空产品创新能力。

需求工程方面,自 2015 年开始导入需求管理方法,并且通过 P3 公司的咨询引进了国际先进的需求管理工程实践,结合商发研发特点,基本形成了一套需求管理的方法。需求捕获和分析方面,通过开展 VPA 和 VIP 项目,分别进行了基于用户视角的需求捕获方法实践和需求验证方法实践。

在 MBSE 方面,2018 年开始探索商用大涵道比涡扇航空发动机控制系统的正向设计研发。依据 SAE ARP4754A《民用飞机及系统研制指南》的国际标准结合商发公司现有的研发模式,形成了航空发动机控制系统基于模型系统工程的落地流程体系。

需求工程方面,建立了包括需求开发和需求管理的流程、指南、模板、表单等,并在 DOORS 中定义相应的信息架构和视图,为客户实现了以下目标:

(1)需求开发流程显性化及工程化落地;

(2)需求管理过程满足适航要求;

(3)需求全生命周期的追踪审计。

2019 年开始,建立了可用于具体型号正向设计的 RFLP(需求-功能-逻辑-物理)架构设计方法,将功能、性能、可靠性、安全性、适航等系统需求转化为最终的系统设计解决方案,并结合 Rhapsody 采用 SYSML 语言进行灵活建模等途径,实现系统建模过程与方法论的高度统一,为客户达到了以下目标。

(1)正向设计过程显性化:使得设计人员可以掌握系统需求转化为系统架构的流程、方法和工具,即对问题域向解决域的过渡,并产生最终系统解决方案的全过程进行了详细规范。

(2)实现设计方案全局最优:通过正向架构设计过程帮助设计人员全面掌握航空产品内在机制,保证架构设计的完整性和正确性,实现系统架构设计全局最优,从而摆脱了原本"仿制式"研发模式中对产品"知其然、不知其所以然",只能进行局部优化的局面。

(3)确保需求贯穿开发全过程:从需求到架构的正向设计过程的定义,明确了每一条需求进入最终解决方案的追踪路径,也确保了最终设计方案对系统需求的符合性。

在积极吸收国外最佳实践的基础上,商发公司成立了"上海市航空发动机数字孪生重点实验室",聚焦航空发动机正向研发,以全生命周期运行场景驱动,发动机开展发动机需求捕获、功能分析、性能建模和系统集成验证,推动航空发动机从"传统设计"向"预测设计"的模式转型,如图 10.1 所示。

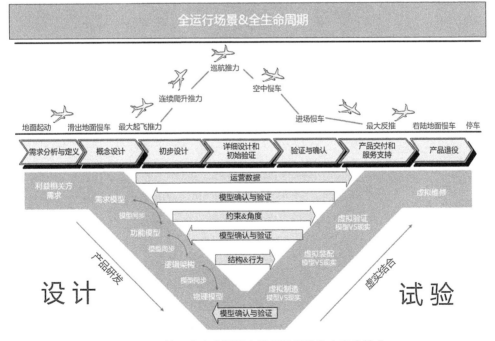

图 10.1　基于全生命周期全运行场景的数字孪生技术

从航空发动机全生命周期运营阶段、发动机状态模式以及内外部环境 3 个维度识别出 2 000 多个典型运行场景;在每个运行场景下开展需求捕获和功能分析,定义系统逻辑架构;基于同一架构进行性能建模和多学科联合仿真,实现发动机整机层级的需求验证;通过面向飞机-发动机协同仿真验证,实现飞机对发动机顶层需求的验证。最终达到设计结果可预期、试验问题定位准、设计提升周期短的目标,如图 10.2 所示。

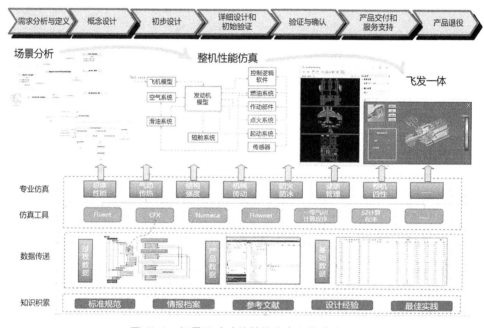

图 10.2　场景驱动功能性能仿真和集成验证

10.2　展　　望

1. 制造业的发展趋势与传统系统工程面临的挑战

当前,新一轮科技革命和产业变革蓄势待发,世界各国围绕抢占新一轮产业发展制高点、创新国家竞争新优势的竞争日趋激烈。工业发达国家和我国周边国家纷纷出台制造业发展战略,美国"重振制造业战略"和"先进制造业伙伴计划","德国工业 4.0""英国制造 2050""新工业法国""日本制造业白皮书"、韩国"未来增长动力计划""印度制造"等的推出,揭开了全球新一轮工业革命浪潮的序幕。

制造业是国民经济的主体,航空制造业是高新技术产业和高端装备制造业的典型代表,是国家工业基础的重要标志、科技水平的集中体现以及国防实力和综合国力的综合体现,具有技术密集度高、产业关联范围广、军民融合性强、辐射带动效应大、信息化和工业化融合程度深的特点。

当前,各国制造业都面临着:全球化竞争、产品研制周期缩短、需求多样化、人工成本增加、材料成本上升、能源的不确定性增大、可持续发展与环保要求的挑战。这就要求工业方不断提高运营效率与预见性,不断提高复杂产品的灵活性,加快投放市场的步伐,改进材料质量与工艺,以应对世界各国制造业竞争规则的变化和工业范式的跃升带来的新挑战。

图 10.3 为美国、德国和中国在先进制造战略中,其重点应用领域、依托 IT 技术以及战略保障的对比分析。从中可以看到,在所有国家都将航空航天领域制造业作为其重点发展方向。而对于支撑航空航天领域研发的基本方法论——系统工程也将面临以下三方面的挑战和调整:

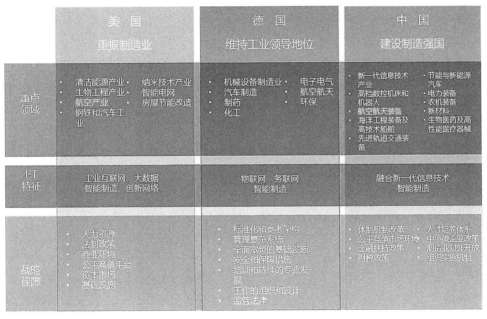

	美　国 重振制造业		德　国 维持工业领导地位		中　国 建设制造强国	
重点 领域	• 清洁能源产业 • 生物工程产业 • 航空产业 • 钢铁和汽车工业	• 纳米技术产业 • 智能电网 • 房屋节能改造	• 机械设备制造业 • 汽车制造 • 制药 • 化工	• 电子电气 • 航空航天 • 环保	• 新一代信息技术产业 • 高档数控机床和机器人 • 航空航天装备 • 海洋工程装备及高技术船舶 • 先进轨道交通装备	• 节能与新能源汽车 • 电力装备 • 农机装备 • 新材料 • 生物医药及高性能医疗器械
I²T 特征	工业互联网、大数据 智能制造、创新网络		物联网、务联网 智能制造		融合新一代信息技术 智能制造	
战略 保障	• 人力资源 • 法制政策 • 商业环境 • 公平竞争平台 • 资本市场 • 基础设施		• 标准化和参考架构 • 管理复杂系统 • 全面完善的基础设施 • 安全和保障措施 • 培训和持续的专业发展 • 工作的组织和设计 • 监管法律		• 体制机制改革 • 公平竞争市场环境 • 金融扶持政策 • 财税政策	• 人才培养体系 • 中小微企业政策 • 制造业对外开放 • 组织实施机制

图 10.3　美、德、中的先进制造战略对比分析

(1) 客户需求的易变性。由大规模、集中式生产模式向个性化定制以及设计、生产、服务模式分散化的方式转变,客户需求的变更可能发生在研发生命周期的各阶段,这种需求的易变性要求需求管理从事后调整变为事中调整甚至是事前的预计。

(2) 业务过程越来越多样化。首先,管理模式从结果管理向过程融合演进,主要体现在端到端流程的一体化和纵向流程的综合化;其次,MBSE(基于模型系统工程)、PLM(产品生命周期管理)、并行工程和智能制造等新的工程和管理方法、流程的出现推动着系统工程范式的跃升,移动互联、大数据、人工智能等新一代技术信息技术将与传统系统工程进一步深度融合,为系统工程范式转变提供了技术手段的支持。

（3）系统自身的复杂性在不断提升。一方面,系统工程的研究对象本体的繁复程度在不断地发生根本性的提升,另一方面,系统工程的研究范围也从单个系统转向系统之系统(SoS),例如,整个交通运输体系的研究,其复杂性和繁复性都呈几何倍数的增加;以飞行器为例,机、电、液、软等综合设计,进度、质量、成本、适航、全球协同等众多因素的综合考量,都给系统研发的复杂性带来了变量和不确定性;最后,就是系统复杂性带来的系统全生命周期业务流程和研发数据量的急剧增长。

综上所述,系统工程在全球制造的发展趋势下,正在向全球化、精益化、协同化、服务化、绿色化和智能化的方向发展,但是,这些发展趋势都指向了系统工程范式亟待跃升的方向,而新一代信息技术和MBSE等方法论的出现也为系统工程的范式转换提供了重要的技术和理论支持。

2. 新一代信息技术与系统工程的融合

新一代信息技术与制造业深度融合,技术更新和成果转化不断加快,形成新的生产方式、产业形态、商业模式和经济增长点,正在引发影响深远的产业变革。尤其制造业已成为一个国家经济健康稳定发展的基础,是立国之本、兴国之器、强国之基,为此世界上主要工业发达国家(地区)都加大科技创新力度,推动包括3D打印、大数据、移动互联网、云计算、新能源、新材料等领域取得新突破,着力实施智能制造战略。1988年,由美国的Wright和Bourne教授提出:通过集成的知识工程、制造软件系统、机器人视觉和机器控制对制造技工的技能和专家知识进行建模,以使智能机器人在没有人工干预的情况下进行小批量生产。时至今日,IT技术的演进已经进入爆炸式的成长模式。图10.4中列出了从2008年至2016年的9年间,7项最重要的IT技术创新或发现,可以看到每项IT技术从ideal进入实际应用的时间也越来越短。可以说,信息技术已经成为推动制造业转型的重要支撑。在未来系统工程的演进发展过程中,信息技术也将与系统工程深入融合,带动系统工程范式的转型和跃升。

世界各国都已经感知和捕获到了信息技术与制造业以及系统工程方法深度融合的大趋势,美国、德国、法国以及包括中国在内的制造业大国都已经在尝试这种深度融合的预先研究和项目试点。

美国在数字化制造业战略中,就提出了基于模型的企业(MBE),即产品全生命周期的所有活动从2D向基于模型技术的转移。美国国防部高级研究计划局(DARPA)在AVM(自适应车辆/运载器制造)计划中,应用了包括基于模型组件、网络互联、赛博物理系统(CPS)、计算机驱动的柔性制造(iFAB)等新一代信息技术,形成了基于模型的设计-虚拟协同工程和直接生产贯通的方案,构建了基于模型的企业(MBE)的概念模型[42,43]。

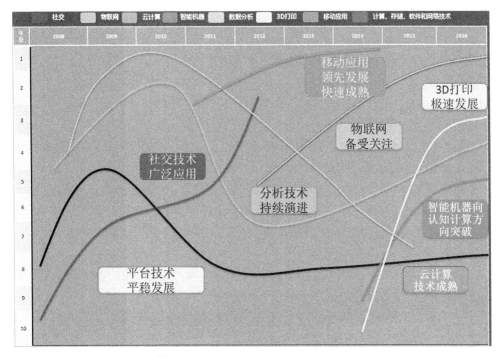

图 10.4　IT 技术发展与系统工程融合

DARPA 的 AVM 计划的研究背景是：在当今快速变化的任务环境中，作战人员需要新的车辆、武器和其他系统快速部署，但当前的设计和开发方法无法实现这些系统的及时交付。为了帮助克服这些挑战，DARPA 的自适应车辆制造（AVM）计划的投资项目正在发展革命性的复杂武器系统设计、测试和制造方法，目标是开发时间至少缩短 80%。DARPA 的 AVM 项目的核心技术路线是：寻求创造一个基于模型的设计途径，这将允许工程师能够像软件项目开发工作那样，以密切合作的方式设计新的运载器，采用一系列工具使他们能够"通过建造设计不断修正"——这是在软件工程和集成电路（IC）设计中所采用的工程途径。

2013 年 4 月，DARPA 公布了 AVM 计划的快速自适应的下一代地面车辆（FANG）1 挑战赛的获胜者，初步测试结果表明，AVM 的原型设计工具可以生成可行的设计，并且制造工具和过程能够正确并迅速地建造这些设计。DARPA 不断对其项目进行评估，并在 AVM 计划下特别评估了 FANG 1 挑战赛的成果，以及到目前为止该项目取得的其他成果。得益于有说服力的早期测试结果和转化这些技术的一个新机会，DARPA 已决定在 2014 年面向国防工业基础加快其目前的 AVM 成果，这比原计划提前了数年。

美国在航空制造业全面推进数字化和新一代信息技术与研发过程的融合，并且在多个型号上取得了成功。如美国的洛克希德马丁公司在 F35 研制过程中，采用数字化车间技术缩短了 2/3 的研制周期,降低了 50%的研制成本,开创了航空数字化制造的先河。波音 787 航空发动机在研制过程中采用基于 DELMIA 的数字化车间技术,实现其产品的虚拟样机发布,通过产品控制中心,集成零部件生产、物料配套、供应链、制造环境、人员信息等,对各生产要素进行时时监控和管理,并动态调整生产线运行。以前波音 777 整流罩金属外壳要费时 43 天才能制造完成,现在只需要 7 天;以前每个月完成 2 架波音 737－700 型航空发动机的零部件生产任务都困难,现在人员精简的情况下每月能完成 23 架份的生产任务;生产面积减少了 1/2;工种划分从 200 个减为 28 个。

欧盟的 VIVACE 项目和空客的 CRESCENDO 项目则是通过研究未来建立的虚拟合作工厂环境,包括相应的知识驱动的工程、虚拟发动机企业生命周期模型等内容。目标是使得航空发动机开发成本降低 5%、发动机开发前置时间减少 30%、发动机开发成本降低 50%。

VIVACE 项目的后续,空客发起了 CRESENDO 项目,在先进的分析、设计、制造和维修工具、方法和流程帮助下,缩短一半的上市时间;增加供应链与产品研发过程整合程度;大幅度削减运营成本。在设计研发方面,通过行为数字样机(BDA)的建模、仿真与验证,在一个分布式企业协同平台上实现 RFPL(需求-功能-逻辑-物理)的多学科工作流程。

空客 A380 航空发动机采用虚拟装配方案,实现整机的虚拟装配仿真和验证。波音公司通过采用流水生产的概念,组建数字化车间,构建关键部件生产线等一系列措施,取得了超乎想象的效果。空客公司在其最新型航空发动机 A350 研制中,全面采用自动化、数字化和智能化技术,提升了航空发动机的市场竞争力。

德国的西门子集团积极实践德国国建战略"工业 4.0",其远期目标的路线是覆盖从产品的研发设计到测试验证及生产制造,通过数字化工具构建 CPS(赛博物理系统),将数据链、信息链串联成有机的整体。

在数字化车间的建设方面,西门子公司一直处于领先地位。西门子利用其 Teamcenter 软件实现了对产品全生命周期的管理。通过数字化手段,对产品数据进行全生命周期的数字化管理,将产品设计阶段的数据与其生产过程中的执行层直接关联。利用 Teamcenter,在航空发动机产品设计过程中,即能够确定某个零件的制造位置、装配工具等相关因素,从而真正实现"无纸化"协同设计与制造。

3. 中国航空制造业研发模式的演进方向

按照《中国制造 2025》的总体要求,依据国家顶层设计、企业自主创新的原则,结合航空工业产品研制的特点和要求,未来的研发模式应该具有网络化、数字化和智能化 3 个核心特征,其中,网络化是基础、数字化是手段、智能化是方向。

1) 网络化

网络化是指构建异地协同的网络环境,通过多级网络的集成应用协调不同地点、不同团队同步开展航空复杂产品研制的流程和活动,实现广域的协同研制;网络化将支持从概念、开发、生产、使用、支持到退出的数字线连接。具体描述如下所示。

(1)价值链协同:将数字化模型应用到产品生命周期、生产生命周期和价值链的协同过程,提供基于网络应用的协同能力。

(2)设计/制造/管理/服务集成:保证数字模型的统一和共享,数字量连续传递和模型所附带的信息不断丰富,有效支持数字线在跨领域开发、制造、管理和服务中的应用。

(3)能力单元动态配置:实现网络化跨域(地域-企业-学科-专业)能力单元的动态配置、优化,实现广域资源集成。

2)数字化

数字化是实现产品生命周期和生产生命周期的集成,并在各个阶段实现基于模型的贯通。具体描述如下所示。

(1)全局数字量表达:以模型的方式实现产品生命周期和生产生命周期的数字量表达,达到上述两个生命周期的融合。

(2)系统描述模型化:定义系统的需求、功能、逻辑和物理模型,在开发过程形成连续传递、迭代和基于虚拟样机的验证。

3)智能化

智能化是发展智能制造的方向。采用模型驱动的方法,构建产品的赛博物理系统(CPS)和赛博物理生产系统(CPPS),通过虚拟环境中的设计、仿真和优化,指导物理环境中制造、试验和运行的全过程,实现设计制造的一体化、生产过程的自适应化,保证产品研制的一次成功。具体描述如下所示。

(1)延展自主化能力:发挥人的创新能力,提炼业务智能、制造智能,延展人的认知过程和控制系统的自主化能力。

(2)提高自适应程度:面向供应链、企业、生产线和设备的互联互通,构建具有异域、异构、异类特点的 CPS 网络,使其具备感知、处理、决策和执行的能力。

(3)形成自优化机制:以工业系统持续演进为目标,通过数据积累、分析和决策,形成知识驱动的自学习能力,实现市场、开发、制造、管理和支持等业务运行模式的优化。

基于以上关键特征,我国未来的航空产品研发需要构建以下七大能力。

(1)开发模型化:以模型为核心,开展全生命周期开发业务,确保过程数据的单一和准确。

(2)协同网络化:建立支持多企业协同设计的互联网络环境/人、数据、系统互通的物联网。

(3)验证虚拟化:基于模型,开展各层级产品的虚拟仿真,以确认需求分析和开发结果。

（4）认知自动化：利用状态感测能力，依据任务自动对模型化知识和集成化的流程进行测试与评价。

（5）状态感测化：主动感知产品设计流程、业务数据和系统的状态信息，并可测可量化。

（6）知识组件化：将知识、流程、工具模块化，以模型库/组件的方式进行存储及使用。

（7）流程集成化：采用信息技术集成工程和管理的跨域业务流程，推进设计活动的自动化、智能化。

这些能力正是我国航空制造业系统工程方法、流程、工具演进发展的方向，而支撑这些能力的关键技术包括了：大数据、云技术、物联网、CPS（赛博物理系统）等新一代信息技术。图 10.5 是未来大数据技术和系统工程深度融合下飞行器研发新模式的构想图。

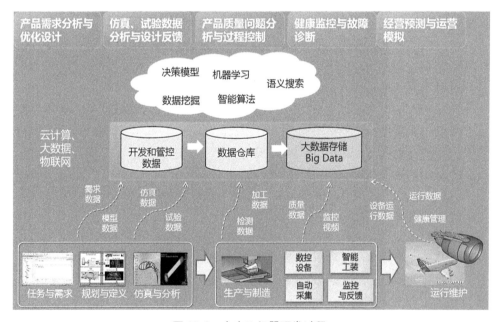

图 10.5　未来飞行器研发过程

伴随着我国互联网经济的高速发展，物流业也向着智能化的方向变革，其中基于无人机的智能物流系统正成为一个重要的研究方向。顺丰、苏宁、京东都在该领域开展了激烈的交锋，联合国内外科技力量、投入巨资进行技术攻关。基于无人机的智能物流系统是在传统系统工程基础上，又进一步融入了"人工智能"的关键技术，主要体现内容如下。

（1）采用强化学习的方法，与传统的通过机制分析不同。基于机制分析的方法是分析出来被控对象的输入特性和内部状态特性，进而设计控制器使得被控对象在控制输入的作用下达到预定状态。而强化学习方法更多采用一种基于数据的方法，通过大量试错迭代，发现输入和输出之间的关系或者环境和最优动作之间的关系。强化学习方法有两大类，按有无模型可分为基于模型（model-based）的方法和无模型（model-free）的方法；按照学习的目标，可以分为值（value-based）方法和策略（policy-based）方法。强化学习方法在电脑游戏及汽车的自动驾驶等领域有较多应用，最著名的当属于谷歌的 AlphaGo 围棋机器人。

（2）人工智能又体现在系统之系统（SoS）的设计中。强化学习机制将涉及要素分为两部分，即"智能体"（agent）和"环境"（environment），而智能体对于环境的作用称为"动作"（action），智能体对环境的观察信息称为"观察"（observation），环境对智能体的反馈或奖惩称为"报酬"（reward）。强化学习平台的作用即提供"智能体"和"环境"的描述平台以及两者之间的交互机制。在基于无人机的智能物流系统中，航空发动机即为"智能体"，运行的外围环境，即上述的"环境"。

4. 基于模型的商用航空发动机制造企业（MBE）

现代商用航空发动机研发是一个多学科交互作用的复杂过程，研制周期长，传统的研发模式和设计工具面临着严峻的考验。当前，国外标杆企业的数字化技术发展迅速，三维数字化设计技术得到了广泛的应用，基于模型定义（model-based definition，简称 MBD）的数字化设计与制造技术已经成为制造业信息化的发展趋势。空客、RR（罗罗）等航空标杆企业一直致力于提升数字化研发能力，例如由空客统筹，欧盟委员会资助的信息化项目 VIVACE（value improvement through a virtual aeronautical collaborative enterprise）取得了巨大成功，形成了设计仿真、设计优化、虚拟试验等解决方案，基于数字化研发的解决方案使飞机开发成本减少 5%、发动机开发周期缩短 30%、发动机开发成本减少了 50%。

中国商用航空发动机产业起步晚，技术积累相对于 GE、RR（罗罗）等标杆企业存在差距。为了尽快形成一支具有国际竞争力的研发团队，必须在提升数字化研发技术能力上下功夫，放眼全球、着眼未来，将基于模型的企业（MBE）作为发动机研发范式升级重要抓手，加快推进 MBD、DMU、MBSE、仿真等数字化技术、工具与手段方法研究和应用。

"基于模型的企业"是一种制造实体，它采用建模与仿真技术对设计、制造、产品支持的全部技术和业务流程进行彻底改造，无缝集成一级战略管理；基于模型的企业已成为这种现状制造方法的具体表现，它的进展代表数字化制造的未来。MBE 的核心内涵：基于模型的定义（MBD）是核心；MBD 数据创建一次并能被后续各业务环节直接使用；MBD 模型作为配置的基础，并在此基础上对 MBE 的外延进行扩展和说明，其中基于模型的系统工程和基于模型的维护是基于模型企业的应用和实践方向。

MBE 主要包括：基于模型的系统工程（model based system engineering）、基于模型的工程（model based engineering）、基于模型的制造（model based manufacturing）、基于模型的验证（model based test）、基于模型的服务（model based service）。其中基于模型的工程（MBe）是整个 MBE 实施的基础，见图 10.6。

图 10.6　基于模型的企业（MBE）整体规划

（1）需求和系统工程：采用基于模型的系统工程方法，开展需求分析与开发管理、系统功能设计和架构设计、统一建模和多学科联合仿真等方面的工作。支持在研发周期的早期阶段，分析引出客户的需要与必需的功能性，将需求文件化，然后再考虑完整问题也就是系统生命周期期间，进行系统设计综合和系统验证。

（2）设计工程：建立基于模型的、能够支持商用航空发动机设计、仿真、测试、试验的数字化统一集成平台，开展基于模型的自上而下关联设计、基于主模型/数字样机的多专业协同、基于知识和 MBD 的快速设计、多物理场联合/耦合设计分析仿真、面向制造/试验/服务等设计、基于模型的嵌入式系统快速开发与验证、数字样机审查等工作，实现以基于模型的系统工程为指导思想，以三维模型为基础，将MBE 技术应用覆盖产品设计的整个业务过程。

（3）制造工程：建立基于模型的制造工程集成环境，支持制造过程规划与管理、三维工艺和工装设计与仿真、生产系统设计与仿真、制造运营管理等，实现基于产品主模型的工艺设计、工装设计、数控编程、工艺仿真、数字化检测、产品装配等业务流程控制、单一数据源数据管理，数据的规范化、透明化和精确化管理，保障产品制造过程数据的有效性和一致性。

（4）验证工程：建立基于模型的集成试验、验证与确认环境，支持试验过程和数据管理、基于模型的试验方案设计与仿真、虚拟集成试验（产品、试验器、试验环境等建模与集成及综合仿真)、MIL/SIL/HIL/PIL 综合集成验证,实现对试验过程进行有效管控,确保试验验证的完整性和可追溯性。

(5) 服务工程:构建基于模型的发动机全面综合保障支持环境,支持维修维护管理、基于 SBOM 的服务数据管理、维修维护的构型管理、备品备件管理、数字化交付、虚拟培训、基于大数据和模型的预测式服务等工作。

(6) 通用工程:构建整个研发生命周期共性管理支撑平台,主要完成基于模型研发过程中的构型管理、项目管理、供应链协同管理方面的工作。

航空发动机制造行业在数字化、信息化技术的不断发展和世界经济全球化水平的不断提高的当下,也面临着严峻挑战:现代航空发动机产品生命周期缩短;顾客对产品需求的多样化、个性化,对交货期也越来越敏感;产品结构日趋复杂,开发周期延长等。随着美、德、日包括我国将智能制造作为国家发展重要战略部署,在航空制造领域新一代信息技术与系统工程应用深度融合、推进研发模式的范式提升已成为一个不可逆转的趋势。系统工程的大数据、物联网、云技术、人工智能时代即将到来甚至已经到来。

参考文献

［1］ 国际系统工程协会.系统工程手册：系统生命周期流程和活动指南［M］.张
新国,译.北京：机械工业出版社,2016.

［2］ 柯萨科夫,斯威特.系统工程原理与实践［M］.胡保生,译.西安：西安交通
大学出版社,2014.

［3］ 希金斯.系统工程：21世纪的系统方法论［M］.朱一凡,王涛,杨峰,译.北
京：电子工业出版社,2017.

［4］ INCOSE. Systems Engineering Vision 2020［R］. San Diego：INCOSE. 2007.

［5］ 李庆.飞机开发技术的全新突破：基于模型的系统工程［J］.航空制造技术,
2011(12)：48－53.

［6］ 刘玉生,蒋玉芹,高曙明.模型驱动的复杂产品系统设计建模综述［J］.中国
机械工程,2010(6)：741－749.

［7］ 王崑生,袁建华,陈洪涛,等.国外基于模型的系统工程方法研究与实践
［J］.中国航天,2012(11)：52.

［8］ Delegatti L. SysML精粹［M］.北京：机械工业出版社,2015.

［9］ Jeff A. MBSE方法论综述［M］.张新国,译.北京：机械出版社,2010.

［10］ 杨善林,钟金宏.复杂产品开发工程管理的动态决策理论与方法［J］.中国
工程科学,2012,14(12)：25－40.

［11］ Electronic Industries Alliance. Processes for engineering a system［S］. EIA
632. 1999.

［12］ International Standard Organization. Systems and software engineering life cycle
processes［S］. ISO 15288. 2015.

［13］ Society of Automotive Engineers. Guidelines for development of civil aircraft and
systems［S］. SAE ARP－4754A 2010.

［14］ FAA. System engineering Handbook. National Airspace System, System
Engineering Mannual. FAA. ATO operation planning［M］. 2006.

［15］ 贺东风,赵越让,钱仲焱.中国商用飞机有限责任公司系统工程手册［M］.上
海：上海交通大学出版社,2017.

[16] NASA. NASA systems engineering handbook [M]. 2016.

[17] SEI. CMMI capability maturity model integration [S]. 2010.

[18] 阿尔特菲尔德. 商用飞机项目: 复杂高端产品的研发管理[M]. 唐长红, 译. 北京: 航空工业出版社, 2013.

[19] 冯潼能. 航空发动机研发项目的集成架构体系研究[J]. 航空动力, 2018, (4): 75-78.

[20] 赵大泉, 李涛, 孟祥伟, 等. 航空发动机集成研发技术[J]. 航空制造技术, 2013(9): 94-98.

[21] 胡伟杰, 殷楠, 聂鑫, 等. 型号项目多级协同管理的研究与应用[J]. 中国电子科学研究院学报, 2015, 10(4): 421-428.

[22] 杰克逊. 商用飞机系统工程[M]. 钱仲焱, 赵越让, 译. 上海: 上海交通大学出版社, 2016.

[23] 张小达, 诸一维. NASA 用系统工程标准综述[J]. 航天标准化, 2002(4): 34-40.

[24] Booch G, Rumbaugh J, Jacobson I. The unified modeling language user guide [M]. New Jersey: Wesley, 2005.

[25] 李润博, 李明树. 基于状态机的 UML 行为继承关系[J]. 计算机科学, 2004 (31): 16-19.

[26] Simons A J H. On the compositional properties of UML statechart diagrams [J]. Rigorous Object-Oriented Methods, 2000(10): 26-30.

[27] Firdenthal. The practical guide to SysML [M]. San Francisco: Margan Kaufmann, 2015

[28] RTCA. Software consideration in airborne systems and equipment certification [S]. DO-178B. 1992.

[29] RTCA. Design assurance guidance for airborne electronic harware [S]. DO-254. 2000.

[30] 盛世藩. 集成的总体规划和集成的主排程[J]. 民用飞机设计与研究, 2009 (11): 42.

[31] 盛世藩. 系统工程与系统集成 [J]. 民用飞机设计与研究, 2011(3): 9.

[32] Lysons K, Brian F. 采购与供应链管理[M]. 莫佳艺, 曹煜辉, 马宁, 译. 北京: 电子工业出版社, 2014.

[33] 英国皇家采购与供应学会(CIPS). 供应源搜寻[M]. 北京中交协物流人力资源培训中心, 译. 北京: 机械工业出版社, 2014.

[34] 盛世藩. 我们如何建立一个产品开发整合团队[J]. 民用飞机设计与研究, 2014(5): 23.

[35]   高彬彬,李晓红,胡晓睿. 敏捷、可靠、高效的系统工程——美国国防部着力
        发展武器系统设计、制造和改装能力[J]. 国防制造技术,2012(2):
        30-33.

[36]   Bayhill T, Brown P, Buede D, et al. Systems engineering fundamentals[J].
        Insight,2002,5(1):7-10.

[37]   贾晨曦,王林峰. 国内基于模型的系统工程面临的挑战及发展建议[J]. 系
        统科学学报,2016,10(5):9.

[38]   李小光,房峰,黄博,等. 飞行器系统工程理论与最佳实践[M]. 北京:科学
        出版社,2019.

[39]   郭宇,臧睿,周璐莎,等. 基于模型系统工程在航空发动机控制设计中的
        应用[J]. 科技导报,2019,37(7):96-101.

[40]   徐浩军. 航空器适航性概论[M]. 西安:西北工业大学出版社,2012.

[41]   张峰,薛惠锋,徐源. 基于本体的航天产品性能样机协同建模方法[J]. 计
        算机集成制造系统,2016,22(8):1887-1899.

[42]   Fraboulet G, Chazelles S P. Use of requirement engineering disciplinein support
        of AC engineering [J]. Airbus, 2012(11):19.

[43]   恽通世. 美国国防部重大武器装备研制系统工程管理简介[J]. 航空标准化
        与质量,1990(2):34-38.

附录 A
常用模板

A1 系统研制计划

章 节	描 述
1. 概述	介绍计划编写目的,编写内容的覆盖范围,简要介绍为该计划提供数据资料的分析方法
2. 引用文件	说明适用的相关文件,其中应包含适航规章、工业标准、公司内部文件等
3. 系统概述	概要介绍系统功能、构成,并确定应符合的研制标准及分配的整机需求和研制保证等级
4. 研制团队分工及职责	详细介绍公司组织架构,明确项目相关人员的分工和职责,各角色在不同阶段需要完成的主要工作内容,公司与客户、下一级供应商间协作的方法与分工
5. 系统研制生命周期	说明系统的研制生命周期模型,对每个生命周期阶段,说明输入、活动、输出和转段标准
6. 研制环境	研制期的环境,包括在每个研制流程的活动中将要用到的方法和工具
7. 研制进度安排	对系统研制过程中重要的里程碑节点进行说明和规划
8. 计划偏离	描述不符合计划的偏离项,并证明其合理性,纳入构型管理控制
附录	

A2 需求管理计划

章 节	描 述
1. 概述	介绍计划编写目的,编写内容的覆盖范围,简要介绍为该计划提供数据资料的分析方法
2. 引用文件	说明适用的相关文件,其中应包含适航规章、工业标准、公司内部文件等
3. 系统概述	概述介绍系统功能、构成,并确定应符合的研制标准及分配的整机需求和研制保证等级
4. 研制团队分工及职责	详细介绍公司组织架构,明确项目相关人员的分工和职责,各角色在不同阶段需要完成的主要工作内容,公司与客户、下一级供应商间协作的方法与分工

章　节	描　述
5. 需求层级划分	说明项目需求的层级划分
6. 需求管理工具	对项目中需求管理工具进行说明
7. 工作要求	该部分主要说明项目需求标识、需求撰写、需求属性、需求视图、需求追溯性建立、需求变更控制、假设管理等
8. 工作策划	明确各个研制阶段中需求管理相关的工作和活动
附录	

A3　系统确认计划

章　节	描　述
1. 概述	介绍计划编写目的,编写内容的覆盖范围,简要介绍为该计划提供数据资料的分析方法
2. 引用文件	说明适用的相关文件,其中应包含适航规章、工业标准、公司内部文件等
3. 缩略语	对文件中引用的缩略语进行解释
4. 系统说明	该部分介绍系统的功能、目标及组成架构,以列表形式明确研制过程中的系统需求及假设,明确系统各需求的相关功能及研制保证等级(DAL),为该需求确认活动的开展及评估奠定基础
5. 需求管理方法	该部分应追溯项目需求管理计划,或详细描述项目中的需求管理办法,包括管理流程和程序,以及相应的管理环境,为后续需求确认工作开展提供基础
6. 系统确认策略	针对不同类型的需求,说明系统确认的要求、方法和工具
7. 团队分工及职责	详细介绍公司组织架构,明确项目相关人员的分工和职责,各角色在不同阶段需要完成的主要工作内容,公司与客户、下一级供应商间协作的方法与分工
8. 确认矩阵	该部分主要说明项目需求标识、需求撰写、需求属性、需求视图、需求追溯性建立、需求变更控制、假设管理等
附录	

A4　系统验证计划

章　节	描　述
1. 概述	介绍计划编写目的,编写内容的覆盖范围,简要介绍为该计划提供数据资料的分析方法
2. 引用文件	说明适用的相关文件,其中应包含适航规章、工业标准、公司内部文件等

续　表

章　　节	描　　述
3. 缩略语	对文件中引用的缩略语进行解释
4. 系统说明	介绍系统的功能、目标及组成架构(包括需要进行验证的硬件或软件特性),追溯系统或项目需求及构型的相关文件。说明当前飞机或上一级系统所分配的FDAL情况
5. 系统验证策略	针对不同类型的需求,说明系统验证的要求、方法和工具
6. 团队分工及职责	详细介绍公司组织架构,明确项目相关人员的分工和职责,各角色在不同阶段需要完成的主要工作内容,公司与客户、下一级供应商间协作的方法与分工
7. 主要验证活动	列举发动机相关系统主要的试验清单及试验设备、环境,包括部件级或系统级试验,如实验室试验、部件/系统台架试验,以及核心机试验。整机级试验,包括室内试车台、露天台、高空台和飞行台试验
8. 验证矩阵	主要对系统需求规范中的每一需求明确验证方法,梳理系统研制中应形成的验证支持文件,包括系统描述报告,系统需求规范,安全性分析报告,试验大纲以及试验报告等
附录	

A5　构型管理计划

章　　节	描　　述
1. 概述	介绍计划编写目的,编写内容的覆盖范围,简要介绍为该计划提供数据资料的分析方法
2. 引用文件	说明适用的相关文件,其中应包含适航规章、工业标准、公司内部文件等
3. 缩略语	对文件中引用的缩略语进行解释
4. 构型管理环境	描述项目的构型管理环境,包括相关的程序、工具、方法、标准等
5. 构型管理活动	详细说明构型管理活动,包括构型标识、构型控制、构型纪实、更改控制、构型审核的输入、活动和输出
6. 供应商控制	对于涉及供应商的项目,本章应说明为保证供应商满足本单位的构型管理要求、确保项目研制过程中双方构型能够协调受控所采取的方式和方法
7. 团队分工及职责	明确项目相关人员的分工和职责,各角色在不同阶段需要完成的主要工作内容
附录	

A6 过程保证计划

章 节	描 述
1. 概述	介绍计划编写目的、编写内容的覆盖范围,简要介绍为该计划提供数据资料的分析方法、目标及要求
2. 引用文件	说明适用的相关文件,其中应包含适航规章、工业标准、公司内部文件等
3. 缩略语	对文件中引用的缩略语进行解释
4. 团队分工及职责	详细介绍公司组织架构,明确项目相关人员的分工和职责,各角色在不同阶段需要完成的主要工作内容
5. 过程保证的依据	列出过程保证的依据
6. 过程保证方法	过程保证工程师在整个项目的生命周期内采用各种方法来确保项目活动符合规定要求和/或标准
7. 过程保证活动	说明生命周期活动阶段相关的活动和阶段独立的活动
8. 过程保证的介入程度	说明不同研究保证等级的研制活动的过程保证介入程度
9. 转段标准	出转段标准的原则,转段标准的详细要求参见系统研制计划
10. 过程保证记录	说明过程保证活动的记录,包括同行评审、审核、纠正措施、过程保证检查单、测试目击和会议纪要等
11. 供应商控制	说明如何监督供应商过程保证体系和过程保证计划的实施
12. 偏离	说明对偏离的处理
13. 工具	说明研制保证相关的工具
附录	

A7 系统合格审定计划

章 节	描 述
1. 概述	介绍计划编写目的、编写内容的覆盖范围,简要介绍为该计划提供数据资料的分析方法、目标及要求
2. 引用文件	说明适用的相关文件,其中应包含适航规章、工业标准、公司内部文件等
3. 缩略语	对文件中引用的缩略语进行解释
4. 分工及职责	明确项目中各相关方(公司内部、客户、供应商、合作伙伴、局方)在适航工作中所承担的内容及其职责
5. 与其他 CP 之间关系	确描述该 CP 与其他 CP 之间的关系及交叉索引
6. 整机/系统及接口描述	对用户需求进行总体介绍,重点是该系统在整机环境中的各类需求

章　节	描　述
7. 上层系统安全性评估总结	根据主机厂或系统集成商的安全性评估文件(如 AFHA、PASA、SFHA),明确系统供应商的安全性目标
8. 合格审定基础	明确由主机厂或系统集成商与局方共同确定的系统合格审定基础
9. 构型管理	明确整机/系统的构型项划分以及纳入型号合格审查的构型控制文件
10. 运行要求	列出系统的运行要求
11. 符合性方法及思路	说明表简要说明各条款符合性验证中其需承担的责任及开展的工作
12. 符合性实施计划	用符合性验证计划表给出与发动机相关的符合性验证活动
13. 关于飞行手册和持续适航问题说明	明确发动机相关的飞行手册和持续适航相关工作的要求,及工作开展的计划和方法
14. 符合性试验验证项目	该部分应列举发动机相关的系统符合性验证试验及其大纲和报告清单,包括实验室试验、机上地面试验、飞行试验、模拟器试验等
15. 制造符合性检查	明确试验过程中需要进行的制造符合性检查项
16. 系统研制保证活动	说明研制保证相关的活动,包括系统研制保证、硬件设计保证、软件设计保证、环境鉴定等
附录	

A8　系统安全性项目计划

章　节	描　述
1. 概述	介绍计划编写目的、编写内容的覆盖范围,简要介绍为该计划提供数据资料的分析方法、目标及要求
2. 引用文件	说明适用的相关文件,其中应包含适航规章、工业标准、公司内部文件等
3. 缩略语	对文件中引用的缩略语进行解释
4. 整机及系统概述	说明系统功能及运行进行总体介绍,并重点关注该系统在飞机环境中的作用及意义
5. AFHA 及 PASA 总结	对 AFHA 文件和 PASA 文件进行总结和索引
6. 安全性工作原则	描述安全性工作的总体原则及方法
7. 组织结构及职责	在公司组织架构的基础上,明确安全性相关工作的分工和职责
8. 供应商管理	明确该项目中,公司与客户、下一级供应商间安全性工作的分工,以及对供应商的要求
9. 安全性项目计划	说明《安全性项目计划》制定相关工作的开展流程、职责及方法
10. 安全性相关需求	说明安全性需求的来源,并明确每条安全性需求及其负责人

章　节	描　述
11. 安全性工作进度表	安全性工作计划执行总体进度表是合并在项目主进度表中的。安全性工作计划在初步设计阶段的后期有效,并在系统研制直至首次交付过程中都将执行
12. 安全性工作评审	明确安全性工作的过程保证方法,并针对关键活动进行详细描述,包括活动的意义及目标、角色的分工等
13. 安全性评估及分析	对安全性评估中的各活动分别进行说明,包括活动的流程、角色的分工等
14. 安全性评估文件体系	明确系统需要形成的安全性评估文件体系
附录	

附录 B
常用工具方法

B1 质量功能展开

质量功能展开亦称"质量屋"。顾客驱动的产品开发方法。从质量保证的角度出发,通过一定的市场调查方法获取顾客需求,并采用矩阵图解法将顾客需求分解到产品开发的各个阶段和各职能部门中,通过协调各部门的工作以保证最终产品质量,使得设计和制造的产品能真正地满足顾客的需求。也是一种在产品设计阶段进行质量保证的方法,以及使产品开发各职能部门协调工作的方法。质量屋的基本结构要素如下:

(1)左墙——顾客需求及其重要程度;

(2)天花板——工程措施(设计要求或质量特性);

(3)房间——关系矩阵;

(4)地板——工程措施的指标及其重要程度;

(5)屋顶——相关矩阵;

(6)右墙——市场竞争力评估矩阵;

(7)地下室——技术竞争能力评估矩阵。

为了建立质量屋,开发人员必须掌握第一手的市场信息,整理出对该产品的顾客需求,评定各项需求的重要程度,填入质量屋的左墙。从技术角度,为满足上述顾客需求,提出对产品的设计要求(工程措施),明确产品应具备的质量特性,整理后填入质量屋的天花板;屋顶用于评估各项工程措施间的相关程度。主要是因为各项工程措施可能存在交互作用(包括叠加强化和抵触消减);给产品的市场竞争能力和技术竞争能力进行评估打分,填入质量屋右墙和地下室的相应部分。

由于产品开发一般要经过产品规划、零件规划、工艺计划、工艺/质量控制四个阶段,见图 B.1。因此,有必要对四个阶段质量功能进行展开。根据下一道工序就是上一道工序顾客的原理,各个开发阶段均可建立质量屋,且各阶段的质量屋内容有内在的联系。上一阶段天花板的项目将转化为下一阶段质量屋的左墙。

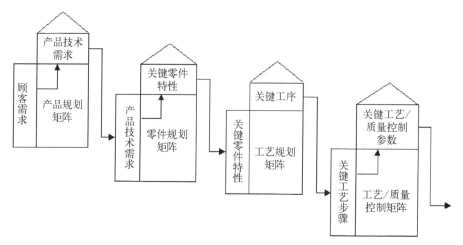

图 B.1　质量功能展开的 4 个阶段

B2　N² 图

N² 图是一种 $N \times N$ 的交互矩阵,用来从系统的角度表达和确认主要功能之间的交互关系或者接口。

系统的功能或者物理组件放置在矩阵的对角线上,矩阵上其他单元格表示接口。接口的方向是顺时针。例如,功能 1 到功能 2 的接口在功能 1 对应的行和功能 2 对应的列的交叉单元格,如果有空白的单元格,则表示对应的功能或者物理组件之间没有接口。图 B.2 为 N² 图示例。

功能 1	X		X	X
	功能 2			
X		功能 3		X
	X		功能 4	
		X	X	功能 5

图 B.2　N² 图示例

B3　UML/SysML 建模方法

UML,全称 unified modeling language,即统一建模语言。UML 是使用面向对象的理念进行系统建模的一种图形表示方法。UML 主要用于软件系统建模。SysML,全称 systems modeling language,即系统建模语言,是基于 UML 的一种扩展。

SysML 是一种表述(specifying)、分析、设计以及验证复杂系统的通用图形化建模语言,复杂系统可能包括软件、硬件、信息、人员、过程和设备等其他系统元素。

SysML 图包括需求图、行为图、参数图和结构图 4 个类型,共 9 个图,见图 B.3。

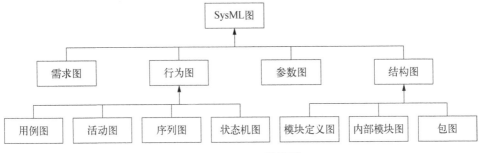

图 B.3　SysML 图类型

需求图(req)

用于表述文字化的需求、需求间的关系,需求与其他非需求模型元素之间的关系。需求图是 SysML 特有的图。

用例图(uc)

用例图是一种行为图,是系统功能的高层描述,用于表达用户和外部系统如何使用系统达成其目标。UML 和 SysML 的用例定义完全一致。

活动图(act)

活动图一种行为图,主要关注控制流程,以及输入转化为输出的过程。SysML 的活动图在 UML 活动图的基础上进行了扩展。

序列图 (sd)

序列图是一种行为图,主要关注并精确描述系统内部不同模块间的交互。SysML 序列图和 UML 序列图的定义完全一致。

状态机图(stm)

状态机图一种行为图,主要关注系统内部模块的一系列状态以及在事件触发下的不同状态间的转换。SysML 状态机图和 UML 状态机图的定义完全一致。

参数图

参数图表达关系支持系统工程分析所需的系统特性量化值之间的约束。参数图是 SysML 特有的图。

模块定义图（bdd）

模块定义图是一种结构图，与内部模块图及参数图互补，用于描述系统的层次以及系统/组件的分类。SysML 模块定义图是 UML 类图上的一种扩展。

内部模块图（ibd）

内部模块图是一种结构图，与模块定义图及参数图互补，通过组件、端口、连接器来用于描述系统的内部结构。SysML 内部模块图是 UML 组件图上的一种扩展。

包图

包图是一种结构图，以包的形式组织模型间的层级关系。有助于模型导航、复用、访问控制和变更控制。SysML 包图和 UML 包图定义完全一致。

B4　IDEF0 功能建模

IDEF 是 ICAM DEF inition method 的缩写，是美国空军在 70 年代末 80 年代初 ICAM（Integrated Computer Aided Manufacturing）工程在结构化分析和设计方法基础上发展的一套系统分析和设计方法，是比较经典的系统分析理论与方法。

从 IDEF0 到 IDEF14（包括 IDEF1X 在内）共有 16 套方法，每套方法都是通过建模程序来获取某个特定类型的信息。IDEF 方法是用于创建各种系统的图像表达、分析系统模块、创建系统的最佳版本和帮助不同系统之间的转换。IDEF 有时与差异分析并用。最常使用的是 IDEF0～IDEF4。

IDEF0 是以结构化分析和设计技术（structured analysis and design technique, SADT）为基础发展出来的一种系统菜单达的工具。凭借图形化及结构化的方式，清楚严谨地将一个系统当中的功能，以及功能彼此之间的限制、关系、相关信息与对象表达出来。此种表达方式可以让使用者凭借图形便可清楚知道系统的运作方式以及功能所需的各项资源，并且提供建构者与使用者在进行相互沟通与讨论时的一种标准化与一致性的语言。

IDEF0 模式主要是由方块（boxes）及箭号（arrows）这两种基本组件所组成的。其中的每一个方块代表的是系统的功能，功能可能是一种行动（action）、作业（operation）或是过程（processes）。箭号代表方块中所需的信息，如输入、输出、控制、机制以及呼叫等。IDEF0 图形中将各项作业分为输入（input）、输出（ouput）、控制（control）及机制（mechanism），并将功能之间彼此的相关联性加以分解，因此可以正确地获取及传达流程与描述系统的功能。之后，本研究中也将利用 IDEF0 的

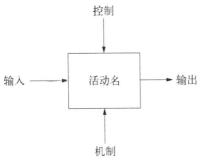

图 B.4 IDEF0 基本模型

图形来定义产品开发知识管理系统的功能。IDEF0 的基本模型见图 B.4。

用严格的自上而下地逐层分解的方式来构造模型,使其主要功能在顶层说明,然后分解得到逐层有明确范围的细节表示,每个模型在内部是完全一致的。IDEF0 在建模一开始,先定义系统的内外关系以及来龙去脉。用一个盒子及其接口箭头表示,确定了系统范围。由于在顶层的单个方盒代表了整个系统,所以写在方盒中的说明性短语是比较一般的、抽象的。同样的,接口箭头代表了整个系统对外界的全部接口。所以写在箭头旁边的标记也是一般的、抽象的。然后,把这个将系统当作单一模块的盒子分解成另一张图形。这张图形上有几个盒子,盒子间用箭头连接。这就是单个父模块所相对的各个子模块。这些分解得到的子模块,也由盒子表示,其边界由接口箭头确定。每一个子模块可以同样地细分得到更详细的细节。图 B.5 为 IDEF0 自上而下分解结构图。

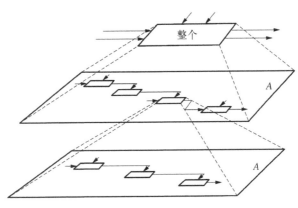

图 B.5 IDEF0 自上而下分解结构

B5 需求属性表(最小集)

需求属性表见表 B.1。

表 B.1 需求属性表(最小集)

序 号	属 性	属性类型	说 明
1.	标识	文本	唯一标识符
2.	所有者	文本	需求的

序　号	属　性	属性类型	说　明
3.	依据	文本	需求存在的理由
4.	来源	文本	需求的出处
5.	父需求	链接	上一层次的需求
6.	验证方法	枚举	验证的方法
7.	验证状态	枚举	验证的状态
8.	确认状态	枚举	确认的状态
9.	优先级	枚举	优先的级别
10.	风险	枚举	风险的级别

B6　需求确认矩阵模板

需求确认矩阵模板见表 B.2。

表 B.2　需求确认矩阵模板

需求 ID	需求文本	来源	对应功能	FDAL	对应性能	确认方法	确认状态	备注

B7　需求验证矩阵模板

需求验证矩阵模板见表 B.3。

表 B.3　需求验证矩阵模板

需求 ID	需求文本	来源	对应功能	FDAL	验证方法	验证状态	支持数据	备注